わかりやすい！

第1類　消防設備士試験

―出題内容の整理と，問題演習―

資格研究会 *K.AZU.NO* 編著

弘文社

まえがき

　本書は，第1類消防設備士を受験される方のために，できるだけわかりやすく，かつ，詳細な解説を試みたテキストです。

　ご承知のように，第1類消防設備士試験の試験範囲は，消防設備士試験の中でも格段に広く，なかでもスプリンクラー設備は，法令，構造，機能とも非常に複雑で，受験生の悩みの種となっています。

　本書は，この"悩み"を少しでも解消できないか，という発想から，企画，編集をしたテキストです。

　その主な特徴は，次のようになっています。

1　わかりやすい解説

　複雑，あるいは，難解であると思われる部分については，イラストなどを用いることによって，詳細，かつ，わかりやすい解説に努めました。

2　"メリハリ"を付けた内容

　これは，ポイント部分に重要マークを表示することにより，どの部分が重要で，どの部分がそうでないか，を把握することができるので，効率的な学習が可能となります。

3　ゴロ合わせの採用

　「わかりやすい第4類消防設備士試験」や「わかりやすい第6類消防設備士試験」などでも好評を得た，暗記事項をゴロ合わせにした「こうして覚えよう」を，本書でも多数，採用をしました。従って，暗記が苦手な人でも安心して"ラク"に暗記することができるものと思っております。

4　問題の充実

　試験範囲が非常に広い第1類消防設備士試験にも対応できるよう，問題を厳選し作成しました。

　以上のような特徴によって本書は構成されていますので，本書を十二分に活用いただければ，"短期合格"も夢ではないものと確信しております。

本書の使い方

本書を効率よく使っていただくために，次のことを理解しておいてください。

1．重要マークについて

本書では，問題のみならず，本文の項目においても，その重要度に応じて上記重要マークを1個，あるいは2個表示してあります。

従って，各受験生の状態に応じて，それらのマークが付いている項目あるいは，問題から先にやる，という具合に時間を調整することができます。

また，当然のことながら，どこにポイントがあるか，という受験生にとっては最大の関心事を把握しながら学習することができる，という利点もあります。

2．重要ポイントについて

大きな項目については，1.の重要マークを入れてありますが，本文中の重要な箇所は，**太字**にしたり，上記重要ポイントマークを入れて枠で囲んだり，あるいは，背景に色を付けるなどして，さらにポイント部分が把握しやすいように配慮をしました。

3．注意を要する部分について

本文中，特に注意が必要だと思われる箇所には「ここに注意！」というように表示して，注意を要する部分である，ということを表しています。

4． 出た！ について

本書の初版が出版されて以降，読者の皆様から寄せられた本試験情報に基づき，出題された項目および問題部分にこのマークを表示してあります。

5．参考資料について

資料としては必要だが，覚える必要性が低いものには「参考資料」という表記や　　というマークを付してあります。

6．略語について

本書では，本文の流れを円滑にするために，一部略語を使用しています。

例：　特防：特定防火対象物　，　自火報：自動火災報知設備

自家発：自家発電設備

7．「以下，以上，未満，超える」について

これらは間違えやすいので，10を基準値とした場合の例を次に示しておきます。

10以下……………10を含む

10以上……………10を含む

10未満……………10を含まない

10を超える………10を含まない

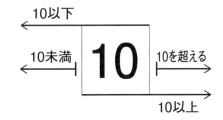

8．最後に

本書では，学習効率を上げるために（受験に差しさわりがない範囲で）内容の一部を省略したり，または表現を変えたり，あるいは図においては原則として原理図を用いている，ということをあらかじめ断っておきます。

注意：本書につきましては，常に新しい問題の情報をお届けするため問題の入れ替えを頻繁に行っております。従いまして，新しい問題に対応した説明が本文中でされていない場合がありますが予めご了承いただきますようお願い申し上げます。

CONTENTS

第2編　電気に関する基礎知識

第 *1* 章　　　　　　電 気 理 論

第**2**章　　　　　　　　電 気 計 測

第**3**章　　　　　　　電気機器，材料

第3編　構造・機能及び工事または整備の方法・1
機械に関する部分

第*1*章　　　共　通　事　項

第2章　　　　　　　　　　屋内消火栓設備

第**4**章　　　スプリンクラー設備

第5章　　　　　水噴霧消火設備

第6章　　　　　その他の消火設備

第4編　構造・機能及び工事または整備の方法・2

電気に関する部分

第5編　規格

第6編　消防関係法令

第7編　鑑別等試験の頻出出題例と対策

第8編　製図試験

受験案内

1 消防設備士試験の種類

消防設備士試験には，次の表のように甲種が特類および第1類から第5類まで，乙種が第1類から第7類まであり，甲種が工事と整備を行えるのに対し，乙種は整備のみ行えることになっています。

表1

	甲種	乙種	消防用設備等の種類
特類	○		特殊消防用設備等
第1類	○	○	屋内消火栓設備，屋外消火栓設備，スプリンクラー設備，水噴霧消火設備
第2類	○	○	泡消火設備
第3類	○	○	不活性ガス消火設備，ハロゲン化物消火設備，粉末消火設備
第4類	○	○	自動火災報知設備，消防機関へ通報する火災報知設備，ガス漏れ火災警報設備
第5類	○	○	金属製避難はしご，救助袋，緩降機
第6類		○	消火器
第7類		○	漏電火災警報器

2 受験資格

（詳細は消防試験研究センターの受験案内を参照して確認して下さい）

(1) 乙種消防設備士試験

受験資格の制限はなく誰でも受験できます。

(2) 甲種消防設備士試験

甲種消防設備士を受験するには次の資格などが必要です。

〈国家資格等による受験資格（概要）〉

① （他の類の）甲種消防設備士の免状の交付を受けている者。

② 乙種消防設備士の免状の交付を受けた後2年以上消防設備等の整備

　の経験を有する者。

③　技術士第2次試験に合格した者。

④　電気工事士

⑤　電気主任技術者（第1種～第3種）

⑥　消防用設備等の工事の補助者として，5年以上の実務経験を有する者。

⑦　専門学校卒業程度検定試験に合格した者。

⑧　管工事施工管理技術者（1級または2級）

⑨　工業高校の教員等

⑩　無線従事者（アマチュア無線技士を除く）

⑪　建築士

⑫　配管技能士（1級または2級）

⑬　ガス主任技術者

⑭　給水装置工事主任技術者および旧給水責任技術者

⑮　消防行政に係る事務のうち，消防用設備等に関する事務について3年以上の実務経験を有する者。

⑯　消防法施行規則の一部を改定する省令の施行前（昭和41年1月21日以前）において，消防用設備等の工事について3年以上の実務経験を有する者。

⑰　旧消防設備士（昭和41年10月1日前の東京都火災予防条例による消防設備士）

〈学歴による受験資格（概要）〉

　（注：単位の換算はそれぞれの学校の基準によります）

①　大学，短期大学，高等専門学校（5年制），または高等学校において機械，電気，工業化学，土木または建築に関する学科または課程を修めて卒業した者。

②　旧制大学，旧制専門学校，または旧制中等学校において，機械，電気，工業化学，土木または建築に関する学科または課程を修めて卒業した者。

③　大学，短期大学，高等専門学校（5年制），専修学校，または各種学校において，機械，電気，工業化学，土木または建築に関する授業科目を15単位以上修得した者。

④　防衛大学校，防衛医科大学校，水産大学校，海上保安大学校，気象大学校において，機械，電気，工業化学，土木または建築に関する授

業科目を15単位以上修得した者。

⑤　職業能力開発大学校，職業能力開発短期大学校，職業訓練開発大学校，または職業訓練短期大学校，もしくは雇用対策法の改正前の職業訓練法による中央職業訓練所において，機械，電気，工業化学，土木または建築に関する授業科目を15単位以上修得した者。

⑥　理学，工学，農学または薬学のいずれかに相当する専攻分野の名称を付記された修士または博士の学位を有する者。

3　試験の方法

(1)　試験の内容

試験には筆記試験と実技試験があり，表2のような試験科目と問題数があります。

試験時間は，甲種が3時間15分，乙種が1時間45分です。

表2　試験科目と問題数

試　　　験　　　科　　　目		問題数		試　験　時　間
		甲種	乙種	
筆記	基礎的知識　機械に関する部分	6	3	甲種：3時間15分 乙種：1時間45分
	基礎的知識　電気に関する部分	4	2	
	消防関係法令　各類に共通する部分	8	6	
	消防関係法令　1類に関する部分	7	4	
	構造・機能および工事又は整備の方法　機械に関する部分	10	8	
	構造・機能および工事又は整備の方法　電気に関する部分	6	4	
	構造・機能および工事又は整備の方法　規格に関する部分	4	3	
	合　　計	45	30	
実技	鑑別等	5	5	
	製図	2		

(2)　筆記試験について

解答はマークシート方式で，4つの選択肢から正解を選び，解答用紙の該当する番号を黒く塗りつぶしていきます。

(3) 実技試験について

乙種の実技試験は，鑑別等試験のみで，甲種の場合は，鑑別等の他に製図試験も加わります。

4 合格基準

① 筆記試験において，各科目ごとに出題数の 40 ％以上，全体では出題数の 60 ％以上の成績を修め，かつ

② 実技試験において 60 ％以上の成績を修めた者を合格とします。

（試験の一部免除を受けている場合は，その部分を除いて計算します）

5 合格率

第1類消防設備士の場合，甲種，乙種とも，おおむね 35 ％前後で，一般的に，他の類より低い傾向にあります。

6 試験の一部免除

一定の資格を有している者は，筆記試験の一部が免除されます。

① 他の国家資格による筆記試験の一部免除

次の表の国家資格を有している者は，○印の部分が免除されます。

表3

試験科目	資格	技術士	電気主任技術者	電気工事士
基礎的知識	機械に関する部分	○		
	電気に関する部分	○	○	○
消防関係法令	各類に共通する部分			
	1 類に関する部分			
構造・機能及び工事、整備	電気に関する部分	○	○	○
	規格に関する部分	○		

② 消防設備士資格による筆記試験の一部免除

〈甲種第1類消防設備士試験を受ける者〉

○ 他の類の甲種消防設備士免状を有している者

⇒消防関係法令のうち，「各類に共通する部分」が免除されます。

また，甲種第2類，甲種第3類消防設備士免状を有している者は，

さらに「機械に関する基礎的知識」と「電気に関する基礎的知識」も免除されます。

〈乙種第1類消防設備士試験を受ける者〉
○他の類の甲種消防設備士，乙種消防設備士免状を有している者
　⇒消防関係法令のうち，「各類に共通する部分」が免除されます。
　　また，甲種第2類，甲種第3類消防設備士免状および乙種第2類，乙種第3類消防設備士免状を有している者は，さらに「機械に関する基礎的知識」と「電気に関する基礎的知識」も免除されます。

7　受験手続き

　試験は消防試験研究センターが実施しますので，自分が試験を受けようとする都道府県の支部などに試験の日時や場所，受験の申請期間，および受験願書の取得方法などを調べておくとよいでしょう。

一般財団法人　消防試験研究センター　中央試験センター
〒151-0072
　東京都渋谷区幡ヶ谷1‑13‑20
　電話　03-3460-7798
　Fax　03-3460-7799
ホームページ：http://www.shoubo-shiken.or.jp/

8　受験地

　全国どこでも受験できます。

9　複数受験について

　試験日，または試験時間帯によっては，4類と7類など，複数種類の受験ができます。詳細は受験案内を参照して下さい。

※**本項記載の情報は変更されることがあります。詳しくは試験機関のウェブサイト等でご確認下さい。**

受験に際しての注意事項

1．願書はどこで手に入れるか？

　近くの消防署や試験研究センターの支部などに問い合わせをして確保しておきます。

2．受験申請

　自分が受けようとする試験の日にちが決まったら，受験申請となるわけですが，大体試験日の1ヶ月半位前が多いようです。その期間が来たら，郵送で申請する場合は，なるべく早めに申請しておいた方が無難です。というのは，もし申請書類に不備があって返送され，それが申請期間を過ぎていたら，再申請できずに次回にまた受験，なんてことにならないとも限らないからです。

3．試験場所を確実に把握しておく

　普通，受験の試験案内には試験会場までの交通案内が掲載されていますが，もし，その現場付近の地理に不案内なら，ネット等で情報を集めておいた方がよいでしょう。実際には，当日，その目的の駅などに到着すれば，試験会場へ向かう受験生の流れが自然にできていることが多く，そう迷うことは少ないとは思いますが，そこに着くまでの電車を乗り間違えたり，また，思っていた以上に時間がかかってしまった，なんてことも起こらないとは限らないので，情報をできるだけ正確に集めておいた方が精神的にも安心です。

4．受験前日

　これは当たり前のことかもしれませんが，当日持っていくものをきちんとチェックして，前日には確実に揃えておきます。特に，受験票を忘れる人がたまに見られるので，筆記用具とともに再確認して準備しておきます。

　なお，解答カードには，「必ずHB，又はBの鉛筆を使用して下さい」と指定されているので，HB，又はBの鉛筆を2〜3本と，できれば予備として濃い目のシャーペン（100均などで売られている芯が数珠つなぎのロケット鉛筆があれば重宝するでしょう）を準備しておくと完璧です。

第1編

機械に関する基礎知識

1. 水理（P 34）

第1類消防設備士は水を扱うので，やはり，**摩擦損失**に関する出題が非常に目立ちます。従って，配管の**内径や長さ**などと損失の関係や，**管路の入口の形状**と損失の関係などを確実に把握しておく必要があります。

2. 機械材料（P 55）

材料については，焼き戻しなどの**熱処理関係**がよく出題されているので，焼きなましや焼き入れなどとの違いなどを確実に理解しておく必要があります。

また，**クリープ現象**についても，同じくらいよく出題されているので，注意が必要です。

一方，**荷重計算**についても頻繁に出題されているので，**荷重が加わった際の反力やひずみを求める式**などを確実に把握しておきます。

その他，**軸受**についても意外と，よく出題されているので要注意です。

1 水　理

(1)　絶対圧力とゲージ圧力

　物体に圧力がかかっている場合，大気圧も含めた圧力を**絶対圧力**といい，大気圧を含めない圧力を**ゲージ圧力**といいます。

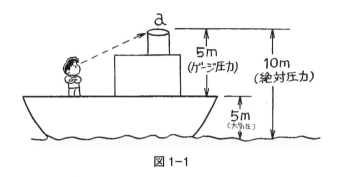

図1-1

　たとえば，図のa点は船に乗っている人から見れば5mですが，海面からの本当の高さは10mとなります。

　つまり，5mがゲージ圧力で，10mが絶対圧力，ということになります。

絶対圧力＝大気圧力（約0.1 MPa）＋ゲージ圧力

　なお，圧力計の表示は，一般的にゲージ圧力を表示しており，単位はPa（パスカル：実際にはその10^6倍のメガパスカルMPaが用いられている）を用い，$1m^2$に1Nの力が作用する時の圧力，すなわち $[N/m^2]$ が $1 [Pa]$ となります。

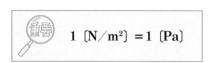

$$1 [N/m^2] = 1 [Pa]$$

(2)　流体について

　流体というのは，液体と気体の総称で，そのうち，第1類消防設備士試験では，主に液体（水）の方を扱います。

1.　密度と比重

　単位体積あたりの物質の質量を密度といい，次の式で表されます。

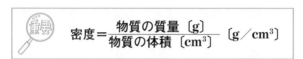

$$密度 = \frac{物質の質量〔g〕}{物質の体積〔cm^3〕}〔g／cm^3〕$$

　一方，液体の比重は，「その物質の質量」と「1気圧で4℃の同体積の水」との比で表します。

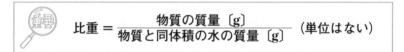

$$比重 = \frac{物質の質量〔g〕}{物質と同体積の水の質量〔g〕}（単位はない）$$

　上式からもわかると思いますが，実用上，密度の単位を取り去ったものを比重と考えて差しつかえなく，水の場合，1気圧において，密度，比重とも約4℃で最大の1となります。

2. 連続の定理

　屋内消火栓設備などの配管内を流体である水が流れる場合，その配管内を流れる水の速度（流速）と配管の**断面積**の積は**流量**になります。

　たとえば，断面積が$1\,\mathrm{m}^2$の配管内を$3\,\mathrm{m/s}$の水が流れていると，流量は$1\,\mathrm{m}^2 \times 3\,\mathrm{m/s} = 3\,\mathrm{m}^3/s$となるという具合です。

　その流量ですが，その配管内であれば，当然，どこでも同じになります。

　つまり，**水の流速と断面積の積は一定である**ということです。

　従って，流量をQ，断面積をA，流速をvとすると，

$$\boxed{Q = A \times v = 一定}$$

　となります。

3. ベルヌーイの定理

　まず，図のように，管内を圧縮性と粘性を考えない定常流（＝流体の速度，密度が変化しない流れ）の流体が流れているとします。

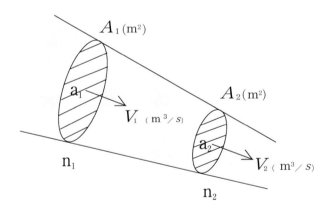

n：圧力　A：断面積　v：流速

図1-2

図の a_1 の高さを仮に 100 m，a_2 の高さを 50 m とすると，100 m から 50 m まで落下することによって a_2 の水は，その分の**位置エネルギー**を失いますが，その代わり，その落下によって得た水圧による**圧力エネルギー**と速度による**運動エネルギー**を得ます。

このエネルギーの総和は，配管内のどこでも同じになります。これを**ベルヌーイの定理**といいます。

この場合，水のエネルギーは**水頭**（水 1 kg についてのエネルギーを水の高さで表したものでヘッドともいう）という言葉で表すので（⇒P 39 参照），

速度水頭 + 圧力水頭 + 位置水頭 = 一定

と表すことができます。

高さ z の水が持つ全エネルギーは，次のようになります。

① 速度エネルギー $= \dfrac{1}{2}mv^2$ 〔J〕

　（m：水の質量，v：流速）

② 圧力エネルギー $= \dfrac{mp}{\rho}$ 〔J〕

　（ρ：水の密度）

③ 位置エネルギー $= mgz$ 〔J〕

従って，エネルギーの総和は，次の式で表すことができます。

$$\frac{1}{2}mv^2 + \frac{mp}{\rho} + mgz \text{〔J〕} \cdots\cdots\cdots(1)$$

ここで，流体に働く重力 mg 〔N〕を考えます。

「J＝N・m」より，これらのエネルギー〔J〕をこの mg 〔N〕で割れば，

$$\frac{J}{N} = \frac{N \cdot m}{N} = m \cdots\cdots\cdots(2)$$

となり，それぞれのエネルギーを水の高さ〔m〕に置き換えることができます。

このエネルギーを水の高さ〔m〕に置き換えた値を**水頭**といいます。
従って，①〜③を mg で割って水頭で表すと，次のようになります。

① 速度水頭 $= \dfrac{v^2}{2g}$ 〔m〕

② 圧力水頭 $= \dfrac{p}{\rho g}$ 〔m〕

               （ρ：流体の密度）

③ 位置水頭 $= z$ 〔m〕

    $\therefore\ \dfrac{v^2}{2g} + \dfrac{p}{\rho g} + z =$ 一定 〔m〕

4. トリチェリの定理

　図のように，水面から放水口の中心までの高さが H の水槽の下部に設け
た放水口から水を放出させた場合，水の速度 v は次式から求められます。

$$v = \sqrt{2gH} \quad \textbf{〔m/s〕} \qquad （g：重力加速度）$$

　この式は，ベルヌーイの定理における速度，圧力，位置水頭の和が，水面
上の１点と放水口では等しいということから導かれる式です。

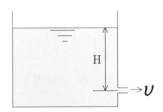

5. 摩擦損失

① 摩擦損失水頭

　下図のような配管内を流れる水のa地点とb地点の圧力水頭を計測した場合，b地点の方が低くなります。

　これは，水と管内壁面との接触によって生じる摩擦や乱流（流れが乱れること）などによるもので，このような損失を**摩擦損失**といいます。

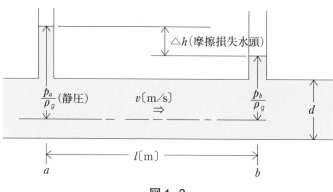

図1-3

　また，図のように水柱の高さを測ると，Δh だけ下流の方の水柱が低くなります。この差を**摩擦損失水頭**といいます。

　この摩擦損失水頭は，「**管の長さ**」と「**平均流速の2乗**」に比例し，「**管の内径**」に反比例します。

式で表すと，

$$\Delta h = \frac{p_a}{\rho_g} - \frac{p_b}{\rho_g} = \lambda \frac{l}{d} \cdot \frac{v^2}{2g}$$

$\Big($
p_a：a 点の圧力　　　p_b：b 点の圧力　　　Δh：摩擦損失水頭〔m〕

λ：摩擦損失係数　　l：管の長さ〔m〕　　　v：流体の流速〔m／s〕

d：管の内径〔m〕　　g：重力加速度〔m／s^2〕
$\Big)$

〈例題〉

　上記 $\Delta h = \lambda \dfrac{l}{d} \cdot \dfrac{v^2}{2g}$ で表わされる式の意味を答えよ。

（答）摩擦損失水頭

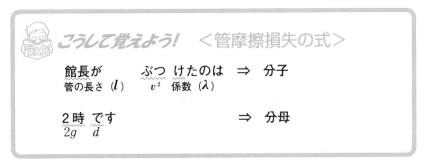

こうして覚えよう！　＜管摩擦損失の式＞

館長が　　　　　ぶつ　けたのは　⇒　分子
管の長さ（l）　v^2　係数（λ）

2時 です　　　　　　　　　⇒　分母
$2g$　d

②　管路形状損失

　たとえば，のちほど出てきますが，エルボなどのように配管が急に曲がったり，あるいは，内径が急に小さくなると，流れに渦が生じて損失が発生します。このような損失を**管路形状損失**といいます。

③　その他の損失

　たとえば，タンクなどから配管へ流体を導く場合にも損失は生じますが，その入口の形状によっても損失水頭の大きさが変わってきます。

　下図の場合，左から右へ行くに従って（流出しにくくなるので），管の入口における損失水頭が大きくなります。

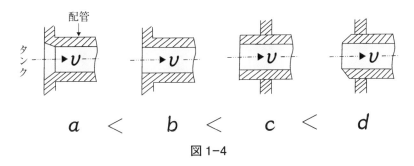

配管
タンク

$$a \quad < \quad b \quad < \quad c \quad < \quad d$$

図1-4

　その他，仕切弁などの弁類などを流れる際にも，渦による損失が生じます。

6. ウォーターハンマ

　配管内の流水を急に停止させたり，あるいは，急に加速させると，大きな衝撃音とともに配管内に圧力変動が生じることがあります。このような現象をウォーターハンマ（水撃作用）といいます。

(3)　パスカルの原理（圧力と液体）

　密閉された容器内で，液体の一部に圧力を加えると，同じ強さの圧力で液体の各部に伝わります。これを**パスカルの原理**といいます。

　たとえば，下図のようにU字形の管を考えた場合，太い管の断面積をA_1，細い管の断面積をA_2とし，それぞれの液面を押す力をP_1，P_2とすると，

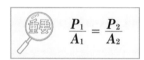

$$\frac{P_1}{A_1} = \frac{P_2}{A_2}$$

という式が成り立ちます。

　つまり，単位面積あたりに加わる圧力は，断面積が大きくても小さくても同じだ，ということです。

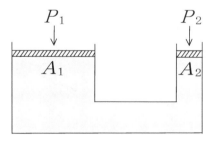

図1-5

(4)　ボイル・シャルルの法則（圧力と気体）

　気体には，ボイルの法則とシャルルの法則があり，これらをまとめたのが，ボイル・シャルルの法則となります。

1.　ボイルの法則

　たとえば，サッカーボールでもバレーボールでもいいのですが，そのボールを深海に沈めると小さくへこんでしまいます。つまり，圧力が大きくなるとボール（の中の気体の体積）は逆に小さくなります。

　このような温度が一定のもとでは，**一定量の気体の体積は圧力に反比例し**ます。これを**ボイルの法則**といい，圧力をP，体積をVとすると，次式で表されます。

$$PV = K \quad （一定）$$

　　$PV = $一定が，なぜ$P$（圧力）と$V$（体積）の反比例になるかというと，$P$を2倍にすれば逆に$V$を$\frac{1}{2}$にしなければ$P \times V$が一定となりません。従って，$P$と$V$は反比例している，ということになります。

2.　シャルルの法則

　1の場合は温度を一定にしましたが，今度は圧力を一定にした場合，次の関係が成り立ちます。

　「一定量の気体の体積は，温度が1℃上昇または下降するごとに，0℃のときの体積の273分の1ずつ膨張または収縮する。」

　これを**シャルルの法則**といいます。

　この場合，温度はセ氏温度ですが，これを絶対温度で表すと，「**一定量の気体の体積は，絶対温度に比例する。**」といとも簡単な表現となり，次の式で表されます。

$$\frac{V}{T} = K \quad （一定）$$

　　絶対温度Tは，通常使用されている摂氏温度t℃に273度を足した温度で，$T = t + 273$となります（単位は〔K：ケルビン〕）。

3. ボイル・シャルルの法則

　以上の２つの法則をまとめると，「**一定の気体の体積は圧力に反比例し，絶対温度に比例する。**」という関係になり，次式が成り立ちます。

$$\frac{PV}{T} = k \quad （一定）$$

❷　力について

（1）　力の3要素

　一般に力を表す場合，図のように矢印を用いますが，その場合，ただ単に矢印を書くのでなく，

　「① 力の大きさ」と「② 力の方向」及び「③ 力の作用点（力が働く点）」を表して書きます。

図 1-6

　この ① 力の大きさ，② 力の方向，③ 力の作用点を**力の3要素** といいます。

　たとえば，エンストした車を手で押している場合，矢印の向きが車を押している**方向**で，矢印の大きさが車を押している**力の大きさ**，そしてa点が車を手で押している部分，すなわち，**力が働いている点**となります。

図 1-7

(2)　力の合成と分解

1.　力の合成

　たとえば，図（a）のように石を2人のひとが，F_1 と F_2 の力でそれぞれ別方向に引っぱった場合，その石には1人のひとが図（e）の方向に F_3 の力で引っ張ったのと同じ力が働きます。

　このように，同じ物体に2つ以上の力が働いた場合，それらを合成して1つの力にすることを**力の合成**といい，合成した力を**合力**といいます。

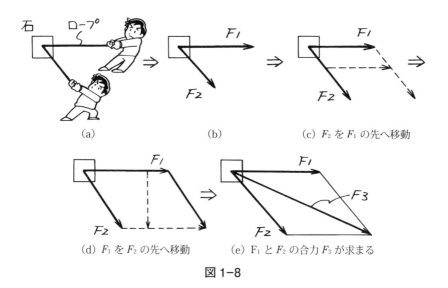

(a)　　　　　　　　(b)　　　　　　　(c) F_2 を F_1 の先へ移動

(d) F_1 を F_2 の先へ移動　　　(e) F_1 と F_2 の合力 F_3 が求まる

図 1-8

2.　合成の方法

　1.　F_2 をその角度のまま F_1 の先まで移動する。……………………図（c）
　2.　F_1 をその角度のまま F_2 の先まで移動する。　………………図（d）
　3.　出来上がった平行四辺形の対角線が合力 F_3 となります。……図（e）

3. 力の分解

合成とは逆に，F_3 を F_1 と F_2 に分解することを力の分解といいます。

分解の方法は，力の合成とは逆に F_3 を対角線とする平行四辺形を作成して，F_1 と F_2 を求めればよいだけです。

(3) 力のモーメント

図のように，回転軸 O から l〔m〕にある点 A に，力 F〔N〕を直角（図では下向き）に加えると，物体は回転を始めます。

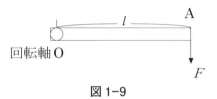

図 1-9

この物体を回転させる力の働きを**力のモーメント**（M で表し，別名トルク）といい，次式で表します。

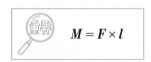

$$M = F \times l$$

単位は，力が N（ニュートン）であり，また回転軸 O からの距離を m（メートル）とすると，力のモーメントの単位は **N・m** で表されます。

(4)　力のつりあい

1. 力のつりあい

　図のように，物体の1点（図ではO点）に大きさが等しく，方向が反対の2力が作用すると合力は0となり，物体は動きません。

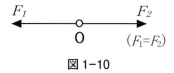

図1-10

　このような状態を「2つの力はつりあいの状態にある」といいます。

2. 同じ向きに平行力がある場合

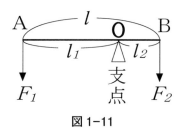

図1-11

　図のように，O点を支点として同じ向きに2つの力，F_1，F_2 が平行してつり合っている場合，次の関係が成りたちます。

右まわりのモーメント ＝ 左まわりのモーメント

（注：「右まわり」，「左まわり」というのはO点を軸としての回転です）

図に示した記号を用いて具体的に表すと，次のようになります。

　右まわりのモーメント＝ $F_2 \times l_2$

　左まわりのモーメント＝ $F_1 \times l_1$

よって，

　　$F_2 \times l_2 = F_1 \times l_1$　となります。

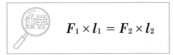

$$F_1 \times l_1 = F_2 \times l_2$$

これより，つり合いがとれている場合の l_1 または l_2 を求めることができます。

③ 運動と仕事

(1) 速度

　物体が運動しているとき，その運動した距離をそれに要した時間で割ったものを**速度**といいます。

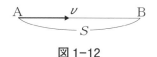

図 1-12

　たとえば，図の A 点から B 点まで運動するのに t 秒かかったとすると，AB 間の距離は S〔m〕だから，その速度 v は次式で求めることができます。

$$v = \frac{S}{t} \quad [\text{m}/\text{s}]$$

(2) 加速度

　たとえば，時速 30 km で走行していた車を 60 km にスピードアップする場合，一般に「加速する」といいますが，要するに，速度を変化させるときに「加速する」ということであり，加速度は，**この速度が変化するときの割合**のことをいいます。

　式で表すと，最初の速度を v_1，t 秒後の速度を v_2，加速度を α とした場合，次のようになります。

$$\alpha = \frac{v_2 - v_1}{t} \quad [\text{m}/\text{s}^2]$$

これを v_2 についての式に変形すると，

$$v_2 = v_1 + \alpha t$$

となります。

　すなわち，t 秒後の速度 v_2 は初速 v_1 に at を加えたものとなります。

　また，その間に移動した距離 S は，v_2 と v_1 の平均速度に時間 t をかけた

ものだから

$$S = \frac{v_1 + v_2}{2} t$$

これを加速度 α を使って表すと，次式になります。

$$S = v_1 t + \frac{1}{2}\alpha t^2$$

(3)　仕　事

ある物体に力 F が働いて距離 S を移動した場合，「力 F が物体に対して仕事をした」といいます。その場合，仕事量を W で表すと

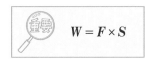

$$W = F \times S$$

となります。

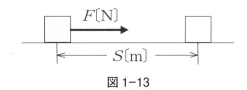

F〔N〕

S〔m〕

図 1-13

単位は，1N〔ニュートン〕の力で1m動かした時の仕事量を1J〔ジュール〕とします。

すなわち，1J = 1N × 1m となります。

〔単位について〕

　上の式より，ニュートンとメートルを掛けるとジュールになる。

　すなわち，**J = N·m** はぜひ覚えておこう

従って，$W = F \times S$〔J〕または $W = F \times S$〔N·m〕となります。

(4)　動力（仕事率）

　物体に対して，単位時間になされた仕事の量を**動力**（仕事率）といい，記号 P で表します。

　単位時間になされた，というと少々わかりにくいかもしれませんが，要するに，仕事量 W を（それに要した）時間 t〔秒〕で割れば動力になる，というわけです。

$$P = \frac{W}{t} \ \text{〔J/s〕　または　〔W：ワット〕}$$

〔**単位について**〕

　このあたりの単位はわかりにくいので，次のようにして覚えよう。

　⑶より，ニュートンとメートルを掛けるとジュールになる（N・m = J）。

　そのジュール〔J〕を時間〔s〕で割ればワット〔W〕になる。

　すなわち，

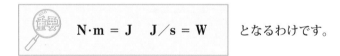

$$\text{N·m = J　　J/s = W}$$　　　となるわけです。

(5)　滑車

　重量物を，図のようにロープなどを用いて持ち上げる装置を滑車といい，そのうち固定されている滑車を**定滑車**，動く滑車を**動滑車**といいます。

　定滑車は，力の方向を変えることはできますが，荷重Ｗそのままの力でロープを引っ張る必要があります。

　一方，動滑車は，ロープを引っ張ると連動して動き，ロープ１本には $\frac{1}{2}$ の荷重しかかからないので，$\frac{1}{2}$ Wの力でロープを引き上げることができます。

　従って，動滑車が２個あれば，$\frac{1}{2}$ の $\frac{1}{2}$ の荷重になるので，$\frac{1}{4}$ の荷重で引っ張ることができます。

　よって，動滑車のロープにかかる張力 F は，次式で表されます。

$$F = \frac{W}{2^n}$$

　たとえば，図のように，定滑車が1個，動滑車が 3 つの場合，F_4 のロープにかかる張力は，定滑車なので F_3 と同じです。その F_3 は、動滑車が3つあるので，

$F = \dfrac{W}{2^n} = \dfrac{W}{2^3} = \dfrac{W}{8}$ となります。

従って，もともとの荷重の $\dfrac{1}{8}$ の力で引っ張り上げることができるわけです。

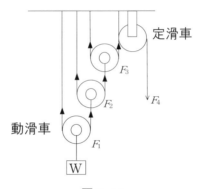

定滑車

F_3

F_4

F_2

動滑車

F_1

W

図 1-14

摩　擦

　図のように，道路上に置かれた四角い石を動かそうとするとき，当然，接触面には摩擦が働きます。

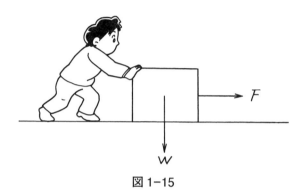

図1-15

　このように，相互に接触している物体を動かそうとするとき，その接触面には動きを妨げる方向に摩擦力が働きます。

　その大きさは，摩擦力を F 〔N〕，接触面に垂直にかかる圧力を W 〔N〕とすると，次の式が成り立ちます。

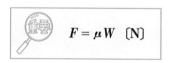

$$F = \mu W \ \text{〔N〕}$$

　　μ は摩擦係数と言い，接触面の材質によって数値が異なる係数です。

　なお，摩擦力は静止していた物体が動きだすときに最大となり，これを**最大摩擦力**と言います。一般に摩擦力という場合は，この最大摩擦力のことをいいます（注：摩擦力は接触面積の大小には無関係です）。

５ 機械材料

5-1 金属材料について

　金属材料には，鉄鋼材料（炭素鋼など）と非鉄金属材料（銅やアルミニウムなど）と呼ばれるものがあります。

　それらのほとんどは，単体の金属に他の元素を加えた**合金**として使用されています（合金とすることによって性能が向上するため）。

(1) 合金の特徴

　金属を合金とすることによって，元の金属に比べて次のように性質が変化します。

1. 硬度が増す（硬くなる）。
2. 可鋳性（溶かして他の形に成型できる性質）が増す。
3. 熱伝導率が減少する。
4. 電気伝導率が減少する。
5. 融点（金属が溶ける温度）が低くなる。

(2) 主な合金とその成分

　主な合金には，次頁のような**鉄鋼材料**と**非鉄金属材料**の２つがあります。

1. 鉄鋼材料

炭素等を加えて，その性能を向上させたもので，加える成分によって，①〜③をはじめ，様々な種類のものがあります。

① 炭素鋼…鉄＋炭素（0.02〜約2％）

　　一般工業用材料として広く用いられているもので，炭素の含有<ruby>含有<rt>がんゆう</rt></ruby>量<ruby>量<rt>りょう</rt></ruby>によって，次のように性質が変わってきます。

	炭素含有量が多い	炭素含有量が少ない
硬さ	増加する。	減少する。
引張り強さ	増加する。	減少する。
加工	加工しにくい（もろいため）。	加工しやすい（ねばり強いため）。

② <ruby>鋳鉄<rt>ちゅうてつ</rt></ruby>…鉄＋炭素（約2％以上）

　　もろくて引張り強さにも弱いですが，**色んな形に鋳造できる**という**可鋳性**に富んでいます。可鍛鋳鉄は，このもろさをなくして衝撃に強くしたものをいいます。

③ 合金鋼

　　特殊鋼とも言い，炭素鋼に1種，または数種の元素を加えて性質を向上させたり，あるいは用途に応じた性質を持たせたもので，ステンレス鋼や耐熱鋼などがあります。

ステンレス鋼	鉄にクロムやニッケル等を加えて，耐食性を向上させたもの。
耐熱鋼	炭素鋼にクロムやニッケル等を加えて，高温における耐食性や強度を向上させたもの。

（注：ステンレス鋼の鉄は炭素含有量が基準に満たないので，本書では炭素鋼ではなく鉄としてありますが，資料によっては低炭素鋼としている場合もあります。）

2. 非鉄金属材料

① 銅合金

銅は電気や熱の伝導性に優れていて，腐食しにくく，また加工性にも優れているという利点があるので，電線など一般工業用材料として広く用いられています。

その銅の合金には，次のように銅に亜鉛を加えた黄銅*や，すずを加えた青銅などがあります。

（＊　一般に真ちゅうと呼ばれているもの）

> 黄銅……銅＋亜鉛
>
> 青銅……銅＋すず

② アルミニウム 🖢出た!

密度は鉄の約$\frac{1}{3}$と軽い材料であり，空気中では酸化されやすいですが，ち密な酸化皮膜を作るので，**耐食性**がよい**銀白色**の金属材料です（ただし，アンモニア水などの塩基，硫酸，塩酸には侵される）。

また，熱伝導性，電気伝導性，展性に富むので加工性もよいのですが，**耐熱性**は劣ります。

なお，ジュラルミンなどのアルミニウム合金も**軽量**で**加工しやすく****強度**もありますが，溶接，溶断が難しいので，改造や破損の際の修繕は鋼に比べて困難になります。

3. 金属材料の記号

	記号
配管用炭素鋼鋼管	SGP
圧力配管用炭素鋼鋼管	STPG
一般構造用炭素鋼鋼管	STK
ねずみ鋳鉄品	FC
ばね鋼鋼材	SUP

(3)　熱処理について

　金属を加熱，または冷却することによって，いろいろな性質に変化させることを熱処理といい，主に鋼に対して行います。

　その熱処理には次のようなものがあります。

① **焼き入れ**…高温に加熱後，水（または油）で急冷する。

　　　　$\boxed{効果}$　→　**硬度（強度）を増す。**

② **焼き戻し**…焼き入れした鋼を再加熱後，徐々に冷却する。

　　　　$\boxed{効果}$　→　焼入れした鋼は硬くはなりますが，もろくもなるので，そこで焼き戻しをすることによって鋼に**ねばり強さ**を付けます。

③ **焼きなまし**…一定時間加熱後，炉内で徐々に冷却する。

　　　　$\boxed{効果}$　→　軟らかくして加工しやすくする。

④ **焼きならし**…加熱後，大気中で徐々に冷却する。

　　　　$\boxed{効果}$　→　内部に生じたひずみを取り除き組織を均一にする。

(4)　ねじについて

1. ねじの種類

ねじの種類とそれを表す記号は，次のようになっています。

表 1-1

種類		記号
メートルねじ	ねじの外径（呼び径という）をミリメートルで表したねじで，標準ピッチのメートル並目ねじと，それより細かいピッチのメートル細目ねじがあり，両者とも M のあとに外径（mm）の数値を付けて表す	M
管用平行ねじ	単に機械的接続を目的として用いられる	G
管用テーパねじ	先細りになっている形状のねじで（「テーパ」＝円錐状に先細りになっていることを表す），機密性が求められる管の接続に用いられるインチ三角ねじ	R
ユニファイ並目ねじ	ISO 規格のインチ三角ねじのこと	UNC（ユニファイ細目ねじは UNF）

2. リード角とピッチについて

　ねじが1回転したときに進む距離をリードというのに対し，**リード角**は下図のように，ねじ山のラインと水平面とのなす角度で（⇒おねじのねじ山の角度），この角度が異なるねじを用いて締めることはできません（無理やり締めるとねじ山が破損する）。

　また，**ピッチ**というのは，ねじの軸に平行に測って，隣り合うねじ山の対応する点の距離（⇒要するに，ねじ山とねじ山の間の距離）をいいます。

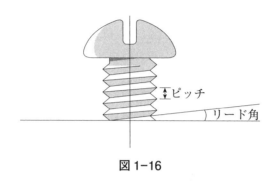

図1-16

　なお，ほとんどのねじは，1回転で1ピッチ分移動する**一条ねじ**と呼ばれるタイプのねじで，1回転で1ピッチ分移動するので，当然，<u>リードとピッチは等しくなります</u>（一条ねじは，ねじが1回転する間にねじ山1つ分移動する）。

(5)　軸　受

　モーターなどの回転軸を支える部分を**軸受**といい，軸と軸受の接触方法から分類した場合，**滑り軸受**と**転がり軸受**に分けられます。

　滑り軸受は，文字通り，軸受とジャーナル（軸受と接している回転軸の部分で次ページの図参照）が滑り接触をしている軸受で，軸受には**軸受メタル**と呼ばれる青銅などの柔らかい金属で作られたものをはめ込み，それに設けられた溝に油が潤滑することにより，すべりやすくしてあります。

　また，**転がり軸受**は，ボールベアリングのように玉やころを使って回転させる軸受で，玉を使うものを**玉軸受**（ボールベアリング），ころを使うものを**ころ軸受**（ローラベアリング）といい，すべり摩擦よりはるかに小さいころがり摩擦なので，現在はこちらが主流です。

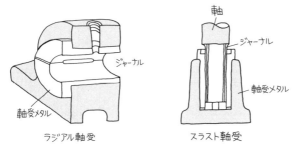

ラジアル軸受　　　　　　　スラスト軸受

図 1-17

　一方，荷重が作用する方向から分類すると，**ラジアル軸受**と**スラスト軸受**に分けられ，ラジアル軸受は，荷重が軸線に**垂直**に働くときに用いられる軸受で，スラスト軸受は，**軸方向**の荷重を支えるときに用いられる軸受です。

軸受の分類表（太字は出題例あり ⇒ 滑り軸受か転がり軸受かの分類）

滑り軸受	・うす軸受 ・球面滑り軸受 ・ステップ軸受 ・プラスチック軸受	重要　うす軸受＝滑り軸受
転がり軸受	玉軸受	・深溝玉軸受 ・自動調心玉軸受 ・スラスト玉軸受
	ころ軸受	・ラジアルころ軸受 ・円筒ころ軸受 ・**円すいころ軸受** ・自動調心ころ軸受 ・スラストころ軸受

5-2　材料の強さについて

(1)　荷重と応力

　荷重には力のかかり具合によって，図1-18のような種類があります。

　一方，応力は荷重と大きさが等しく，その向きは正反対でつりあっており，図のように荷重と対応した応力があります。

　その応力ですが，①の引張応力と②の圧縮応力を垂直応力といい，記号の σ（シグマ）で表します。

　一方，③のせん断応力は τ（タウ）で表し，その大きさは両者とも，次のように材料に作用する荷重 W 〔N〕をその断面図 A 〔mm²〕（⇒次ページの①参照）で割った値となります。

$$\sigma = \tau = \frac{W}{A} \quad [\text{MPa：メガパスカル}]$$

σ：引張応力，圧縮応力
τ：せん断応力
W：荷重〔N〕
A：材料の断面積

<荷重(Wで表示)>　　　　　　　　　　<応力(Wと反対方向の矢印)>

① **引張荷重**
　物体を引き伸ばす力

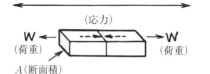

引張応力

② **圧縮荷重**
　物体を圧縮する力

圧縮応力

③ **せん断荷重**
　はさみで紙を切断
するように，物体を
引きちぎる力

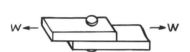

せん断応力

④ **曲げ荷重**
　物体を曲げる力

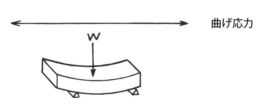

曲げ応力

⑤ **ねじり荷重**
　物体をねじる力

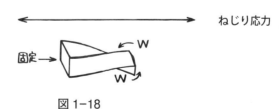

ねじり応力

図 1-18

（2）　はりの種類と形状

1. はりの種類

　はりは，建物の屋根などの上からの荷重を支えるために柱と柱の間に渡した横木で，次のような種類があります。

- （ア）　**片持ばり**　　　：一端のみ固定し，他端を自由にしたはり
- （イ）　**両端支持ばり**：両端とも自由に動くようにしたはり
- （ウ）　**固定ばり**　　　：両端とも固定支持されているはり
- （エ）　**張出しばり**　　：支点の外側に荷重が加わっているはり
- （オ）　**連続ばり**　　　：3個以上の支点で支えられているはり

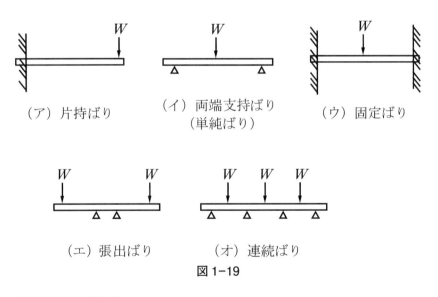

図1-19

2. はりの形状

　材質，断面積が同じ場合において，はりの形状による上下の曲げ荷重に対する強さは，右から左へ行くに従って強くなります。

図1-20

(3) ひずみ

たとえば，図のような材料に外力 W を加えて λ だけ圧縮された場合，外力 W を**荷重**，外力 W に抵抗して材料内部に生ずる力を**応力**，変形した量 λ をもとの長さ l_1 で割った割合を**ひずみ** ε といいます。

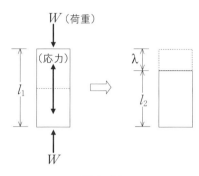

図 1-21

$$\varepsilon = \frac{\lambda}{l_1} = \frac{l_1 - l_2}{l_1}$$

なお，せん断ひずみ（γ）の場合は，図のように垂直ひずみとは変形の方向が 90 度異なり，変位を $\triangle l$ とすると，

$\gamma = \dfrac{\triangle l}{l}$ となります。

また，せん断応力（τ）とせん断ひずみとの関係は，次のようになります。

$\tau = G\gamma$

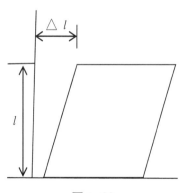

図 1-22

G は，せん断力における変形のしやすさを表す定数で，**横弾性係数**（またはせん断弾性係数，あるいは剛性率ともいう）といいます。

（4）　応力とひずみ

　下図は，軟鋼を徐々に引っぱったときの力（引張荷重＝応力）と伸び（ひずみ）の関係を表したものです。

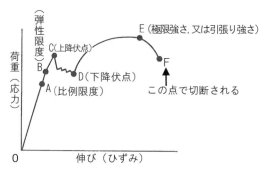

図1-23　応力－ひずみ線図

　図のA～F点には，それぞれ図のように名称が付けられ，その内容は，次のようになっています。

A.　比例限度：

　　荷重と伸びが比例する限界。

　　　すなわち，0～A点までは荷重の大きさに正比例して軟鋼が伸び，A点はその限界ということです。

B.　弾性限度：

　　荷重を取り除くと伸びが元に戻る限界。

　　　すなわち，0～B点までは，引っぱるのを止めて軟鋼を放しても，それまで伸びていた部分が元の長さに戻り，B点はその限界，ということです。

　　　従って，B点以降の伸び（ひずみ）は元に戻らない**永久ひずみ**となります。

C～D.　降伏点：

　　　B点を過ぎると伸びは永久ひずみとなりますが，荷重がC点に達すると，荷重は増加しないのに伸びが急激に増加してD点まで達します。このC点を上降伏点，D点を下降伏点といいます。

E. 極限強さ（引張強さ）：

　　材料が耐えうる最大荷重，すなわち，D点の降伏点よりさらに荷重を加えると，荷重に比べて伸びが大きくなり，材料が耐えうる極限の強さE点に達し，その後はさらに伸びが増加し，F点で破壊されます。

　　このE点の応力を**極限強さ**といい，引張り力のときは**引張強さ**，圧縮力のときは圧縮強さ，といいます。

　　なお，F点は**破断点**といいます。

(5)　**許容応力と安全率**

1.　許容応力

　今まで説明してきましたように，材料に外力を加えると材料の内部には応力が生じます。その応力のうち，材料を安全に使用できる応力の最大を**許容応力**といいます。

　前ページの図でいうと，B点の弾性限度内，すなわち，外力（荷重）を加えても元の長さに戻る範囲内に，この許容応力を設定しておく必要があります。

2.　安全率

　その許容応力ですが，材料が耐えうる最大の荷重，すなわち，極限強さの何割であるかを表した値を安全率といい，次式で表されます。

$$安全率 = \frac{極限強さ（引張り強さ）}{許容応力}$$

　この値が大きいほど，強度に余裕をもって材料を使用することができます。

(6)　その他

1.　クリープ現象

　材料に一定荷重を長時間加えた場合，時間が経つにつれて，ひずみが**増加**する現象をいいます。

　このクリープは，**応力が大きいほど**，また，**温度が高いほど**大きくなります。

＜材料のクリープ現象＞
・応力が大きいほど，
・温度が高いほど
⇒　大きくなる

2.　材料の疲れ

　材料に繰り返し荷重を加えた場合，静荷重の場合よりも小さい荷重で破壊する現象のことをいいます。

問題にチャレンジ！

（第1編　機械に関する基礎知識）

<水理　→P.34>

【問題1】

　下図のような管の中をAからBの方向に水が流れており，流速 v_B は流速 v_A の3倍となっている。この場合，B断面の断面積はA断面の断面積の何倍になるか。

(1) $\dfrac{1}{3}$ 倍　　　　(2) 2倍　　　　(3) 3倍　　　　(4) 9倍

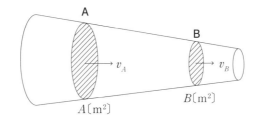

　P36の 2. 連続の定理 ，$Q = A \times v =$ 一定 より，流量 Q が一定なので，流速 v が3倍になれば，断面積 A は逆に $\dfrac{1}{3}$ になります。

【問題2】

　配管内を流れる液体の摩擦損失水頭について，次のうち誤っているものはどれか。

(1)　配管の内径に比例する。
(2)　管の長さに比例する。
(3)　流速の2乗に比例する。
(4)　管と液体の摩擦損失係数に比例する。

| 解　答 |

　解答は次ページの下欄にあります。

P40の 5. 摩擦損失 より，摩擦損失は，「管の長さ」と「平均流速の2乗」に比例し，「管の内径」に反比例します。

従って，(1)の「配管の内径に比例する。」が誤りです。

【問題3】

軸受の説明として，次のうち誤っているものはどれか。

(1)　軸受は，荷重の方向から分類すると，ラジアル軸受とスラスト軸受に分類される。

(2)　軸受は，軸と軸受の接触方法から分類すると，滑り軸受と転がり軸受に分類される。

(3)　滑り軸受は，軸とジャーナルが滑り接触をしている。

(4)　スラスト軸受は，荷重が軸線に垂直に働くときに用いられる軸受である。

P61より，スラスト軸受は，軸線に垂直ではなく**軸方向**の荷重を支えるときに用いられる軸受です。なお，(4)はラジアル軸受の説明です。

<力について　→P.45>

【問題4】

柄の長さ50cmのパイプレンチを使用して，丸棒を回転させるため，丸棒の中心から40cmのところを握って50Nの力を加えるとき，丸棒が受けるモーメントの値として正しいものはどれか。

(1)　20N・m
(2)　80N・m
(3)　100N・m
(4)　200N・m

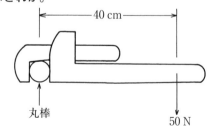

丸棒

50 N

解　答	
【問題1】…(1)	【問題2】…(1)

加えた力の大きさを F，支点から作用点（力を加えた部分）までの距離を l とすると，回転する力モーメント M は，$\boldsymbol{M = F \times l}$ 〔N・m〕という式で求められます。

　従って，

　　$M = F \times l$

　　　$= 50 \times 0.4$　（注：40cm をメートル単位に換算）

　　　$= 20$ 〔N・m〕　となります。

<運動と仕事　→P.50>

【問題5】

　速度を v 〔m／s〕，時間を t 〔秒〕，距離を S 〔m〕とした場合，これら相互の関係を表す式として，次のうち正しいのはどれか。

(1)　$v = St$

(2)　$v = \dfrac{S}{60t}$

(3)　$S = vt$

(4)　$t = \dfrac{S}{60v}$

　　たとえば，1秒間に1mの速度で10秒間歩くと，距離は10m となります。この1秒間に1mというのは速度 v であり，10秒間というのは時間 t であり，10mというのは距離 S になります。

　　つまり，速度（v）に時間（t）を掛けると距離（S）になるわけです。ということで，$vt = S$ となり，(3)が正解となります。

　　なお，加速度運動の場合は，加速度を α 〔m／s²〕，初速を v_0 〔m／s〕，時間 t 〔s〕の間に進む距離を S 〔m〕とすると，

解　答

【問題3】…(4)　　　　　　　　　【問題4】…(1)

$$S = v_0 t + \frac{1}{2} a t^2$$

となります（⇒ 出題例があります）。

【問題6】

運動の法則について，次のうち誤っているものはどれか。

(1) 運動の第1法則は，慣性の法則である。

(2) 運動の第2法則は，運動の法則またはニュートンの運動方程式とも呼ばれている。

(3) 質量 m の物体に力 F を加えた場合に生じる加速度を a とすると，運動の第2法則は，$F = ma^2$ という式で表すことができる。

(4) 運動の第3法則は，作用反作用の法則である。

　運動の第2法則は，「物体が力を受けると，その力の方向に加速度が生じ，また，加速度は力の大きさに比例し，物体の質量に反比例する」という法則です。

　従って，加速度 a は力 F に**比例**し，質量 m に**反比例**するので，$F = ma$ という式で表すことができます。

　なお，(4)の**作用反作用の法則**は重要ポイントです。

【問題7】

物体に力 F〔N〕が働いて力の方向に S〔m〕だけ移動したときは，$W = FS$ という式が成り立つが，この W を示すものとして，次のうち正しいものはどれか。

(1) 荷重

(2) 仕事量

(3) 変位

(4) 仕事率

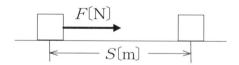

解　答

【問題5】…(3)

ある物体に力 F が働いて距離 S を移動した場合，力 F が物体に対して仕事をしたことになり，この場合の **$F×S$ を仕事量**といい，記号 **W** で表します（単位は〔J〕）。

　なお，F の単位は N〔ニュートン〕，S の単位は〔m〕なので，

　　〔N〕×〔m〕＝〔N・m〕＝〔J〕

という単位になります。

　また，(4)の仕事率ですが，仕事量 W を（それに要した）時間 t〔秒〕で割った値のことで **（仕事率＝単位時間あたりの仕事量）**，別名**動力**ともいい，記号 P で表すと，

　　P（**仕事率**）$=\dfrac{W}{t}$ となります。

　単位については〔J／s〕または〔W：ワット〕 となります。

　　　　　　（※上記の**色アミ部分**は出題例があるので，要注意！）

<金属材料　→P.55>

【問題 8 】

　銅の合金の説明として，次のうち誤っているものはどれか。

(1)　青銅は銅とマンガンの合金で，古くなると緑色の緑青（銅のさび）を生ずるのでこの名前の由来がある。

(2)　ベリリウム銅はベリリウムとの合金で，耐食性・導電性がよい。

(3)　白銅は，銅にニッケルを少量加えたもので，硬くさびにくい銀白色の合金である。

(4)　黄銅は銅と亜鉛の合金で，さびにくく加工しやすいので機械部品などに用いられている。

解　答

【問題 6 】…(3)　　　　　　　　　【問題 7 】…(2)

(1)　青銅は銅とマンガンではなく，銅とすずとの合金で，鋳造性・被削性・耐食性にすぐれた，別名ブロンズとも呼ばれる合金です。

(2)　正しい。

(3)　白銅は，銅に**ニッケル**を少量加えたもので，硬くさびにくい（⇒ **耐食性，耐海水性**がよい）銀白色の合金です。

(4)　黄銅は銅と**亜鉛**の合金で，**真ちゅう**とも呼ばれ，さびにくく（⇒ **耐食性**がよい），加工しやすいので機械部品などに用いられています。

【問題9】

　下図は，軟鋼を常温で引張試験したときの「公称応力─公称ひずみ曲線」を示したものであるが，その説明として，次のうち誤っているものはどれか。

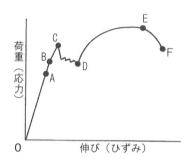

(1)　A点までは公称応力は公称ひずみに比例する。この点の公称応力を比例限度という。

(2)　B点までは荷重を取り去れば公称応力も公称ひずみもなくなる。この点の公称応力を弾性限度という。

(3)　C点を過ぎると，荷重を増さないのに公称ひずみが増加し，D点に進む。このC点の公称応力を上降伏点，D点の公称応力を下降伏点という。

(4)　E点で公称応力は最大になりF点で破断する。このF点の公称応力を引張強さという。

| 解　答 |

【問題8】…(1)

P 66 の⑷応力とひずみより，⑴⑵⑶の記述は正しい。

　しかし，⑷のF点は，材料が破壊される**破断点**であり，引張強さ（極限強さ）となる点はE点の方なので，誤りです。

【問題10】

　鋼などの金属を加熱，または冷却することによって，必要な性質の材料に変化させることを熱処理と言うが，次の表において，その熱処理の内容（説明），及び目的として，誤っているものはどれか。

	内　　　容	目　　　的
⑴焼き入れ	高温に加熱後，油中又は水中で急冷する。	硬度を増す
⑵焼き戻し	焼き入れした鋼を，それより低温で再加熱後，徐々に冷却する。	焼入れにより低下したねばり強さを回復する。
⑶焼きなまし	一定時間加熱後，炉内で徐々に冷却する。	組織を安定させ，また，軟化させて加工しやすくする。
⑷焼きならし	加熱後，炉内で急激に冷却する。	ひずみを取り除いて組織を均一にする。

　焼きならしは，加熱後，炉内で急激に冷却するのではなく，大気中で**徐々に冷却**することによって，ひずみを取り除いて組織を均一にします。

解　答

【問題9】…⑷

【問題11】

炭素鋼の焼入れについて，次のうち誤っているものはどれか。

(1)　焼入れは材料を強くするために行う。

(2)　焼入れは高温に過熱しておいて急冷する操作を行う。

(3)　焼入れは材料のひずみを取り除くために行う。

(4)　焼入れは材料をかたくするために行う。

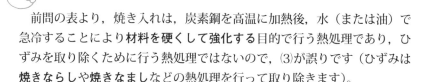

　前問の表より，焼き入れは，炭素鋼を高温に加熱後，水（または油）で急冷することにより**材料を硬くして強化する**目的で行う熱処理であり，ひずみを取り除くために行う熱処理ではないので，(3)が誤りです（ひずみは**焼きならし**や**焼きなまし**などの熱処理を行って取り除きます）。

【問題12】

金属材料のクリープについて，説明しているものは，次のうちどれか。

(1)　材料が腐食している場合に荷重を加えると，変形や割れが生じやすくなる現象をいう。

(2)　材料に荷重を繰返し加え続けていくと，材料は静荷重を受けるよりも，はるかに小さな荷重で破壊を起こす現象をいう。

(3)　一定の荷重を長時間加えると，時間がたつにつれて，材料ひずみが増加する現象をいう。

(4)　材料に切欠きがある場合に荷重が加わると，一般的に切欠き部分の応力が非常に大きくなる現象をいう。

　クリープとは，高温状態で材料に**一定の静荷重（応力）**を加えた場合，時間とともに**ひずみが増加する現象**のことをいい，**応力が大きいほど**，また，**温度が高いほど**大きくなります。

　なお，(2)は，**材料の疲れ**に関する説明です。

解　答

【問題10】…(4)

【問題 13 】

ねじについての説明として，次のうち誤っているものはどれか。

(1) リードとは，ねじを 1 回転させたときに軸方向に移動する距離のことである。

(2) ピッチとは，ねじの軸に平行に測って，隣り合うねじ山の対応する点の距離をいう。

(3) ねじが機械の振動などによって緩むことを防ぐ方法に，リード角が異なるねじを用いる方法がある。

(4) ねじが機械の振動などによって緩むことを防ぐ方法に，座金や止めナットを用いる方法などがある。

(1) 正しい。

(2) 正しい。なお，「隣り合うねじ山の対応する点」とは，要するに，ねじ山とねじ山の間の距離のことです。

(3) リード角とは，ねじ山のラインと水平面とのなす角度，すなわち，おねじの**ねじ山の角度**をいい，この角度が異なるねじを用いて締めると，受ける側のねじ山（雌ねじ側）が破損するので，誤りです。

(4) 正しい。なお，その他，**ピン**や**止めねじ**などを用いる方法もあります。

<荷重と応力　→P.62>

【問題 14 】

図のような，両端支持ばりに300 N と500 N の集中荷重が働いている場合の反力 R_A と R_B の値はいくらになるか。

	R_A	R_B
(1)	49 N	100 N
(2)	120 N	240 N
(3)	310 N	490 N
(4)	410 N	510 N

300〔N〕　　500〔N〕

A 　　　　　　　　　　　　　B

R_A〔N〕　　　　　　　R_B〔N〕

30cm

80cm

100cm

このような問題の場合，A点またはB点を基準にして，右まわりと左まわりのモーメントの和を求め，

右まわりのモーメントの和＝左まわりのモーメントの和の式より，R_AとR_Bの値を求めていきます。

① まず，A点を基準にして，右まわりと左まわりのモーメントを求めます。

$$右まわりのモーメントの和 = 300 \times 0.3 + 500 \times 0.8$$
$$= 90 + 400$$
$$= 490\,\mathrm{N \cdot m}$$
$$左まわりのモーメント = R_B \times 1.0\,\mathrm{N \cdot m}$$

つりあっているとき，両者は等しいので，
$$490 = R_B \times 1.0 \qquad R_B = \mathbf{490\,N}\,となります。$$

② 次に，B点を基準にして，右まわりと左まわりのモーメントを求めます。

$$右まわりのモーメントの和 = R_A \times 1.0\,\mathrm{N \cdot m}$$
$$左まわりのモーメントの和 = 300 \times 0.7 + 500 \times 0.2$$
$$= 210 + 100$$
$$= 310$$
両者は等しいので，$R_A \times 1.0 = 310$
$$R_A = \mathbf{310\,N}\,となります。$$

解　答

【問題 13】…⑶　　　　　　　　【問題 14】…⑶

【問題15】

図のように，荷重が **10,000 N** の物体を動滑車を組み合わせて引き上げる場合，図の定滑車でのロープの張力 F_4 は最低何 **N** 以上必要となるか。

(1)　1,000 N

(2)　1,250 N

(3)　25,000 N

(4)　10,000 N

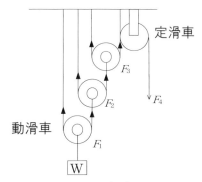

$W = 10,000$ 〔N〕

　重量物を図のようにして巻き上げる場合，定滑車では，荷重はそのままですが，動滑車（ロープを引くことにより動く滑車）では，$\dfrac{1}{2}$ になります。

　従って，動滑車が2個では $\dfrac{1}{2} \times \dfrac{1}{2} = \dfrac{1}{4} = \dfrac{1}{2^2}$，3個では $\dfrac{1}{2} \times \dfrac{1}{2} \times \dfrac{1}{2} = \dfrac{1}{8} = \dfrac{1}{2^3}$ となるので，動滑車がn個では荷重が $\dfrac{1}{2^n}$ になります。

　従って，動滑車の場合，ロープにかかる張力 F は，

　　$F = \dfrac{W}{2^n}$ となります。

　以上より，問題の張力を考えると，定滑車では荷重はそのままなので，

　　$F_3 = F_4$

　つまり，定滑車でのロープの張力 F_4 は，F_3 の張力を求めればよい，ということになります。従って，F_3 までに動滑車は3つあるので，

　　$F_3 = \dfrac{W}{2^3} = \dfrac{10,000}{2^3} = \dfrac{10,000}{8}$

　　　 $= 1,250\,N$ となります。

（すなわち，10,000 N の荷重が，動滑車3個により1,250 N に軽減されたということになるわけです。）

　なお，逆に「F_4 に1,250 N の荷重を加えたときに滑車が静止してつり合うときの W〔N〕の値を求めよ。」という出題例もありますが（1,250 N とは違う値で出題される），$F =$ の式を $W =$ の式に変えて求めればよいだけです。

解　答

解答は次ページの下欄にあります。

【問題16】

長さ l_1 のある材料に引張荷重を加えたら l_2 になった。このときのひずみを表す式として，正しいものは次のうちどれか。

(1) $\dfrac{l_1-l_2}{l_2}$ 　　　　(2) $\dfrac{l_2-l_1}{l_1}$

(3) $\dfrac{l_1}{l_2-l_1}$ 　　　　(4) $\dfrac{l_1+l_2}{l_1}$

　ひずみは，変形した量（l_2-l_1）をもとの長さ l_1 で割った割合なので，(2)が正解です。（注：P 65 は圧縮なので $l_1>l_2$ ですが，本問は引張荷重なので $l_2>l_1$ になります）

【問題17】

断面積 200 mm² の銅に 10,000 N のせん断荷重を加えたときのせん断ひずみの値として，次のうち正しいものはどれか。

ただし，横弾性係数は 50,000 MPa とする。

(1) $\dfrac{1}{100}$ 　　　　(2) $\dfrac{1}{250}$

(3) $\dfrac{1}{1,000}$ 　　　　(4) $\dfrac{1}{2,500}$

　せん断応力（τ）とせん断ひずみ（γ）の関係は，P 65 の(3)より，$\tau = G\gamma$ という関係が成り立つので，

せん断ひずみ γ は，$\gamma = \dfrac{\tau}{G}$ として求められます。

　従って，せん断応力 τ は，$\tau = \dfrac{W}{A} = \dfrac{10,000}{200} = 50\text{MPa}$（⇒P 62 の式），G は 50,000MPa なので，

せん断ひずみ $\gamma = \dfrac{\tau}{G}$

$\qquad\quad = \dfrac{50}{50,000}$

$\qquad\quad = \dfrac{1}{1,000}$ となります。

解　答

【問題15】…(2)

【問題 18】

　ある物体を $10\,\mathrm{kN}$ の力で水平に $5\,\mathrm{m}$ 移動させたときの仕事量 W はいくらか。また、この仕事量を 5 秒間で行った場合、その動力 P はいくらになるか。

　ただし、物体と接触する面との摩擦はないものとする。

仕事量 W	動力 P
(1)　2 kJ	250 W
(2)　10 kJ	1.25 kW
(3)　50 kJ	10 kW
(4)　100 kJ	50 kW

　仕事量を W、力を F、移動した距離を S とすると、仕事量 W は、

　　$W = F \times S$ で求められます。

　よって、

　　$W = 10\,\mathrm{kN} \times 5\,\mathrm{m} = 50\ [\mathrm{kN \cdot m}]$

　　　　　　　　　$= 50\ [\mathrm{kJ}]$

となります。

　また、動力 P は仕事量 W をそれに要した時間 t〔秒〕で割ったものだから、

　　$P = 50\,\mathrm{kJ} \div 5\,秒 = 10\,\mathrm{kW}$ となります（J／s ＝ W より）。

解　答

【問題 16】…(2)　　　　　【問題 17】…(3)　　　　　【問題 18】…(3)

第2編
電気に関する基礎知識

主な内容 ─┬─ 電気理論

　　　　　├─ 電気計測

　　　　　└─ 電気機器，材料

第1章 電気理論

学習のポイント

1. オームの法則（P 87）：
　　　　電流や電圧を求める回路計算がよく出題されています。

2. 抵抗またはコンデンサーの合成問題（P 90）：
　　　　毎回のように出題されており，また，**ブリッジ回路の未知抵抗を求める問題**や**抵抗率の式**も重要ポイントです。
　なお，最近の傾向として，非常に複雑な抵抗接続の問題が出題されることがありますが，単純な接続に分解することができるのが一般的なので，そのあたりのテクニックも必要になります。

3. 磁気（P 99）：
　フレミングの法則（特に**左手**）が頻繁に出題されているので，注意が必要です。

4. 交流（P 102）：
　実効値，平均値，最大値の相互関係がよく出題されており，また，コイル，コンデンサー回路の電圧と電流の**位相関係**も頻繁に出題されているので，こちらも注意が必要です。

1 電気の単位

電気に関する主な単位は次のとおりです（〔　〕内はその記号です）。

表2-1

単位	単位の内容
アンペア 〔**A**〕	電流の単位
ボルト 〔**V**〕	電圧の単位
ワット 〔**W**〕	電力の単位
ジュール 〔**J**〕	仕事量の単位で，抵抗に電流が流れた時に発生する熱量をあらわします。
オーム 〔**Ω**〕	電気抵抗の単位
ファラド 〔**F**〕	コンデンサーの静電容量の単位。 これの小単位である 1 マイクロファラド 〔μ**F**〕 は1F の 100万分の 1，すなわち10^{-6}〔**F**〕のことです。 1〔μ**F**〕$= \dfrac{1}{10^{6}}$〔**F**〕 $\qquad\quad = 10^{-6}$〔**F**〕 普通はこちらの小単位〔μ**F**〕の方を用います。 なお，その〔μ**F**〕の単位より，さらに100万分の 1 の単位である〔**pF**（ピコファラド）〕も出題例があるので，注意してください。 1〔**pF**〕$= \dfrac{1}{10^{12}}$〔**F**〕$= 10^{-12}$〔**F**〕$= 10^{-6}$〔μ**F**〕
ヘルツ 〔**Hz**〕	周波数の単位
ヘンリー 〔**H**〕	コイルのインダクタンスの単位

オームの法則

抵抗 R に電圧 V を加えた場合，流れた電流を I とすると，

 $$V = IR, \quad \text{または} \quad I = \frac{V}{R}$$

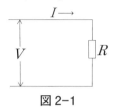

図 2-1

の関係が成り立ちます。

　すなわち，抵抗に流れる電流はその電圧に
比例します。
これを**オームの法則**と言います。

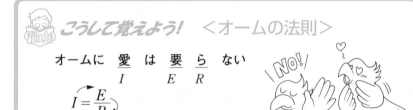

こうして覚えよう！　＜オームの法則＞

オームに　愛　は　要ら　ない
　　　　　I　　E　　R

$$I = \frac{E}{R}$$

（注：電圧は E で表しています）

　これは水の流れに例えるとわかりやすいと思います。つまり，電流を水
流，電圧を水圧に置き換えてみるのです。

　今，ホースの中を水が流れているとした場合，大きな水圧をかければそれ
に比例して水流も大きくなります。すなわち，<u>水流は水圧に比例します</u>（⇒
電流は電圧に比例）。

　しかし，ホース内に汚れが付着して抵抗が大きくなると水流は減少しま
す。すなわち，<u>水流は抵抗の大きさに反比例する</u>（**電流は抵抗に反比例す
る**），というわけです。

③ 静電気

(1) 電荷について

　物体には，もともとプラスとマイナスの電気が有るのですが，何らかの原因でそのバランスがくずれると，プラスまたはマイナスの過剰分だけ電気を帯びます。これを**帯電**といい，その物体を**帯電体**といいます。

　その帯電体の有する**電気量を電荷**といい，記号 Q で表します。単位は〔C（クーロン）〕です。その電気量 Q は，電流 I 〔A〕と時間 t 〔S〕の積で求められます。

$$Q \text{〔C〕} = I \text{〔A〕} \times t \text{〔s〕}$$

(2) 静電気に関するクーロンの法則

　次ページの図のように，q_1, q_2〔C〕という二つの点電荷が距離 r〔m〕離れてあるとすると，両者には F〔N〕（ニュートン）という**クーロン力**（静電力または静電気力ともいう）が働き，その大きさは次式で表されます（注：q は Q の小文字です）。

$$F = K \frac{q_1 \times q_2}{r^2} \text{〔N〕} \quad (K \text{ は比例定数で，} 9 \times 10^9)$$

　すなわち，2つの点電荷に働く静電力は，両電荷の積に比例し，電荷間の距離の2乗に反比例します。

　これを**クーロンの法則**といい，電荷が同種の場合（たとえば，q_1, q_2 とも正の電気を帯びた帯電体か，または両者とも負の電気を帯びた帯電体の場合），F は反発力となり，異種の場合は吸引力となります。

　また，その力の働く方向は二つの電荷を結ぶ直線上にあります。

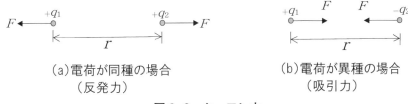

(a)電荷が同種の場合　　　　(b)電荷が異種の場合
　　（反発力）　　　　　　　　　（吸引力）

図2-2　クーロン力

(3)　電気力線

　⑵のように，静電力（クーロン力）を受ける空間を**電界**または**電場**といい，その電気力が作用する状態を表した仮想的な線を**電気力線**といいます。

① 　電気力線は，正の電荷から出て，負の電荷へ入る。

② 　電気力線は導体の表面に**垂直**に出入りし，**導体内部には存在しない**。

③ 　任意の点における**電界の方向**は，その点の**電気力線の接線**と一致する。

④ 　任意の点における**電気力線の密度**は，その点の**電界の大きさ**を表す。

抵抗とコンデンサーの接続

(1)　抵抗の接続

1. 直列接続

　抵抗を図のように直列に接続した場合，その合成抵抗（R）はそれぞれの抵抗値をそのまま足した値となります。

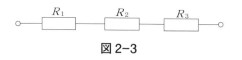

図2-3

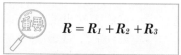

$$R = R_1 + R_2 + R_3$$

2. 並列接続

　抵抗を並列に接続した場合は，それぞれの抵抗値の逆数をとってその和を求め，さらにその逆数をとったものが合成抵抗（R）となります。

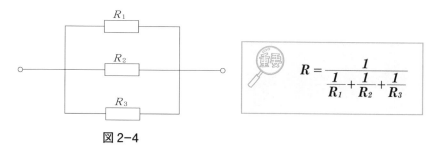

図2-4

$$R = \cfrac{1}{\cfrac{1}{R_1} + \cfrac{1}{R_2} + \cfrac{1}{R_3}}$$

　たとえば，$R_1 = 1$〔Ω〕
　　　　　　$R_2 = 2$〔Ω〕
　　　　　　$R_3 = 3$〔Ω〕
とした場合，合成抵抗 R は，まず上式の分母の値，すなわちそれぞれの抵抗値の逆数の和を求めます。

$$\frac{1}{1} + \frac{1}{2} + \frac{1}{3} = \frac{6}{6} + \frac{3}{6} + \frac{2}{6} = \frac{11}{6}$$

　合成抵抗 R はこれの更に逆数なので，

$R = \dfrac{6}{11}$ 〔Ω〕　　となります。

すなわち，R_1 から R_3 のどの抵抗値よりも小さな値となります。このように，<u>抵抗を並列に接続すると，その合成抵抗は個々の抵抗値よりも小さくなります。</u>

なお，抵抗の数が図のように2個の場合は，次の式のようになります。

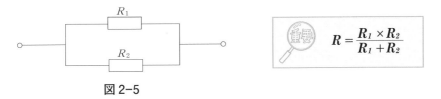

図2-5

これは，$\boxed{2.\ 並列接続}$ の式から導かれる式で，
たとえば，$R_1 = 1$ 〔Ω〕，$R_2 = 2$ 〔Ω〕なら

$R = \dfrac{1 \times 2}{1 + 2} = \dfrac{2}{3}$ 〔Ω〕となります。

$\boxed{3.\ 直並列接続}$

図2-6のような場合は，まず R_1，R_2 の並列接続の合成抵抗を求め，それと直列接続の抵抗値 R_3 を足します。

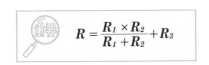

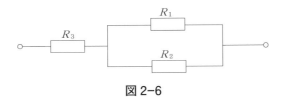

図2-6

4. ブリッジ回路

　抵抗を図2-7のように接続した回路をブリッジ回路といい，ab間に検流計（G）を接続した場合に電流が流れない状態，すなわちabの電位が同じ状態を「平衡」といい，次の条件の時に成り立ちます。

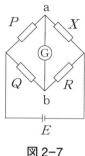

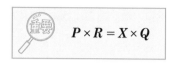

$$P \times R = X \times Q$$

図2-7

① ブリッジ回路が平衡状態にある場合において，どれか一つの抵抗，たとえば X の値が未知の場合は

　　$X = \dfrac{P \times R}{Q}$ として求めることができます。

② ブリッジ回路が平衡状態であるなら，仮に検流計（G）の代わりに抵抗（Z とする）が接続されていても，その部分には電流が流れないので，合成抵抗 R はその抵抗 Z を無視して，次のように，$[P+X]$ と $[Q+R]$ の並列合成抵抗として求めることができます。

$$R = \frac{[P+X] \times [Q+R]}{[P+X] + [Q+R]} \ (\Omega)$$

本試験では，このような抵抗接続の問題が出題されることがあるので，まずは，$P \times R = X \times Q$ になっているかを確かめれば，合成抵抗は容易に求めることができます。

(2)　コンデンサー

1.　コンデンサー

　コンデンサーとは，わかりやすく言えば電気を貯蔵するタンクのようなもので，2 枚の金属板（**極板**という）を近づけて直流電圧を加えると，一方の金属板にはプラス，もう一方の金属板にはマイナスの電荷が蓄えられます。

　その金属板（極板）に電荷が蓄えられる間だけは電流が流れ，やがて電荷が満杯状態，すなわち，フル充電されると電流は流れなくなります。

　このように，コンデンサーに直流電圧を加えると，電流は時間とともに減少していきます。

> 　ちなみにコイルについては，直流電圧を加えると，P 100, (3)でも触れたレンツの法則より，電圧を加えた瞬間はコイルに生じる逆起電力のため電流が流れず，やがて，時間が経つにつれて電流が増加していきます。

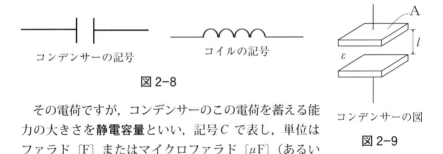

コンデンサーの記号　　　　　　コイルの記号

図 2-8

コンデンサーの図

図 2-9

　その電荷ですが，コンデンサーのこの電荷を蓄える能力の大きさを**静電容量**といい，記号 C で表し，単位はファラド〔F〕またはマイクロファラド〔μF〕（あるいは〔pF〕）を用います（⇒P 86 の単位の表 2-1 参照）。

　その静電容量については，次式より求めることができます（図 2-9 参照）。

$$C = \varepsilon \frac{A}{l}$$

　すなわち，静電容量は極板間の距離 l に反比例し，極板の面積 A に比例します。

　ここで，ε は＊**誘電率**といい，極板間に入れる物質それぞれが持つ固有の
値で，上式からもわかるように，この値が大きいほど静電容量も大きくなり
ます。

　一方，そのコンデンサーの極板間に加わる電圧をVとすると，コンデン
サーに蓄えられる**電気量Q**は，次式より求めることができます。

$$Q = C \times V \ \text{〔C〕}$$

　また，コンデンサーに蓄えられる**電気エネルギーW**は，次式より求める
ことができます。

$$W = \frac{1}{2}Q \times V \ \text{〔J〕}$$

　（$Q = CV$ なので代入して，$W = \frac{1}{2}CV^2$ とも表せる）

＊**誘電率**
⇒　たとえばプラスに帯電した物体（帯電体）を絶縁体（電気を通しに
　くい物体）に近づけると，帯電体に近い側にマイナス，反対側にはプ
　ラスの電荷が現れます。
　　このような物質を**誘電体**といい，プラスやマイナスの電荷が現れる
　度合いの大きさを**誘電率**（ε：イプシロンで表す）といいます。

2. コンデンサーの接続

コンデンサーを直列や並列に接続すると，単独の場合に比べて静電容量が増減します（直列にすると減り，並列にすると増える）。

その計算方法は，抵抗の場合とは逆になり，直列の場合は抵抗の並列と同じ計算をし，並列の場合は抵抗の直列と同じ計算をします。

① 直列接続

合成静電容量（C）は次のようになります。

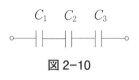

図 2-10

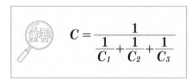

$$C = \cfrac{1}{\cfrac{1}{C_1} + \cfrac{1}{C_2} + \cfrac{1}{C_3}}$$

計算方法は抵抗の場合と全く同じで，$C_1 \sim C_3$ に静電容量の数値〔μF〕をそのまま入れればよいだけです。

なお，2個だけの直列の場合は2個だけの抵抗の並列の場合と同じ計算方法になります。

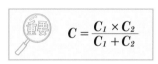

図 2-11

$$C = \frac{C_1 \times C_2}{C_1 + C_2}$$

② 並列接続

抵抗の直列接続と同じで，数値をそのまま足せばよいだけです。

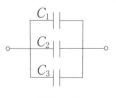

図 2-12

$$C = C_1 + C_2 + C_3 \ \ 〔\mu F〕$$

キルヒホッフの法則

(1)　キルヒホッフの第1法則

　図のO点に流入する電流をI_1, I_2とし, O点から流出する電流をI_3, I_4とすると, 次の式が成り立ちます。

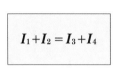

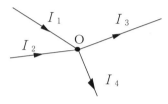

図2-13

　これを**キルヒホッフの第1法則**といいます。
（⇒「回路網中の接続点に流れ込む電流」＝「接続点から流れ出る電流」）

(2)　キルヒホッフの第2法則

　図のような回路においては, 電流の流れが複雑で, 簡単にそれぞれの部分を流れる電流値が求められません。

　そのような場合, 図のように仮に電流をI_1, I_2, I_3と定め, 電流が流れる方向も図のように定めて, 閉回路を任意の方向に1周させます。

　この場合, 「閉回路の起電力の総和」＝「閉回路中の電圧降下」となり, その方程式より各電流値を求めることができます。

　なお, 1周する方向と逆向きの電圧降下や起電力はマイナスとします。

　①のルート　　$E_1 - E_2 = I_1R_1 + I_3R_2$
　②のルート　　$E_2 - E_3 = -I_3R_2 - I_2R_3$
　③のルート　　$E_1 - E_3 = I_1R_1 - I_2R_3$

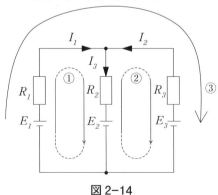

図2-14

電力と熱量

(1)　電力

　モーターに電流を流せば，外に対して仕事をします。その際，電流が**単位時間にする仕事量**のことを**電力（P）**といい，電流（I）と電圧（V）の積で表されます。

　すなわち，

$$P = IV \quad [\text{W}]$$

となり，単位は〔W〕（ワット）で表します。

　また，電圧（V）は電流（I）と抵抗（R）の積でもあるので（$V = IR$），上式に代入すると

$$P = IV = I(IR)$$
$$= I^2R \quad [\text{W}]$$

ともなります。

　一方，P〔W〕が t 秒間にする仕事を**電力量**といい，W〔W·s〕（ワットセカンド）や〔W·h〕（ワットアワー）という単位で表します。

　すなわち，

$$W = I^2Rt \quad [\text{w·h または W·s}]$$

となります。

　なお，$P = IV$ において，$I = \dfrac{V}{R}$ を代入すると，$P = IV = \dfrac{V}{R} \times V = \dfrac{V^2}{R}$ となり，抵抗と電圧から電力を求めることもできます。

(2) 熱量

電熱器のニクロム線のように，抵抗のある電線に電流を流すと熱を発生します。これを**ジュール熱**〔単位：J（ジュール）〕といい，抵抗Rに電圧Vを加え，電流Iがt秒間流れた時に発生する熱量Hは，次式で表されます。

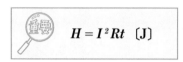

$$H = I^2Rt \quad \text{〔J〕}$$

すなわち，電力量の式と同じになりますが，これを**ジュールの法則**といい，発生した熱量Hを**ジュール熱**といいます。

熱量はcal（カロリー）で表す場合もあるので，その場合は，$1\text{J} = 0.24\,\text{cal}$として換算します。

7 磁気

(1) 磁気用語について

まず，次の用語について理解しておいてください。

磁力線	磁石のN極からS極に向かって通っていると仮想した磁気的な線。
磁束	磁力線の一定量を束ねたもので，単位は **Wb**（ウェーバ）を用い，磁束1本が1Wbです。
磁界	磁気的な力が作用する空間（場所）のこと。
磁化	金属の針を磁石でこすると，それ自体が磁石の性質を持つように，物質が磁気的性質を持つことをいいます。)

(2) アンペアの右ねじの法則

電線に電流を流した場合，その周囲には磁界が発生します。

その発生する方向は，同じ方向にねじを進めた場合のねじの回る方向と同じで，これをアンペアの**右ねじの法則**といいます。

その磁界の大きさ H は次式で表されます。

$$H = \frac{I}{2\pi r}$$

すなわち，電線からの距離 r に反比例し電流 I に比例します。

図2-15　右ねじの法則

(3)　電磁誘導

　図2-16のように，コイルの中やその直近に
磁石を置き，それを動かすと，回路内に電源が
無いにも関わらず，検流計の針が振れます。

　これは，コイル内を貫通する磁束が変化する
ことによって，コイル内に起電力 e が発生
（誘導）したためであり，これをファラデーの
電磁誘導の法則といいます。

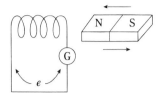

図2-16　電磁誘導の法則

　①　磁石を速く動かすほど発生する起電力も大きくなります。

　　つまり，起電力の大きさは**磁束の変化する速さ（割合）に比例**します。

　②　磁石を入れるときと出すときとでは，検流計の指針の振れる方向は逆
　　になります。

　　これは，誘導起電力の向きが逆になったからであり，その方向はコイル
内の磁束の変化を妨げる方向に生じます。

　　つまり，コイルに磁石を近づけるとコイル内の磁束は増えますが，この
ときの誘導起電力 e は，この磁束の増加を妨げる方向，すなわち，この
磁束とは反対向きの磁束を発生させる方向に起電力 e が生じます。

　　これを**レンツの法則**といいます。

(4)　フレミングの法則

1.　フレミングの左手の法則

図2-17　フレミングの左手の法則

　図のように，磁界内で電線に電流を流すと，電線には磁界と直角な方向
（図では上向き）に力が発生します。これを**電磁力**といい，その「力」と
「磁界」，および「電流」の方向は図のように**左手の親指，人差し指，中指**を
それぞれ直角に開いた時の方向になります。これを**フレミングの左手の法則**
といいます。

2. フレミングの右手の法則

　図2-17の電線に電流を流さない状態で磁界と直角な方向（図では上または下方向）に動かすと，電線内には起電力が生じ電流が流れます。

　その「運動方向」と「磁界」，および「電流」の方向は図のように**右手の親指，人差し指，中指**をそれぞれ直角に開いた時の方向になります。

　これを**フレミングの右手の法則**といいます。

図2-18　フレミングの右手の法則

　すなわち，左手の法則が「電流を流すと力が働く」，という現象に対して右手の法則は，「動かすと起電力が生じる」という現象になります。

> 左手の法則　⇒　電流を流すと力が働く現象
> 右手の法則　⇒　動かすと起電力が生じる現象

 こうして覚えよう！　＜フレミングの法則＞

　運動の「う」，磁界の「じ」，電流の「でん」から「うじでん」と覚えます（実際には存在しませんが，京都の宇治にある電力会社「宇治電」とでも理解しておけばより頭に残りやすいと思います）。

　これは左手の法則の場合にもそのまま使えます。その場合，「運動」を「力」と置き換えます。（「う」→「力」）。

う・じ・でん
運動　磁界　電流

左手の法則の場合は？

「運動」を「力」に置き換えればいいんだよ

 フレミングの法則 ＝ うじでん

 交流

(1)　交流について

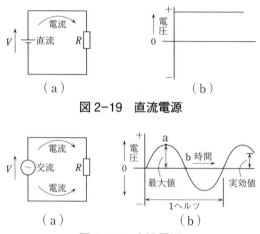

図2-19　直流電源

図2-20　交流電源

　たとえば，図2-19のような抵抗負荷に直流電源を接続した場合，電圧の大きさおよび方向は同図（b）のように変化せずに一定です。

　しかし，図2-20のように交流電源を接続した場合は，時間の経過とともに大きさが図（b）のように正弦波状に変化し，また方向も逆転します。

　これは，フレミングの右手の法則でも説明しましたように，発電機は電線（コイル）を磁界中で回転させて，その誘導起電力を取り出しますが，コイルが真上のときと，それより180度回転した真下のときとでは，電線に発生する誘導起電力の方向が逆になるからです。

　従って，図2-20の（b）でたとえると，0から上の「＋」部分を（a）図の右回りの方向だとしたら，0から下の「－」部分は左回りの方向ということになります（家庭用の交流も発電所と家庭を行ったり来たりしている）。

(2)　交流の表し方

　さて，図2-20（b）の1ヘルツ〔Hz〕と表示してある時間を1周期といい，それが1秒間に何回あるか，すなわち「山」と「谷」のセットが1秒間

に何回出現するかを**周波数**（f）といい，単位は〔Hz〕で表します。

（⇒ 50〔Hz〕や 60〔Hz〕というのは，発電所と家庭を 50 回あるいは 60 回行ったり来たりしているということになります。）

また，ある瞬間の電圧の値を**瞬時値**といい，それが最大の時の値を**最大値**，それを直流に置き換えた場合の値を**実効値**といい，それぞれの関係は次のようになっています。

最大値 ＝ $\sqrt{2}$ × 実効値　　　平均値 ＝ $\dfrac{2}{\pi}$ × 最大値

(3)　弧度法と位相

1. 弧度法

半径 $r = 1$ とする円を考えた場合，円周は，$2\pi r = 2\pi$ となります。

この場合，1 周の角度は **360 度**になります。

次に，円の半周を考えた場合，$2\pi \div 2 = \pi$ となり，角度は **180 度**になります。

つまり，円周の長さ（弧）とそれに対応する角度は比例していることになります。

このように，半径 1 の円を考え，その円周の長さから角度を表す方法を**弧度法**といい，単位は〔**rad**（ラジアン）〕を用います。

$$
\begin{aligned}
&360\,度：\ 2\pi\ \text{〔rad〕} \\
&180\,度：\ \ \pi\ \ \text{〔rad〕} \\
&\ \ 90\,度：\ \dfrac{\pi}{2}\ \text{〔rad〕}
\end{aligned}
$$

2. 位相

まず，次ページの図 2-22 や図 2-23 を見てください。電圧の山と電流の山がずれているのがわかると思います。このずれを**位相**といいます。

図 2-20 のような抵抗だけの回路の場合は，電流は電圧と同時に変化します（図 2-21）。

このことを「電流は電圧と位相が同じである」または「電流と電圧は同相である」といいます。

　しかし，コイルやコンデンサーを接続した場合は，電圧と電流は同じタイミングでプラスやマイナスになりません。すなわち，電圧と電流の位相は異なります。

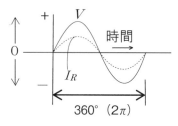

図2-21　抵抗回路

(4)　交流回路

1.　コイルのみの回路

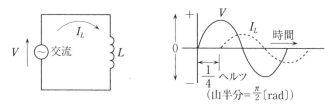

図2-22　コイルのみの回路

　コイルの場合，レンツの法則（P 100）より，電流が流れるのを妨げようとする働きがあるため，電圧をかけてもすぐに電流が流れません。そのため，電流（I_L）は，電圧（e）より$\frac{1}{4}$ヘルツ，すなわち**90度**（正弦波の山一つが180度なので，90度は山半分＝$\frac{\pi}{2}$〔rad〕）**遅れて変化します。**

　この場合，コイルが交流に対して示す抵抗を**誘導リアクタンス**（＝X_L）といい，周波数をf，コイルのインダクタンス（そのコイル固有の抵抗を表す係数）をLとすると，X_Lは次のようになります。

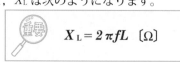

$$X_L = 2\pi fL \ \text{〔}\Omega\text{〕}$$

また，電流 I_L は

$$I_L = \frac{V}{X_L} = \frac{V}{2\pi f L}$$ となります（I_L と f は反比例）。

2. コンデンサーのみの回路

コンデンサーの場合，コイルとは逆に電流（ic）は，電圧（e）より $\frac{1}{4}$ ヘルツ，すなわち 90 度（$\frac{\pi}{2}$〔rad〕）進んで変化します。

この場合，コンデンサーが交流に対して示す抵抗を**容量リアクタンス**（$= Xc$）といい，次式で表されます。

$$Xc = \frac{1}{2\pi f C} \ 〔\Omega〕$$

また，電流（Ic）は，

$$Ic = \frac{v}{Xc} = 2\pi f c v$$ となります（Ic と f は比例）。

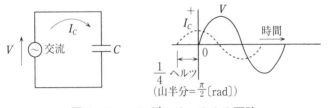

図 2-23　コンデンサーのみの回路

● **コイルのみの回路**
⇒　電流は電圧（V_L）より 90 度（$\frac{\pi}{2}$〔**rad**〕）**遅れる**。
● **コンデンサのみの回路**
⇒　電流は電圧（Vc）より 90 度（$\frac{\pi}{2}$〔**rad**〕）**進む**。

3. $R-L-C$ 回路

　交流回路において，電流の流れを防げる交流抵抗を**インピーダンス（Z）**といい，抵抗と誘導リアクタンス X_L および容量リアクタンス X_C が混在している図のような直列回路の場合，次のようにしてインピーダンスを求めます。

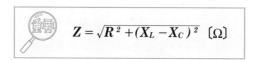

$$Z = \sqrt{R^2 + (X_L - X_C)^2} \ \text{〔}\Omega\text{〕}$$

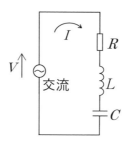

図2-24　$R-L-C$ 回路

　よって，そこに流れる電流は，$I = \dfrac{V}{Z}$ となります。

$$I = \frac{V}{Z}$$

　この場合，たとえば $R-L$ のみの回路であるなら，上式の Z の式の X_C を0にすればよく，また $L-C$ のみの回路であるなら $R=0$ として Z を求めればよいのです。

　なお，1，2の X_L，X_C の式を見てもわかるように，両者は周波数 f によって変化します。従って，当然，インピーダンス Z も周波数 f によって変化するので，注意してください。

 インピーダンスは周波数によって変化をする。

<例題>

Z の式より $R-L$ 回路のインピーダンス Z を求めてみよう。

⇒ R と X_L のみの回路なので容量リアクタンス $X_C = 0$ とおきます。

$$Z = \sqrt{R^2 + (X_L - 0)^2}$$
$$= \sqrt{R^2 + X_L^2} \text{ となります。}$$

 $R-L-C$ 回路が並列の場合

　　$R-L-C$ 回路が並列の場合は，直流のときの計算と同様，それぞれの逆数をとりますが，交流の場合は，次のような計算方法となります。

$$Z = \cfrac{1}{\sqrt{\left(\cfrac{1}{R}\right)^2 + \left(\cfrac{1}{X_C} - \cfrac{1}{X_L}\right)^2}}$$

　従って，抵抗とコイルの並列の場合は，上式のコンデンサー分 $(X_C) = 0$ として計算すればよく，抵抗とコンデンサーの場合は，上式のコイル分 $(X_L) = 0$ として計算すればよいことになります。

　なお，力率は，次のように直列とは逆になります。

$$\cos\theta = \frac{Z}{R} \quad (\Rightarrow \text{P 109 参照})$$

⑨ 電力と力率

(1)　電力

　直流の電力については，すでにP97で説明しましたが，交流の場合も，実効値を用いて，$P = I^2R$〔W〕あるいは$P = \dfrac{V^2}{R}$として求めることができます。

　しかし，「電流と抵抗」や「電圧と抵抗」のみならこれでいいのですが，電流と電圧を掛け合わせて求める場合は，電圧と電流の間にある位相差（θ）を考慮する必要があり，単純に$P = I \times V$とはできません。

　たとえば，R，L，C各々単独の交流回路の場合は，下図のようなベクトル図*になります。（＊　図のような矢印で，**大きさ**とその**方向**を表した量のこと）

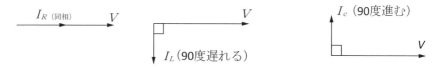

図2-25　R，L，C 各単独回路のベクトル図
（注：Iを基準にしたときのVの方向に注意！⇒出題例あり）

　これが，実際の交流回路では3つが合わさり，下図のように，一般的に少し電流が電圧より遅れたベクトル図になります。

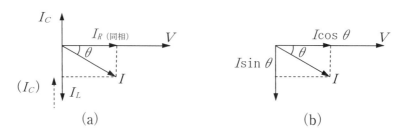

図2-26　一般的な交流回路

　この位相が少し遅れた電流を，まずは，<u>電圧と同相にする</u>必要があります。そのためには，電流を「電圧と同相分」と「90度遅れた分」とに分けます（⇒図 (b)）。この同相分（$I\cos\theta$）を「有効電流」，90度遅れた分

（$I \sin\theta$）を「無効電流」といい，同相分の有効電流と電圧を掛けて初めて電力（有効電力 P）を求めることができます。

なお，無効電流（図の $I_L - I_C$）による電力を**無効電力**（Q）といい，また，直流のように，単に電圧の実効値と電流の実効値を掛けただけの電力を**皮相電力**（S）といい，それぞれの電力は，次式で表されます。

$P = VI \cos\theta$　→　実際に仕事を行う有効な電力

$Q = VI \sin\theta$　→　仕事をしない無効な電力

$S = VI$　　　　→　単に電圧と電流を掛けただけの見掛けの電力

$\therefore\ S = \sqrt{P^2 + Q^2}$

---

(2)　力率

上記の有効電力 P と皮相電力 S の比 $\left(\dfrac{P}{S}\right)$，すなわち $\cos\theta$ を**力率**といい，インピーダンス Z と抵抗 R を用いて，下記のように $\dfrac{R}{Z}$ としても求めることができます。

$$力率\,(cos\ \theta) = \frac{P}{S} = \frac{R}{Z}$$

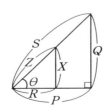

$P, Q, S\,(R, X, Z)$ の関係

$R-L-C$ 回路のベクトル計算

　図2-24のような $R-L-C$ 直列回路の場合は，R，L，C に共通に流れている電流を基準にとってベクトル図を作ります。

　その電流によるそれぞれの電圧降下を V_R，V_L，V_C とすると，電流に対してのそれぞれの位相関係を，電流を基準にして図 (a)のようにとります。

　これから，V_R，V_L，V_C から電源電圧 E を次のように求めることができます。

$$E = \sqrt{(V_R)^2 + (V_L - V_C)^2}$$

　なお，並列接続の場合は，電圧が共通になるので，図 (b) のように電圧を共通軸にとり，

$$I = \sqrt{(I_R)^2 + (I_L - I_C)^2}$$

として計算します。

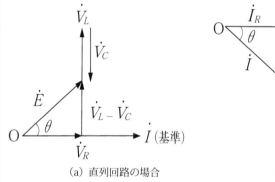

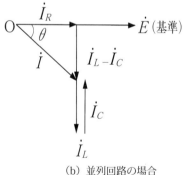

　　　(a) 直列回路の場合　　　　　　　(b) 並列回路の場合

第2章　電気計測

この電気計測の分野は，ほぼ毎回 1 問出題されています。

す。

1. 計器の分類と構造（P 112）：

計器の**構造**に関する文章問題や，ある機能を持つ計器を指摘する問題などが出題されています。

また，**直流用**か**交流用**か，あるいは**交直両用**かがよく出題されているので，確実に把握しておくとともに，**記号問題**もよく出題されているので，確実に暗記しておく必要があります。

2. 測定範囲の拡大（P 115）：

分流器や**倍率器**の名称を答えるだけの問題や倍率から分流器や倍率器の**抵抗値**まで求める問題まで出題されています。

　指示電気計器の分類と構造

　指示電気計器とは，電圧や電流および電力等の値を指針などにより指示する計器です。

1. 指示電気計器の分類

表2-2　指示電気計器の分類（記号はぜひ覚えておこう！）

	種類	記号	動作原理
直流回路用	可動コイル形		磁石と可動コイル間に働く電磁力を利用して測定（次頁の図参照）
交流回路用	誘導形		交番磁束とこれによる誘導電流との電磁力から測定
	整流形		整流器で直流に変換して測定
	振動片形		交流で振動片を励磁し，その共振作用を利用して測定
	可動鉄片形		固定コイルに電流を流して磁界を作り，その中に可動鉄片を置いたときに働く電磁力で駆動させる。
交流直流両用	電流力計形		固定コイルと可動コイル間に働く電磁力を利用
	静電形		二つの金属板に働く静電力を利用
	熱電形		熱電対に生じた熱起電力を利用して測定

　こうして覚えよう！　　＜計器の使用回路＞

○交流のみを測定する計器 ⇒ 交流するのは
　　角のない 整った　親　友 のみ
　可動鉄片　　整流　　　振動片 誘導形

○直流のみを測定する計器 ⇒ 可動コイル形
○これら以外が出てきたら ⇒ 交直両用

意味は？

交流するのは
性格に角のない
整った親友のみ
っていう意味だよ

2. 指示電気計器の構造

　指示電気計器の構造は駆動装置，制御装置および制動装置の 3 要素からなっています。

表 2-3

駆動装置	測定しようとする量に比例する駆動トルクを計器の可動部分に与えて，指針などを作動させる装置。
制御装置	（駆動装置の）駆動力を制御するトルクを与える装置。
制動装置	指示装置（指針）を停止させるための制動力を与える装置。

3. 可動コイル形の原理

　可動コイル形の原理は，永久磁石による磁界と可動コイルの電流との間に働く電磁石により指針が振られるもので，その指針の振れは電流値に比例します。

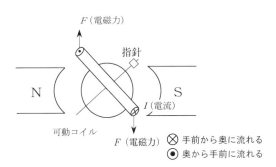

図 2-27　可動コイル形の原理

指示電気計器の分類と構造

② 測定値と誤差

　ある量を測定した場合，その値と真の値との間には一般的に誤差が生じます。

　いま測定値を M，真の値を T，誤差を ε_0 とすると，次の関係が成り立ちます。

$$\varepsilon_0 = M - T$$

　また，誤差を真の値に正すことを補正といい，それを α_0 とすると次式のようになります。

$$\alpha_0 = T - M \quad （誤差とは逆）$$

③ 抵抗値の測定と測定範囲の拡大

（1）　抵抗値の測定

測定しようとする抵抗値の大きさによって，用いる測定器，および測定法は次のようになります。

表 2-4　抵抗値の測定法

低抵抗の測定 （ 1 Ω 程度以下）	中抵抗の測定 （ 1 Ω〜1 MΩ 程度）	高抵抗の測定 （ 1 MΩ 程度以上）
電位差計法 ダブルブリッジ法	ホイーストンブリッジ法 回路計（テスタ） 抵抗法	直偏法 メガー（絶縁抵抗計）

（注）　1 M（メグ）Ω = 1000k Ω = 10^6 Ω

10⁶ 以上の抵抗を測定するのに適した測定器 ⇒ メガー

（注：10 Ω 程度の抵抗値を測定するのに適した計器を問う出題例もあるので，注意してください。⇒**回路計**など）

なお，測定対象により分類すると，次のようになります。

絶縁抵抗の測定	メガー（絶縁抵抗計）
接地抵抗の測定	接地抵抗計（アーステスタ）， コールラウシュブリッジ法

メ ガー　　　　　　　　接地抵抗計

図 2-28

（2）　測定範囲の拡大

　電流や電圧などを測定するには，図のように
電流計は回路と直列に，電圧計は回路と並列に
接続します。

　この場合，その最大目盛り以上の値を測定し
たい場合は，電流計の場合は**分流器**，電圧計の
場合は**倍率器**と呼ばれるものを用います。

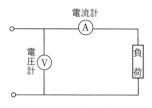

図 2-29　計器の接続

1. 分流器

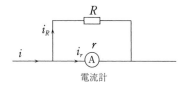

i：測定電流
i_R：分流器への電流
i_r：電流計の電流
R：分流器の抵抗
r：電流計の内部抵抗

図 2-30　分流器

　分流器というのは，図2-30のように電流計と並列に接続した抵抗 R のこ
とで，測定電流の大部分をこの分流器 R に流すことにより測定範囲の拡大
をはかったものです。

　図の場合，本来 i_r までしか計測できなかった電流計が i まで計測できる
ということで，$\dfrac{i}{ir}$（$= m$ で表します）を**分流器の倍率**といい，次式のよう
になります。

$$i = i_r + i_R \quad \cdots\cdots\cdots\cdots\cdots\cdots\cdots\cdots\cdots\cdots\cdots\cdots\cdots\cdots\cdots\cdots (1)$$

一方，$i_r \times r = i_R \times R$ より

$$i_R = \frac{i_r \times r}{R} \quad \cdots\cdots\cdots\cdots\cdots\cdots\cdots\cdots\cdots\cdots\cdots\cdots\cdots\cdots (2)$$

⑵式を⑴式に代入すると

$$i = i_r + \frac{i_r \times r}{R} = i_r \left(1 + \frac{r}{R}\right)$$

よって，$\dfrac{i}{ir} = 1 + \dfrac{r}{R} = m$

　すなわち，電流計の測定範囲の m 倍の電流が測定可能，ということにな
るわけです。

2. 倍率器

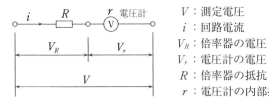

V：測定電圧
i：回路電流
V_R：倍率器の電圧
V_r：電圧計の電圧
R：倍率器の抵抗
r：電圧計の内部抵抗

図2-31　倍率器

倍率器は，図のように電圧計と直列に抵抗（R）を接続して，その測定範囲の拡大をはかったもので，$\dfrac{V}{V_r}$ を**倍率器の倍率**（$=n$ で表す）といいます。

この場合，倍率 n は次のようになります。

$$V = V_r + V_R \quad \cdots\cdots\cdots\cdots\cdots\cdots\cdots\cdots\cdots\cdots\cdots\cdots\cdots(3)$$

一方，$i = \dfrac{V_R}{R} = \dfrac{V_r}{r}$ より，

$$V_R = \frac{V_r}{r} \times R \quad \cdots\cdots\cdots\cdots\cdots\cdots\cdots\cdots\cdots\cdots\cdots(4)$$

(4)式を(3)式に代入すると

$$V = V_r + \frac{V_r}{r} \times R$$
$$= V_r\left(1 + \frac{R}{r}\right) \quad \cdots\cdots\cdots\cdots\cdots\cdots\cdots\cdots\cdots(5)$$

よって，倍率 $\dfrac{V}{V_r}$ は，$\dfrac{V}{V_r} = 1 + \dfrac{R}{r} = n$ となります。

●**分流器の倍率　→　$1 + \dfrac{r}{R}$**

●**倍率器の倍率　→　$1 + \dfrac{R}{r}$**

電池の内部抵抗

　　倍率器に似たものに，電池の内部抵抗に関する問題があります。

　たとえば，「図のように内部抵抗が r〔Ω〕の電池に R〔Ω〕の外部抵抗器（負荷抵抗器）を直列に接続した場合，R〔Ω〕の両端の電圧はいくらか」などという問題です。この場合も倍率器と同様，まず回路に流れる電流 i〔A〕を求めます。

$$i = \frac{E}{r+R}$$

　そしてオームの法則より，

$$V_R = i \times R = \frac{E}{r+R} \times R$$

として V_R を求めます。

第3章　電気機器，材料

変圧器や蓄電池などが出題されていますが，変圧器の出題が圧倒的に多い傾向にあります。

1. 変圧器（P 120）：

変圧比を求めて１次電圧や２次電圧を求める問題が多く出題されています。従って，巻数比から１次電圧や２次電圧を求める計算法を完全にマスターしておく必要があり，また，電圧だけではなく，電流を求める出題もあるので，こちらの方も注意が必要です。

2. 蓄電池（P 122）：

蓄電池全般についての知識のほか，**鉛蓄電池**や**アルカリ蓄電池**の**電解液**など，少々細かい知識まで問う出題もあります。

3. 電気材料（P 124）：

頻繁に出題される分野ではありませんが，たまに，**導電材料**，**絶縁材料**のほか**半導体材料**や**磁気材料**なども出題されているので，おもな材料名などは覚えておいた方がよいでしょう。

なお，たまに **PNP 半導体**などの難問が出題されることもあるので，注意が必要です。

 変圧器

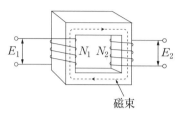

E_1：１次コイルに加える電圧
E_2：２次コイルに誘起される電圧
N_1：１次コイルの巻数
N_2：２次コイルの巻数

磁束

図2-32　変圧器

　変圧器とは，図のように鉄心に二つのコイル（１次コイルと２次コイル）を巻きつけたもので，一方のコイルに交流電圧を加えると，巻数比に応じた電圧を取り出すことができます。

　この巻数比を**変圧比**といい，記号 α で表します。

　その変圧比ですが，１次コイル，２次コイルの巻き数をそれぞれ N_1，N_2 とし，１次コイルに加える電圧を V_1，２次コイルに誘起される電圧を V_2，１次，２次電流をそれぞれ I_1，I_2 とすると，変圧比 α は，次のように表すことができます。

$$\alpha = \frac{N_1}{N_2} = \frac{V_1}{V_2} = \frac{I_2}{I_1}$$

　すなわち，**電圧は巻数に比例し，電流は反比例する**ことになります。

変圧器

<例題>

1 次巻線が 500 回巻，2 次巻線が 1500 回巻の変圧器の 2 次端子に 300 V を取り出す場合，1 次端子に加える電圧はいくらか。

解説

$$\alpha = \frac{N_1}{N_2} = \frac{V_1}{V_2}\text{ だから,}$$

$$V_1 = \frac{N_1 V_2}{N_2} = \frac{500}{1500} \times 300$$

$$= 100 \text{ [V] となります。}$$

(答) 100 〔V〕

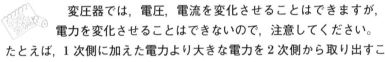 変圧器では，電圧，電流を変化させることはできますが，電力を変化させることはできないので，注意してください。たとえば，1 次側に加えた電力より大きな電力を 2 次側から取り出すことはできず，あくまでも，1 次側電力＝2 次側電力となります（注：損失を考えない理想変圧器の場合）。

蓄電池

(1)　蓄電池とは

　電池には，乾電池のように一度放電すれば再使用できない一次電池と，車のバッテリーなどのように，充電すれば繰り返し使用できる二次電池（蓄電池）があります。

　ここでは，蓄電池のうち，車のバッテリーなどに使用されている鉛蓄電池を例にして説明します。

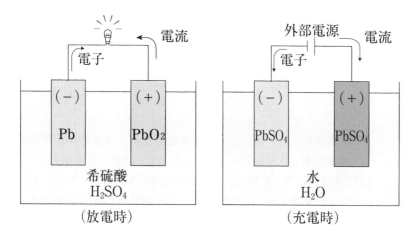

図2-33　鉛蓄電池の原理

　鉛蓄電池は，図のように電解液として希硫酸（H_2SO_4）を用い，正極に二酸化鉛（PbO_2），負極に鉛（Pb）を用いた二次電池です。

　その両電極を導線で接続すると，電子がPbからPbO_2へと移動するので，電流は逆にPbO_2からPbに流れ，図のようにランプをつないでいると点灯します（この電子の移動は，極板における化学反応によるものですが，ここでは省略します）。このとき，正極と負極の電位差，つまり，起電力は約2.1Vとなります。

　このように放電していると，当然，起電力は低下してくるので，そこで，外部直流電源のプラス端子を正極に，マイナス端子を負極に接続して起電力を回復させます。

以上の放電時と充電時の全体の反応は，次のようになります。

$$\underset{\text{(正極)}}{PbO_2} + \underset{\text{(負極)}}{Pb} + \underset{\text{(電解液)}}{2H_2SO_4} \xrightleftharpoons[\text{充電}]{\text{放電}} \underset{\text{(正極)}}{PbSO_4} + \underset{\text{(負極)}}{PbSO_4} + \underset{\text{(電解液)}}{2H_2O}$$

(2)　サルフェーション現象

　鉛蓄電池を**放電**し切り，そのまま放電状態で放置すると，正極や負極に硫酸鉛の結晶が成長して，性能が著しく悪化し，電池の電気容量が低下して，ついにはバッテリーの寿命が終了してしまいます。このような現象を**サルフェーション現象**といいます。

③ 電気材料

(1) 抵抗率と導電率

　電気材料を学習する前に，まず，この抵抗率と導電率を把握しておく必要があります。

1. 抵抗率

　長さ l 〔m〕，断面積 s 〔mm²〕の電線の場合，その電気抵抗 R は長さ l と定数 ρ （ロウ）に比例し，その断面積 s に反比例します。式で表すと

$$R = \rho\frac{l}{s} \ \text{〔}\Omega\text{〕}$$

となります。
　この定数 ρ は**抵抗率**といい，電流の流れにくさを表す定数で，単位は〔Ω・m〕です。
　なお，本試験では，断面積 s 〔mm²〕ではなく，直径 D 〔m〕で出題されることもあります。

　その場合は，$s = \dfrac{\pi D^2}{4}$※ より，

$$R = \rho\frac{l}{s} = \rho\frac{l}{\frac{\pi D^2}{4}} = \rho\frac{4l}{\pi D^2}$$

$$
\begin{aligned}
{}^*s = \pi r^2 &= \pi\left(\frac{D}{2}\right)^2 \\
&= \frac{\pi D^2}{4}
\end{aligned}
$$

となるので，「**抵抗は直径 D の2乗に反比例する**」ということになります。

2. 導電率

　抵抗率の逆数 $(1/\rho)$ を**導電率** (σ) といい，電気の通しやすさを表し，単位は〔S／m（ジーメンス毎メートル）〕です。

右端：電気材料

(2)　導体，半導体，絶縁体

　導体とは電気の流れやすい物質，すなわち抵抗値の低い物質のことを言い，それを用いた材料を**導電材料**といいます。

　一方，電気の流れにくい物質，すなわち抵抗値の高い物質のことを**絶縁体**（または**不導体**）と言い，それを用いた材料を**絶縁材料**といいます。

　これに対して，温度の上昇や光の照射などの条件によって抵抗値が変化する物質を**半導体**と言います。

① **導電材料**

　主な導電材料を導電率の高い順（抵抗率だと低い順）に並べると，次のようになります。

> 銀，銅，金，アルミニウム*，鉄，白金，鉛など

（＊　鉄の約 $\frac{1}{3}$ の重さで，表面に酸化被膜を作って酸化を防ぐ金属です。）

② **絶縁材料**

　主な絶縁材料は次のとおりです。

> ガラス，マイカ（雲母），クラフト紙，磁器（セラミック），大理石，木材（乾燥）など

　なお，絶縁材料には，許容最高温度に応じて，次のような耐熱クラスがあります。

> 低い　⇐　　許容最高温度　　⇒　高い
> 　　　Y　A　E　B　F　H

③ 半導体材料

主な半導体材料は次の通りです。

> シリコン，ゲルマニウム，けい素，セレン，
> 亜酸化銅，酸化チタンなど（鑑別で出題例があり
> ます。）

① 導電材料

銀 の ド ア って 白い な
銀　　銅(金) アルミ　鉄　白金　鉛
　　　　　　ニウム

（金は右のイラストより，ドアの間にはさまっ
ている。つまり，ドとアの間にある…と覚えて
下さい。）

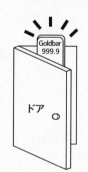

② 絶縁材料の耐熱クラス

低 ─────────→ 高

　YAE　　　BF　　　　H
八重さん　ボーイフレンド（に）ヒートアップ！

③ 半導体材料

半導体は，け　さ　　ゲー　　セン　　に　あった
　　　　　けい素　酸化　ゲルマ　セレン　　　　亜酸化銅
　　　　　　　　　チタン　ニウム

問題にチャレンジ！

（第2編　電気に関する基礎知識）

電気理論

＜電気の単位　→P.86＞

【問題1】

次の組み合わせで誤っているものはどれか。

(1) 導線に発生するジュール熱……………ジュール〔J〕

(2) 静電容量の単位……………………………ファラッド〔F〕

(3) インダクタンスの単位……………………ヘルツ〔Hz〕

(4) 電力の単位…………………………………ワット〔W〕

インダクタンスの単位はヘンリー〔H〕です。

＜オームの法則　→P.87＞

【問題2】

抵抗 R に電圧 E を加えた場合に流れる電流を I とすると，オームの法則に該当するものは，次のうちどれか。

(1) $I = E \cdot R$　　　　(2) $E = IR$

(3) $E = \dfrac{I}{R}$　　　　(4) $I = \dfrac{R}{E}$

オームの法則をことばで表すと「抵抗に流れる電流はその電圧に比例し抵抗に反比例する」となり，これを式で表すと，$I = \dfrac{E}{R}$ で，変形すると $E = IR$ となります。

解　答

解答は次ページの下欄にあります。

<静電気　→P.88>

【問題 3 】

　静電気に関するクーロンの法則について，次の文章の（　）内に当てはまる語句として，適切なものは次のうちどれか。

「q_1，q_2〔C〕の二つの電荷が距離 r〔m〕離れてある場合，両者に働くクーロン力は，q_1 と q_2 の積に（A）し，距離 r の 2 乗に（B）する。その場合，両者の電荷が同種の場合は（C）力となり，異種の場合は（D）力となる。」

	(A)	(B)	(C)	(D)
⑴	比例	反比例	反発	吸引
⑵	反比例	比例	反発	吸引
⑶	比例	反比例	吸引	反発
⑷	反比例	比例	吸引	反発

　正解は，次のようになります。

　「q_1，q_2〔C〕の二つの電荷が距離 r〔m〕離れてある場合，両者に働くクーロン力は，q_1 と q_2 の積に（**比例**）し，距離 r の 2 乗に（**反比例**）する。その場合，両者の電荷が同種の場合は（**反発**）力となり，異種の場合は（**吸引**）力となる。」

<抵抗の接続　→P.90>

【問題 4 】

　次図において，**AB 間の合成抵抗値**として正しいものはどれか。

　⑴　6.0 Ω　　⑵　9.5 Ω

　⑶　10.0 Ω　　⑷　11.0 Ω

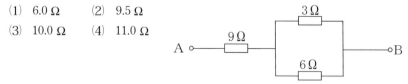

解　答

【問題 1 】…⑶　　　　　　　　　【問題 2 】…⑵

まず，並列接続の方の合成抵抗を求めると

$$\frac{3 \times 6}{3 + 6} = \frac{18}{9} = 2 \,\Omega$$

これと $9 \,\Omega$ の直列となるので，回路の合成抵抗は

$$9 + 2 = 11 \,\Omega$$

となります。

【問題5】

下図の AB 間の合成抵抗値として，次のうち正しいものはどれか。

(1)　1.0 Ω
(2)　2.0 Ω
(3)　4.9 Ω
(4)　5.5 Ω

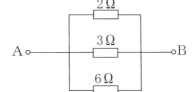

3個以上の並列接続の場合は，次の式で求めます。

　① それぞれの抵抗値の逆数を足し，② それを再び逆数にします。
計算すると，

　①の計算⇒ $\dfrac{1}{2} + \dfrac{1}{3} + \dfrac{1}{6}$

　　　　　$= \dfrac{3}{6} + \dfrac{2}{6} + \dfrac{1}{6} = \dfrac{6}{6}$

　　　　　$= 1$

　②の計算⇒ 1 の逆数は，$\dfrac{1}{1} = 1$

従って，回路の合成抵抗は $1 \,\Omega$ となります。

解　答

【問題3】…(1)　　　　　　　　　　　　【問題4】…(4)

【問題6】

　下図のホイーストンブリッジ回路にスイッチSを押して電源Eより電流を流したところ，検流計Gに電流は流れなかった。このとき抵抗Xの値として，次のうち正しいものはどれか。

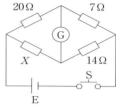

　(1)　14 Ω

　(2)　20 Ω

　(3)　22 Ω

　(4)　40 Ω

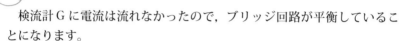

　検流計Gに電流は流れなかったので，ブリッジ回路が平衡していることになります。

　ブリッジ回路の平衡条件は，相対する抵抗値を掛けた積の値が等しい，ということだから，計算すると，$20 \times 14 = 7 \times X$

　従って，$X = \dfrac{280}{7} = 40 \, \Omega$ ということになります。

【問題7】

　図のように接続した回路のAB間に100Vを加えた場合，30 Ωの抵抗に流れる電流の値として，
次のうち正しいものはどれか。

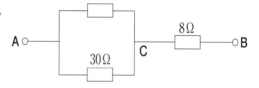

　(1)　1.0 A

　(2)　1.2 A

　(3)　2.0 A

　(4)　3.0 A

　30 Ωの抵抗に流れる電流の値を求めるためには，その両端電圧 V_{AC} を求めて，$I = \dfrac{V}{R}$ より求めるか，あるいはAB間の合成抵抗値 R_{AB} を求めて，100Vとその R_{AB} より回路電流 I を求めその I より求める方法があり

解　答

【問題5】…(1)

ます。いずれの方法にしても，まずは AC 間の合成抵抗値 R_{AC} を求める必要があります。

$$R_{AC} = \frac{20 \times 30}{20 + 30} = \frac{600}{50} = \mathbf{12}\ \Omega\ \text{となります。}$$

よって，全体の合成抵抗値 $R_{AB} = 12 + 8 = \mathbf{20}\ \Omega$ となります。

そこで，まず，前者の方法で求めると，直列接続の場合，電圧の分圧は抵抗値の比に比例するので，

$$V_{AC} = 100 \times \frac{R_{AC}}{R_{AB}} = 100 \times \frac{12}{20} = 60\ \text{V となります。}$$

従って，$30\ \Omega$ の抵抗に流れる電流の値 $= \frac{60}{30} = \mathbf{2}\ \text{A となります。}$

一方，後者の方法では，全電流 $I = \frac{100}{R_{AB}} = \frac{100}{20} = 5\ \text{A}$

並列抵抗に流れる電流は，その抵抗値に反比例するので，

$30\ \Omega$ の抵抗に流れる電流の値 $= 5 \times \frac{20}{30 + 20} = 2\ \text{A}$

となります。

【問題 8】

図の回路において，端子 A，B 間の電圧 V の値として，正しいものは次のうちどれか。

(1)　12 V

(2)　18 V

(3)　24 V

(4)　36 V

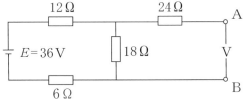

図の AB 端子間の電圧を考える場合，24 〔Ω〕の抵抗には電流が流れないので，電圧降下は起こりません。よって，18 〔Ω〕の端子電圧が AB 間の端子に現れます。

従って，合成抵抗 R が $(6 + 18 + 12) = 36\ \Omega$ なので，回路電流 i は，

解　答

【問題 6 】…(4)　　　　　　　　　　　【問題 7 】…(3)

$$i = \frac{E}{R} = \frac{36}{36} = 1 \ [\text{A}] \ となるので,$$

18 〔Ω〕の端子電圧は，$1 \times 18 = 18$ 〔V〕となります。

<＜例題＞

【問題8】の回路において電源電圧 E が未知の場合，AB 間の端子電圧が 90 〔V〕ならば，6 〔Ω〕の端子電圧はいくらになるか。

解説

　直列接続の場合，抵抗の端子電圧は，各抵抗の比に比例します。

　従って，18 〔Ω〕の端子電圧が 90 〔V〕なので，6 〔Ω〕の端子電圧 x は，18 〔Ω〕$\Rightarrow 90$ 〔V〕，6 〔Ω〕$\Rightarrow x$ 〔V〕の比例計算より，

$$18 : 90 = 6 : x \Rightarrow 90 \times 6 = 18 \times x \Rightarrow x = 30 \ [\text{V}] \ となります。$$

（答）30 〔V〕

【問題9】

　図の回路において，R 〔Ω〕に流れる電流 I 〔A〕を求めよ。

(1) $\dfrac{E}{R+2r}$ 〔A〕

(2) $\dfrac{2E}{R+r}$ 〔A〕

(3) $\dfrac{E}{R+\frac{r}{2}}$ 〔A〕

(4) $\dfrac{2E}{R+\frac{r}{2}}$ 〔A〕

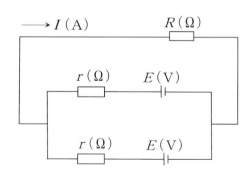

解　答

【問題8】…(2)

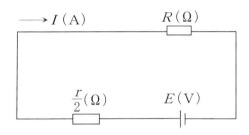

　問題の回路は，r〔Ω〕が2個並列接続されている回路とみることができるので，下図のように書き換えることができます（注：電圧は並列なのでEのままです）。

　これより，回路はR〔Ω〕と$\dfrac{r}{2}$〔Ω〕の直列接続回路となるので，合成抵抗は，$R+\dfrac{r}{2}$〔Ω〕となります。

　よって，$I=\dfrac{E}{R+\dfrac{r}{2}}$〔A〕となります。

【問題10】

　下図の回路で，スイッチ**S**を閉じたときの電流計の指示値は，スイッチ**S**を開いたときの電流計の指示値の何倍になるか。

(1)　1.25倍

(2)　1.5倍

(3)　2倍

(4)　2.5倍

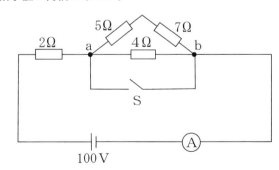

解　答

【問題9】…(3)

① まず，スイッチを開いたときは，4〔Ω〕と12〔Ω〕の並列接続となるので，合成抵抗は，

$$\frac{4 \times 12}{4+12}+2=\frac{48}{16}+2=5 〔\Omega〕 となります。$$

従って，スイッチを開いたときの電流を I_1 とすると，

$$I_1=\frac{V}{R}=\frac{100}{5}=\textbf{20}〔A〕 となります。$$

② 一方，スイッチを閉じたときは，抵抗が 0〔Ω〕のスイッチ側の回路を電流が流れるので結局，回路全体としては 2〔Ω〕のみとなります。

従って，スイッチを閉じたときの電流を I_2 とすると，

$$I_2=\frac{V}{R}=\frac{100}{2}=\textbf{50}〔A〕 となります。$$

よって，$\dfrac{I_2}{I_1}=\dfrac{50}{20}=\textbf{2.5 倍}$ となります。

<コンデンサー　→P.93>

【問題11】

　コンデンサーを下図のように接続したときの合成静電容量として，次のうち正しいものはどれか

(1)　2.5μF

(2)　5μF

(3)　6.2μF

(4)　10μF

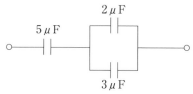

　まず，コンデンサーを並列に接続したときの合成静電容量は，抵抗の直

解　答

【問題10】 …(4)

列接続と同じく，それぞれの数値をそのまま足せばよいだけです。

　従って，$2\mu F$ と $3\mu F$ の並列接続の合成静電容量は，

　　$2\mu F + 3\mu F = 5\mu F$ となります。

　一方，コンデンサーの直列接続の場合は，抵抗の並列接続と同じく，各静電容量の逆数の和の逆数となりますが，コンデンサーが2個の場合は，抵抗の2個並列の場合と同じ方法で計算します。

　従って，$5\mu F$ と $5\mu F$ の直列接続は，

$$\frac{5 \times 5}{5 + 5} = \frac{25}{10} = \frac{5}{2}$$

$$= \boldsymbol{2.5\mu F} \text{ となります。}$$

【問題12】

　図のように，平行に配置した2枚の金属板からなるコンデンサーがある。極板の面積を A，極板間の距離を l，誘電体の誘電率を ε とした場合，静電容量 C，コンデンサーに蓄えられる電荷（電気量）Q，静電エネルギー W の組み合わせとして，正しいものは次のうちどれか。

	C	Q	W
(1)	$C = \varepsilon\dfrac{A}{l}$	$Q = \dfrac{1}{2}CV$	$W = \dfrac{1}{2}QV$
(2)	$C = \dfrac{A}{\varepsilon \cdot l}$	$Q = CV$	$W = QV$
(3)	$C = \dfrac{\varepsilon \cdot A}{l}$	$Q = \dfrac{1}{2}CV$	$W = QV$
(4)	$C = \dfrac{\varepsilon}{l}A$	$Q = CV$	$W = \dfrac{1}{2}CV^2$

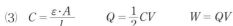

　まず，静電容量 C は，電極の面積と誘電率に比例し，電極間の距離に反比例するので，

　　$C = \varepsilon\dfrac{A}{l}$ となります。

解　答

【問題11】 …(1)

また，コンデンサーに蓄えられる電荷（電気量）$Q = CV$ ですが，コンデンサーに蓄えられるエネルギー（静電エネルギー）W は，$\frac{1}{2}QV$ となり，この Q に「$Q = CV$」を代入すると，$W = \frac{1}{2}CV^2$ とも表すことができるので，W については，(1)と(4)が正しいことになります。

従って，C と Q も正しい(4)が正解ということになります。

【問題13】

図の直流回路において，R 〔Ω〕の抵抗で消費される電力 P を表す式として，次のうち適切でないものはどれか。

(1)　$P = I^2R$

(2)　$P = \dfrac{V^2}{R}$

(3)　$P = IV$

(4)　$P = IR^2$

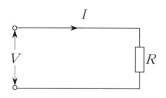

図の R 〔Ω〕で消費される電力 P は，その端子電圧 V × 回路電流 I という式で表されます。従って，(3)は○。

また，その $P = IV$ にオームの法則（$V = IR$）を適用すると，

$P = IV = I \times IR = I^2R$ となるので，(1)も○。

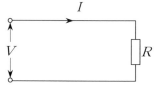

次に，$P = IV$ の I に $I = \dfrac{V}{R}$ を代入すると，

$$P = IV = \frac{V}{R} \times V = \frac{V^2}{R}$$ となるので，(2)も○となります。

従って，残った(4)の $P = IR^2$ が誤り，ということになります。

解　答

【問題12】…(4)

<磁気　→P.99>

【問題14】

　平等磁界中に，下図のように導線が置かれている。これについて，次の文中の下線部(A)〜(D)のうち，誤っているものはどれか。

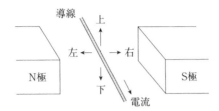

　「導線に，図のような電流が流れた場合，導線に働く力の方向は，(A)下の方向となる。これは，(B)右手の親指，人差し指，中指を互いに直角に曲げ，人差し指を磁界の方向，中指を(C)電流の方向に向けた場合の(D)親指の方向となる。」

　(1)　(A)，(B)　　　　(2)　(B)　　　　(3)　(C)　　　　(4)　(C)，(D)

　　磁界内にある導体に電流を流した場合は，フレミングの**左手**の法則で判断します。従って，まず(B)の右手が誤りです。

　　また，フレミングの左手の法則では，左手の親指，人差し指，中指を互いに直角に曲げ，人差し指を磁界の方向，中指を**電流**の方向に向けると，**親指は力（電磁力）の方向**を示すので，(C)と(D)は正しい。

　　さらに，人差し指，中指をそのように向けると，親指は**上**を向くので，(A)は誤りです。

　　従って，誤っているのは(A)と(B)ということになるので，(1)が正解となります。

解　答

【問題13】…(4)

【問題15】

　図のように，コイルと棒磁石を使用して実験を行った。結果の説明として，次のうち誤っているものはどれか。

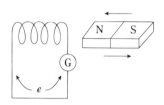

(1)　磁石をコイルの中に入れたときと出したときでは，検流計 G の針の振れは逆になった。

(2)　磁石を動かしてコイルの中に出し入れしたら，検流計 G の針は振れたが，磁石を静止させると針は振れなくなった。

(3)　磁石を静止させたままコイルを動かしたら，検流計 G の針は振れたが，コイルを静止させると針は振れなくなった。

(4)　磁石を動かして，コイルの中に出し入れする際，磁石を動かす速度を変えてみたところ，検流計 G の針の振れの大きさは変わらなかった。

　N 巻きのコイルに誘導される起電力の大きさ e は，

　$$e = \frac{\Delta N \phi}{\Delta t}$$ となります。

　この式をもとに，(1)～(4)を検証していきます。

(1)　まず，レンツの法則では，「コイル内を貫く磁束が変化することによって生じる誘導起電力の向きは，その誘導電流の作る磁束が，もとの磁束の増減を妨げる方向に生ずる。」となっています。

　　このレンツの法則より，起電力 e は磁束の増加を妨げる方向に誘導されることになります。

解　答

【問題14】 …(1)

　　従って，磁石をコイルの中に入れたときと出したときでは，磁束の増
　加する方向が逆になるので，誘導される起電力 e の方向も逆になり，
　検流計 G の針の振れも逆になります。

　　よって，正しい。

(2)　まず，コイルを貫く磁束（$N\phi$）が変化すると，誘導起電力 e が発生
　します。

　　従って，磁石をコイルの中に出し入れすると，コイルを貫く磁束
　（$N\phi$）が変化するので，誘導起電力 e が発生し，検流計 G の針は振れ
　ます。また，磁石を静止させるとコイルを貫く磁束（$N\phi$）は変化しな
　いので，誘導起電力 e は発生せず，検流計 G の針は振れません。

　　よって，正しい。

(3)　(2)とは逆に，コイルの方を動かしただけで，結果は同じくコイルを貫
　く磁束（$N\phi$）が変化するので，検流計 G の針は振れ，コイルを静止さ
　せると針は振れなくなります。

　　よって，正しい。

(4)　冒頭の，$e = \dfrac{\varDelta N\phi}{\varDelta t}$ の式で，$\varDelta t$ は時間の変化分です。

　　この式より，その $\varDelta t$ が小さいほど，誘導起電力は大きくなります。

　　時間の変化分が小さいということは，少しの時間で磁束が変化したと
　いうことなので，磁石を動かす速度が大きい場合に誘導起電力も大きく
　なる，ということになります。

　　従って，磁石を速く動かせば検流計 G の針の振れも大きく振れ，ゆ
　っくり動かせば検流計 G の針の振れは小さくなるので，(4)は誤りとい
　うことになります。

解　答

【問題 15】…(4)

<交流回路と力率　→P.102~109>

【問題16】

　負荷が誘導リアクタンスだけの回路に単相交流電圧を加えた場合，回路に流れる電流と電圧の位相差について，次のうち正しいものはどれか。

(1) 電流は電圧より位相が $\frac{\pi}{2}$ 〔rad〕だけ遅れる。

(2) 電流は電圧より位相が $\frac{\pi}{2}$ 〔rad〕だけ進む。

(3) 電流は電圧より位相が π 〔rad〕だけ遅れる。

(4) 電流は電圧より位相が π 〔rad〕だけ進む。

　負荷が誘導リアクタンスだけの回路というのは，要するに，コイルだけの回路ということであり，回路に流れる電流は電圧より $\frac{\pi}{2}$ 〔rad〕位相が遅れます。

　なお，逆に，容量リアクタンス（コンデンサー）だけの回路の場合は，コイルとは逆に，電流の位相は電圧より $\frac{\pi}{2}$ 〔rad〕だけ進みます。

【問題17】

　正弦波交流回路において，起電力の最大値が E_m である電圧の実効値 E を表す式として，次のうち正しいものはどれか。

(1) $E = \frac{\sqrt{2}}{\pi} E_m$ 　　　　(2) $E = \frac{1}{\sqrt{2}} E_m$

(3) $E = \frac{\sqrt{3}}{\pi} E_m$ 　　　　(4) $E = \frac{1}{\sqrt{3}} E_m$

　実効値を E，最大値を E_m とすると，両者の関係は次のようになります。

$$E_m = \sqrt{2}E 。 \text{従って} E \text{は，} E = \frac{1}{\sqrt{2}} E_m \text{となります。}$$

解　答

　解答は次ページの下欄にあります。

仮に，$\sqrt{2} = 1.41$ とすると，最大値 E_m が 141 V であるなら，

その実効値 E は，$E = \dfrac{141}{1.41} = 100$ V となります。

【問題 18 】

図のような $R-L$ 直列回路における交流電源の電圧を求めよ。

(1)　　50〔V〕

(2)　　70〔V〕

(3)　100〔V〕

(4)　140〔V〕

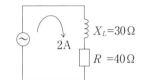

合成インピーダンス Z は，$Z = \sqrt{30^2 + 40^2} = 50$ 〔Ω〕となるので，

$E = I \times Z = 2 \times 50 = 100$ 〔V〕となります。

なお，$R-L$ それぞれの電圧降下より求める
と，$V_R = 80$ 〔V〕，$V_L = 60$ 〔V〕となるので，
右図のベクトル図より，$E = \sqrt{(V_R)^2 + (V_L)^2}$
$= \sqrt{80^2 + 60^2} = \sqrt{10000} = 100$ 〔V〕となります。

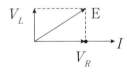

【問題 19 】

消費電力 900 W の負荷を単相交流 100 V の電源に接続したところ，12 A
の電流が流れた。このときの負荷の力率の値を求めよ。

(1)　60 %　　(2)　75 %　　(3)　90 %　　(4)　125 %

力率 $= \dfrac{P}{S}$。消費電力 $P = 900$ W。一方，皮相電力 $S = V \times I = 100 \times 12$

$= 1200$ VA（VA は皮相電力の単位）。

よって，力率 $= \dfrac{P}{S} = \dfrac{900}{1200} = 0.75 \Rightarrow 75$ %（力率は一般に百分率 %で表

す）となります。

解　答

【問題 16 】 ⋯(1)　　　　　　　　　【問題 17 】 ⋯(2)

電気計測 （⇒P 111）

【問題20】

次の指示計器と用途の組み合わせのうち，正しいものはどれか。

(1)　可動鉄片形計器……………直流のみの測定
(2)　誘導形計器………………交流と直流の測定
(3)　電流力計形計器…………交流のみの測定
(4)　整流形計器………………交流のみの測定

(1)　可動鉄片形計器は，**交流**のみの測定に用いられます。
(2)　誘導形計器は，**交流**のみの測定に用いられます。
(3)　電流力計形計器は，**交流と直流**の測定に用いられます。
(4)　整流形計器は，**交流**のみの測定に用いられるので，正しい。

【問題21】

可動コイル形計器に関する説明で，次のうち誤っているものはどれか。

(1)　可動コイル形計器は，直流回路に使用する計器であり，交流回路に使用することはできない。
(2)　永久磁石と可動コイルから構成されており，可動コイルに電流を流すことにより，駆動トルクを発生させる。
(3)　指針の振れ角は，可動コイルの巻数に比例する。
(4)　駆動装置に生じるトルクは，コイルに流れる電流値の2乗に比例する。

可動コイル形計器は，図のように，永久磁石の中に可動コイルを置き，**フレミングの左手の法則**により働く電磁力によりコイルを駆動させる直流

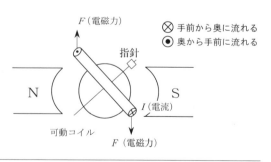

解　答

専用の計器で，正確で感度が良く，測定範囲の拡大も容易で，計器自身の消費電力も少ない計器です。

⑴　正しい。図のコイルに交流を流してしまうと，電磁力（駆動トルク）が交互に働き，指針がプラスとマイナスを往復して振れてしまうので，交流には使用できません。

⑵　正しい。

⑶　指針の振れ角を生じさせるのは電磁力（駆動トルク）であり，その電磁力はコイルの巻数が 2 倍になれば当然，電磁力も 2 倍になります。従って，振れ角も 2 倍になるので，巻き数に比例し，正しい。

⑷　その駆動トルク T ですが，$T = kI$（k は比例定数），すなわち，トルクはコイルに流れる電流値に比例するので，2乗は誤りです。

【問題 22 】

電流計と**電圧計**に関する説明で，次のうち誤っているものはどれか。

⑴　電流計と電圧計では，電流計の方が内部抵抗が小さい。

⑵　電流計は負荷と直列に接続し，電圧計は並列に接続する。

⑶　電圧計の測定範囲を拡大する際に用いるのは倍率器である。

⑷　分流器は，電流計とは直列に接続する。

⑴　電流計は内部抵抗が小さく，電圧計は大きいので正しい。

⑵　正しい。

⑶　電流計の測定範囲を拡大する際に用いるのが**分流器**であり，電圧計の測定範囲を拡大する際に用いるのが**倍率器**なので，正しい。

⑷　分流器は，電流計とは**並列**に，倍率器は直列に接続しなければならないので，誤りです。

| 解　答 |

電気機器，材料

<変圧器　→P.120>

【問題23】

　一次巻線と二次巻線との巻数比が 1:5 である変圧器の説明で，次のうち正しいものはどれか。ただし，この変圧器は理想変圧器とする。

　(1)　二次側の電力は，一次側の電力の 5 倍になる。
　(2)　二次側の容量は，一次側の容量の 5 倍になる。
　(3)　二次側の電圧は，一次側の電圧の 5 倍になる。
　(4)　二次側の電流は，一次側の電流の 5 倍になる。

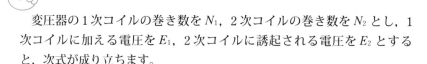

　変圧器の 1 次コイルの巻き数を N_1，2 次コイルの巻き数を N_2 とし，1 次コイルに加える電圧を E_1，2 次コイルに誘起される電圧を E_2 とすると，次式が成り立ちます。

$$\frac{E_1}{E_2} = \frac{N_1}{N_2} \cdots\cdots\cdots ①式$$

　すなわち，電圧比は**巻数比（変圧比）**となります。

　一方，それによって流れる電流の方は，電圧とは逆に巻き数に**反比例**します。

　すなわち，$\dfrac{I_1}{I_2} = \dfrac{N_2}{N_1} \cdots\cdots ②式$

となります。

　以上より，**電圧は巻数に比例し，電流は巻数に反比例する**，ということになるので，2 次電圧は 1 次電圧の **5 倍**，2 次電流は $\dfrac{1}{5}$ となります。

　従って，(3)が正解となります。

　なお，(1)の電力と(2)の容量ですが，電圧と電流をそのまま掛けただけの皮相電力を**容量**といい，その皮相電力に力率を乗じたのが**電力（有効電力）**となります。

解　答

【問題22】…(4)

　変圧器では電圧，電流は変化しても，この容量や電力は変わらないので，⑴⑵とも誤りになります

（「一次側の容量 ＝ 二次側の容量」「一次側の電力 ＝ 二次側の電力」）。

【問題 24 】

　変圧器の一次側の電圧が $1500\,\mathrm{V}$，コイルの巻数が 150 回のとき，二次側の端子から $50\,\mathrm{V}$ の電圧を取り出す場合，二次側のコイルの巻数として，次のうち正しいものはどれか。ただし，この変圧器は理想変圧器とする。

⑴　3　　　　　　　　　⑵　5

⑶　30　　　　　　　　⑷　50

　前問の解説の①式に，$E_1 = 1500$，$E_2 = 50$，$N_1 = 150$ を代入すると，

$$\frac{1500}{50} = \frac{150}{N_2}$$

$$N_2 = \frac{150}{1500} \times 50$$

$$= \frac{150}{30}$$

$$= 5 \text{ となります。}$$

【問題 25 】

　極数 $p = 2$ の同期電動機が，電源周波数 $50\,\mathrm{Hz}$ で運転している場合の毎分の回転速度〔min^{-1}〕として，次のうち正しいものはどれか。

⑴　1350 min⁻¹

⑵　1500 min⁻¹

⑶　2700 min⁻¹

⑷　3000 min⁻¹

解　答

【問題 23 】…⑶

まず，電動機の回転速度の基本式（⇒ 回転磁界の速度で**同期速度**という）は次の通りです（P 306 参照）。

$$N = \frac{120f}{p} \ \text{[rpm]} \qquad \left(\begin{array}{l} f = 周波数 \\ p = 極数 \end{array} \right)$$

回転速度は周波数に比例する！

　同期電動機の回転速度の場合は，この式のままで計算します。
　従って，

$$N = \frac{120f}{p} = \frac{120 \times 50}{2}$$

　　　$= 3000$ 〔rpm〕となります。

　なお，単位の〔rpm〕は，毎分当たりの回転速度を表す単位であり，〔min^{-1}〕と同じです。（〔min^{-1}〕は SI 単位での表示）

【問題 26】

蓄電池についての説明で，次のうち誤っているものはどれか。

(1)　蓄電池は，電流を消費して電池の能力が低下しても，外部の直流電源から電流を電池の起電力と反対方向に流して，電気エネルギーを注入してやると，繰り返し使用できる電池である。

(2)　アルカリ蓄電池は，電解液として強アルカリ性の水酸化カリウム（KOH）や水酸化ナトリウム（$NaOH$）などの水溶液を用いる蓄電池の総称である。

(3)　蓄電池の容量は，十分に充電した電池を，放電の終了するまで放電した電力消費量で表し，単位にはワット（W）を用いる。

(4)　鉛蓄電池は，電解液として希硫酸（H_2SO_4）を用い，正極に二酸化鉛（PbO_2），負極に鉛（Pb）を用いた蓄電池である。

解　答

【問題 24】…(2)　　　　　　　　　【問題 25】…(4)

⑴, ⑵　正しい。

⑶　蓄電池の容量は，〔W〕ではなく，**アンペア時**〔**Ah**〕で表すので，誤りです。

⑷　鉛蓄電池の正極と負極に用いられる物質は，「正極に**二酸化鉛**，負極に**鉛**」なので，正しい。

＜電気材料　→P.124＞

【問題 27 】

　A，B 2 本の材質が同じ導線があり，A の長さは B の 3 倍で，断面積は 2 倍である。A の抵抗値として，次のうち正しいものはどれか。

⑴　B の抵抗値の $\frac{2}{3}$ 倍である。

⑵　B の抵抗値と同じである。

⑶　B の抵抗値の $\frac{3}{2}$ 倍である。

⑷　B の抵抗値の 3 倍である。

　導線の抵抗率を ρ，断面積を s，長さを l とした場合，抵抗 R は次の式で表されます。

$$R = \rho \frac{l}{s}$$

　つまり，導体の抵抗 R は，抵抗率 ρ と長さ l に比例し，断面積 s に反比例します。R を B の抵抗値を表すものとし，A の抵抗値を R_A とした場合，R_A は次のようになります（長さ l が 3 倍で，断面積 S が 2 倍の式です）。

$$R_A = \rho \frac{3 \times l}{2 \times s} = \frac{3}{2} \times \rho \frac{l}{s} = \frac{3}{2} R$$

　すなわち，B の抵抗値の $\frac{3}{2}$ 倍，ということになります。

解　答

【問題 26 】…⑶　　　　　　　　　　【問題 27 】…⑶

【問題28】

　次の導電材料において，導電率の高い順に並べられているものは，どれか。

(1)　白金，銅，銀，鉛，アルミニウム，鉄

(2)　白金，銀，銅，鉄，アルミニウム，鉛

(3)　銀，銅，白金，鉄，アルミニウム，鉛

(4)　銀，銅，アルミニウム，鉄，白金，鉛

　銀，銅，アルミニウム，鉄，白金，鉛の順になります（P 125 参照）。

機械に関する部分

> はじめに
>
> 本書において，構造・機能及び工事又は整備の方法は，第3編の機械に関する部分と第4編の電気に関する部分にわけて構成しております。

● ●

学習のポイント　設置基準について

　　設備の設置基準という場合，防火対象物に対する設置基準（〜の防火対象物には〜m² 以上で設置義務が生じる，などという基準）と，機械的に「地上から〜m 以内」や「水平距離〜以内に設置」などという設置基準がありますが，本試験では，両者とも法令の類別部分（1 類）でほとんど出題されています。

　　しかし，本書では，**機械的な設置基準**については，この**機械に関する部分**で説明および出題し，**防火対象物に対する設置基準**についてのみ**法令の類別部分**で説明，出題していますので，その点，あらかじめ理解しておいてください。

第1章　共通事項

 概要

　まず，屋内消火栓設備，屋外消火栓設備，スプリンクラー設備，水噴霧消火設備の概要をここで説明しておきます。

　屋内消火栓設備や屋外消火栓設備などは，例えて言うと，図3-1のように，蛇口にホースをつないで，そのまま放水する設備だといえます。

図3-1　　　　　　　　　　　　　　　　　図3-2

　これに対してスプリンクラー設備は，図3-2のようにシャワーで消火するようなもので，あらかじめホース（配管）を天井からぶら下げたシャワーのところまでつないでおき，この状態で蛇口の栓を開いて加圧しておきます。

　このシャワーの部分は，通常は放水しないよう栓が閉じられており，火災の熱でその栓が開き放水するというような設備です。

　また，水噴霧消火設備は，基本的にはスプリンクラー設備と同じしくみで，ただ，スプリンクラー設備より細かい霧状の水（ミスト）にして放水する設備です。

　このように，冒頭に挙げた4者は基本的には簡単なしくみになっているのですが，機能を維持するために必要な設備をあれこれと付け足していくと，最終的にはP184の図3-23やP206の図3-36のような，いかにも“いかつい”設備になってしまうわけです。

　しかし，その設備の基本的な構成は，わりと単純なので，その基本的な構成を把握しながら学習を進めていけば，そう困難なシロモノではないということを，まずは，認識しておいてください。

水源

　前ページの概要では蛇口で済ませましたが，実際は，放水をするための水源と，その水圧を得るためのポンプが必要になります。

　この**水源**（水槽，補助高架水槽等）と**加圧送水装置**は，すべての設備に共通に必要な設備になります。

(1)　水源の種類

　水源には，人工水源（地下水槽，地上水槽，高架水槽，圧力水槽等）と自然水利（海，河川，池等）がありますが，消防設備士試験では，主に**地下水槽**を水源としています。

(2)　有効水量（下図参照）

　フート弁（水が水槽に逆流するのを防ぐ働きをする弁）の弁シート面の上部より **1.65 D 以上**（D：吸水管内径〔m〕）の部分から有効水面（貯水面）までの量をいいます。

　なお，フート弁の下部と水槽の底部との間隔は **50 mm 以上**必要です。

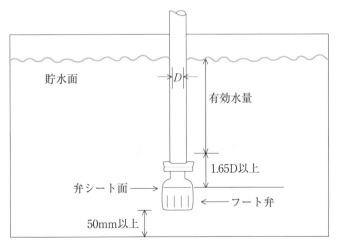

図 3-3　床下水槽

（3）　水源の水量

　屋内消火栓設備の水源水量はP188の3に，スプリンクラー設備の水源水量はP216の3を参照。

加圧送水装置

（1）　加圧送水装置

　加圧送水装置とは，水に圧力を加えてノズルの先端等において，所定の水圧を得るための装置で，**ポンプ方式**，**高架水槽方式**，**圧力水槽方式**などがありますが，一般的にはポンプ方式がよく用いられています。

ポンプ方式	
ポンプを利用して送水するための圧力を得る方式で，一般的に最も多く使用されており，本書ではこの方式について解説していきます（⇒次頁の図）。	
高架水槽*方式	（＊高置水槽ともいう）
ビルの屋上などに水源となる水槽（高架水槽）を設け，それとの落差を利用して水圧を得る方式です（あまり設置例はない）。 　規則によると，「高架水槽には，水位計，排水管，溢水用排水管，補給水管及びマンホールを設けること」となっています（⇒下図参照）。	
圧力水槽方式	
水源となる水槽自身に圧力を加えて，送水する方式です。 　規則によると，「圧力水槽には，圧力計，水位計，排水管，補給水管給気管及びマンホールを設けること」となっています（⇒下図参照）。	

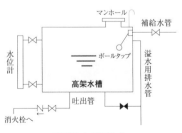

高架水槽方式

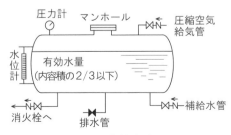

圧力水槽方式

(2)　ポンプ方式の構造及び機能

1.　定義と構成

　ポンプ方式の加圧送水装置とは，消防庁告示によると，「**回転する羽根車により与えられた運動エネルギーを利用して送水のための圧力を得る方式の**加圧送水装置で，**ポンプ及び電動機**並びに**制御盤，呼水装置，水温上昇防止用逃がし配管，ポンプ性能試験装置，起動用水圧開閉装置，フート弁，**その他必要な機器で構成されるもの」となっており，概略図を示すと，下図のようになります。（ポンプの構造に関する告示，資料はＰ181にあります）

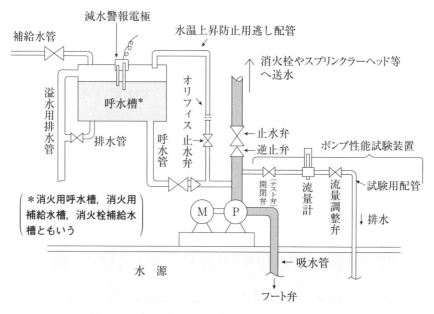

図 3-4　加圧送水装置（ポンプ方式）の概略図

　この図でポンプ方式の原理を説明すると，モーター（Ⓜ）でポンプ（Ⓟ）を回して**吸水管（吸込配管ともいう）**から水を吸い上げて逆止弁，止水弁を経て消火栓やスプリンクラーヘッドなどへ送水し，図のように水源がポンプより低い位置にある場合は，ポンプを始動させるための呼び水装置，すなわち，**呼水槽を設ける必要がある**，という具合になります。

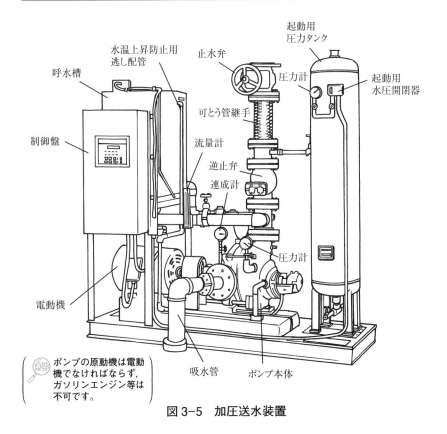

呼水槽

制御盤

電動機

水温上昇防止用
逃し配管

止水弁

起動用
圧力タンク

圧力計

起動用
水圧開閉器

可とう管継手

流量計

逆止弁

連成計

圧力計

ポンプの原動機は電動
機でなければならず，
ガソリンエンジン等は
不可です。

吸水管　　ポンプ本体

図3-5　加圧送水装置

2. ポンプのしくみなど

　たとえば，水車は川の流れを利用して動力を得，それを農作業などに利用する装置ですが，ポンプは逆に，モーター（電動機）から水車（ポンプ）に動力を与えて回転させ，水を送り出す装置ということがいえます。

　現在，一般的に用いられているのは遠心式のポンプであり，高速で回転する羽根車（水車の羽根にあたる部分で**インペラー**ともいう）の側面から水を送り，その羽根車の遠心力によって水を送り出す方式で，**ボリュートポンプ**（渦巻き式ポンプ）と**タービンポンプ**があります。

　ボリュートポンプは，水を渦巻き状に回転させて送り出すもので，大量の水を送水する場合に用いられ，タービンポンプは，羽根車の外に流線形の案内羽根を設けて，高い送水圧を必要とする場合に用います。

　なお，ポンプは原則として**専用**としなければなりませんが，「他の消火設

備と併用または兼用する場合において，それぞれの消火設備の性能に支障を生じないものにあっては，この限りでない。」となっています。

3. ポンプの性能

① ポンプの吐出量が定格吐出量の**150 %**である場合の全揚程は，定格全揚程の**65 %以上**であること。これは，実際にこのような使用をすることはないにしても，消火活動上，定格吐出量以上を使用することを想定して，仮に，定格の150 %の水量を吐出しても，少なくとも定格全揚程の65 %は揚水できる能力を有すること，という意味です。

「たとえば，定格吐出量を200 ℓ/min とした場合，その150%，すなわち，300 ℓ/min の水を吐き出していても，定格全揚程（仮に100 m とした場合）その65% 以上，すなわち，65 m 以上は揚水できる能力が必要である，ということです。」 👉出た！

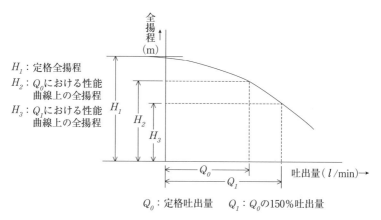

H_1：定格全揚程
H_2：Q_0における性能曲線上の全揚程
H_3：Q_1における性能曲線上の全揚程

Q_0：定格吐出量　　Q_1：Q_0の150%吐出量

図 3-6　揚程曲線

② 締切全揚程（ポンプ吐出量を0としたときの全揚程）は，定格吐出量における全揚程の**140 %以下**であること。

③ ノズル等の先端における放水圧力は，屋内消火栓設備にあっては**0.7 MPa**，屋外消火栓設備にあっては**0.6 MPa** を超えないよう措置（＝減圧弁やオリフィスなどを用いる）をすること。

④ ポンプの耐圧力については，消防庁告示に次のように定められています。👉出た！

「ポンプ本体は，最高吐出圧力（締切全揚程に最高押込圧力を加えた

　　圧力をいう。）の**1.5倍**の圧力を**3分間**加えた場合において**漏水**，著し
　い**変形**等が生じないものであること。」
　⑤　ポンプの軸動力は，定格吐出量において電動機定格出力を超えないこと。

4. ポンプのしくみと構造

　2. ポンプのしくみなど　では，遠心ポンプには，渦巻きポンプとタービ
ンポンプがあると説明しましたが，ここでは**渦巻きポンプ**を例にして，その
しくみと構造を説明していきます。

　まず，下図を見てください。これは，渦巻きポンプのしくみを簡単に表し
たもので，その下の図は，断面図を示したものです。

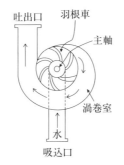

図3-7　渦巻きポンプの原理

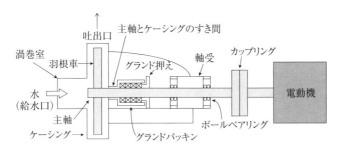

図3-8　渦巻きポンプの断面図

①　軸封装置

　グランドパッキンの部分は**軸封装置**と呼ばれ，主軸とケーシングのすき間
から渦巻き室の水が漏れるのを防ぐ装置で，円形の形をしたパッキンを軸に
はめ，グランド押さえで締め付けて漏れを防ごうとするものですが，現在で
は，次のメカニカルシールが一般的に用いられています。

メカニカルシール

　下図に示すように，固定部と回転部からなり，回転部をスプリングにより固定部に押し付けることにより，摺動面からの漏れを極力低くした優れた軸封装置です（摺動面の摩擦損失はごくわずかとなっている）。

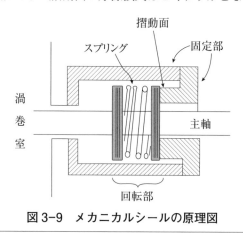

図3-9　メカニカルシールの原理図

表3-1　グランドパッキンとメカニカルシールの比較

	グランドパッキン	メカニカルシール
漏洩量	多い（焼付けを防ぐために一定の漏れが必要）	少ない
寿命	短い（定期的に取り替えが必要）	長い（1〜2年間）
交換	容易（ポンプの分解不要）	困難（ポンプの分解が必要）
動力損失	大きい（摩擦面積が大きい）	小さい（摩擦面積が小さい）
構造	簡単（部品点数が少ない）	複雑（部品点数が多い）

② **軸受**

　軸受については，第1編，機械に関する基礎知識でも説明しましたが（P60），軸や羽根車（インペラー）および軸に作用する荷重などを安全に支える装置です。

③ 駆動方式

電動機の回転をどのようにしてポンプに伝えるかを駆動方式といい，次のような方式があります。

直結方式	
図3-8にカップリングと表示してありますが，これは，電動機とポンプを連結する金具で（連結金具），電動機の回転数がそのままポンプの回転数となります。	
Ｖベルト直結方式	
電動機とポンプにＶベルトを掛けて運転する方式で，プーリー（軸に取り付けるベルトを掛ける金具）の大きさを選定することにより，回転数を選定することができます。	

5. ポンプの振動と騒音

ポンプの振動と騒音の原因として考えられるものには，次のような現象があります。

ウォーターハンマ：

配管内の水量が急激に変化した場合に起こる繰り返し水撃作用。

キャビテーション：

水中の圧力低下によって生じた気泡が押しつぶされる現象で，空洞現象ともいう。

サージング：

配管系統に一定の条件が整った場合に発生するポンプ吐出圧と水量の周期的な変動

～その他の原因～

- 羽根車（インペラー）の破損や磨耗
- ポンプ取付けボルトのゆるみ
- 不完全な基礎
- 軸継手の損傷
- 軸受けの損傷

など。

6. 呼水装置

たとえば，洗面所の排水が詰まった際にゴム製のお椀の形をした道具で排水口から水を"プッシュ"して，詰まりの原因となったゴミ等を取り除きますが，その場合，"お椀"の中に空気しかない状態でプッシュしても，排水管の中の水を圧迫することはできません。

これと同じように，<u>水源の水位がポンプより**低い**位置にある場合</u>は，ポンプ内やその吸込み管の中に空気が入り，ポンプがカラ回りして，送水することができません。

従って，ポンプ内を常時充水するため，吸水管内の水が水槽に落下しないよう，図3-3（P 153）のように吸水管に**フート弁**を設け，また，ポンプ内に常時，水を注入する水槽を設ける必要があります。

この呼び水のための水槽を**呼水槽**といいます。

ただし，<u>水源の水位がポンプより**高い**位置にある場合</u>（P 166（a））は，ポンプ内に常時，水が充水されるので，呼水槽は必要なく（⇒　呼水槽は，すべての加圧送水装置に設ける必要はない，ということ），**ろ過装置**と**止水弁**（常時「**開**」とする）を設けておきます。

この呼水槽の構造，機能は，次のようになっています。

1　呼水槽は，加圧送水装置（または呼水装置）ごとに専用とする。

2　呼水槽の容量は，加圧送水装置を有効に作動できる量とすること。[*1]

3　呼水槽には**減水警報装置**（電極またはフロートスイッチ）および呼水槽へ水を自動的に補給するための装置（**自動補給装置**⇒ボールタップ[*2]等）が設けられていること。

4　減水警報装置の作動は，呼水槽の水量が**2分の1**に減水するまでに作動するよう調整し，その警報は中央管理室等常時人が居る場所に設けること。

*1　具体的には，**100ℓ以上**（フート弁の呼び径が150以下なら50ℓ以上）

*2　ボールタップとは，
　　給水栓の弁と連動する棒の先に釣りに使う浮きのような大きなボールが付いており，減水すると，ボールが下がり，給水栓の弁が開いて給水する，という仕組みの装置。

人が少ないとガラガラ…　　　人（水）が多いと連られて入っていく…

図3-10　呼び水（呼水槽）の原理

　　呼水が来ているかをチェックするには，<u>ポンプ上部にある</u>
<u>バルブを開いて取り付けた漏斗から水が出るかを確認する必</u>
要があり，もし，出なければ，フート弁にゴミが挟まるなど
の**フート弁の不具合や呼水管の詰まり**などが考えられます。

7. 水温上昇防止装置（逃し配管）

　どの消火栓も使用しない状態，すなわち，ポンプの吐出量を零にして運転
（締切運転という）した場合，ポンプの放熱が妨げられるので，やがて水温
が上昇し始めます。これを防ぐために，呼水槽や水源などに水を放出する逃
し配管を設けておきます。

　この逃し配管には，**止水弁とオリフィス**（P156 図3-4）を設けて，止水
弁を常時「**開**」とし，オリフィスにより放水量を揚水量の3％程度に調整し
て，締切運転をしなくても（ポンプ運転中は）水温が30℃以上上昇しない
よう，ポンプ内の水を常時放水する仕組みになっています。

8. 起動用水圧開閉装置

（スプリンクラー設備，水噴霧消火設備に用いる）

　ポンプを起動させるには，**直接，制御盤のスイッチを入れる方法**や**自動火**
災報知設備の発信機と連動して起動させる方法などのほか，**タンク起動方式**
といって，**起動用圧力タンクを用いて起動させる方法**があります（図3-11）。

　これは，流水管路内の圧力と同一圧力に保たれている起動用の圧力タンク
（原則100ℓ以上）をポンプ吐出側逆止弁の二次側に接続し，スプリンクラ
ーヘッドなどの開放によって管路内の**圧力**が**低下**すると，起動用圧力タンク
内の圧力も低下し，その圧力低下をタンクに設けてある**起動用圧力スイッチ**

（起動用水圧開閉器）がキャッチしてポンプに起動信号を送る，というしくみになっています。

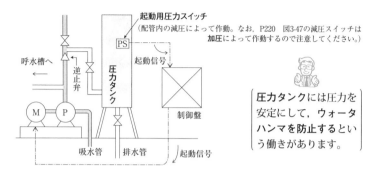

図3-11　起動用圧力タンク（原理図）

9. ポンプ性能試験装置

　図3-4（P156）の試験用配管と流量計等から構成される装置で，ポンプの定負荷運転は実際に放水しないと行われないので，ポンプの上部にある止水弁を閉じてポンプの**締切運転**を行い，消火栓から放水することなくポンプの機能や性能を確認できるようにしたのが，この配管です。

　具体的には，上記のように締切運転を行い，試験用配管の流量調整弁を徐々に開いて**定格吐出量**とし，その際の流量計の読みと，次で説明する**圧力計と連成計**の値をポンプ性能特性曲線に当てはめて性能を確認します。

　（注：この試験用配管は，呼水槽へ行く配管から分岐してもよい）。

＜告示＞
「配管は，ポンプの吐出側の逆止弁の一次側に接続され，ポンプの負荷を調整するための流量調整弁，流量計等を設けたものであること。」

10. 圧力計と連成計

　ポンプの吸込み側と吐出側には，（ポンプの性能をチェックするため）管路内の圧力を測る計器を設ける必要があり，**吸込み側に連成計**，吐出側に**圧力計**を設けます（P157，図3-5参照）。

　連成計というのは，圧力計と真空計の両者の機能を有するもので，吸込み側の**大気圧以下**の圧力を計測し，また，圧力計は吐出側の**大気圧以上**の圧力を計測します。

| 圧力計　⇒　吐出側（大気圧以上） |
| 連成計　⇒　吸込み側（大気圧以下） |

11. フート弁

　フート弁は，水源がポンプより**低い位置**にある場合，ポンプや吸水管内の水が水源に逆流しないようにするために設けるもので，ゴミ等を吸わないよう**ろ過装置（ストレーナ）**を設け，鎖，ワイヤー等で手動により開閉できる構造のものとする必要があります（**ワイヤーが付いている理由⇒手動で開閉して機能を確認する**）。⇦出た!

12. 電動機

　電動機については，第4編・電気に関する部分（⇒P.298）で説明いたしますが，ポンプ関連の構造，機能については，次のようになります。

① 所要動力

　　ポンプの原動機は，この電動機（モーター）に限られ，その所要動力 P は次の式で表されます。

$$P = \frac{0.163 \times Q \times H}{\eta} \times \alpha \, (\text{kW})$$

　Q：吐出量（m³/min）　　H：全揚程（m）　　α：伝達係数

　η：ポンプの効率

こうして覚えよう！　＜Pを求める式の分子にあるもの＞

| マシン | は | クオリティー | に | 秀 | でた | ワイロさ |
| M（モーター） | | Q | | H | 伝達（α） | 0.163 |

② 電動機の性能（告示）

　　電動機は，定格出力で連続運転した場合および定格出力の**110 %**の出力で**1時間**運転した場合において機能に異常を生じないものであること。

③ 始動方式

　　第4編・電気に関する部分（⇒P.301）参照。

　これで，加圧送水装置を構成している機器の概要をすべて説明しましたが，付属機器が絡んでくると，少々知識が混乱する可能性があるので，ここで簡単にまとめておきます。

＜まとめ＞

　まず，加圧送水装置の基本はモーター（Ⓜ）でポンプ（Ⓟ）を回して水を吸い上げ，消火栓などに送水します（下図a）。

　次に，水源の水位がポンプより**低い**位置にある場合は，ポンプのカラ回りを防ぐために呼水槽を設けます（下図b）。

　あとは，ポンプを締切運転した場合の水温上昇を防ぐための**水温上昇防止装置（逃し配管）**，呼水槽への補給水管にあるボールタップが故障して水があふれた際に備えての**溢水用配管**，ポンプの機能や性能を確認するための**ポンプ性能試験装置（試験用配管）**などを設け，そして，それぞれに**止水弁**や**逆止弁**などを設ければよいだけです（⇒P.156，図3-4参照）。

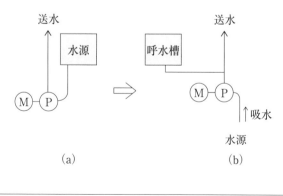

(a) 　　　　　　　　(b)

配管等

(1) 配管

配管には，その材質によって，次のような種類があります。

1. 配管の種類

① 金属製のもの

表 3-2

JIS G 3442	水配管用亜鉛めっき鋼管 (SGPW ⇒ STEEL GAS PIPE WATER)
JIS G 3448	一般配管用ステンレス鋼管
JIS G 3452	**配管用炭素鋼鋼管 (SGP ⇒** STEEL GAS PIPE) (一般的に消防用配管として用いられているもので，亜鉛 めっきしてあるものを白管，していないものを黒管という)
JIS G 3454	圧力配管用炭素鋼鋼管 (STPG ⇒ STEEL TUBE PIPING GENERAL)
JIS G 3459	配管用ステンレス鋼管 (SUS−TP ⇒ Steel Use Stainless Tube Pipe)

（JIS の規格番号は参考資料です。なお（ ）内の記号の方は出題例があります。）

その他，これらと同等以上の強度，耐食性および耐熱性を有するもの。

② 合成樹脂製のもの

消防庁長官が定める基準に適合するもの。ただし，**硬質塩化ビニル管 (VP管)** は使用できません。(配管記号の意味 S:STEEL(鉄) T:TUBE P:PIPING G:GAS)

2. その他の継手

① 配管の共用

配管は，原則として**専用配管**とする必要がありますが，屋内消火栓設備を起動させることより直ちに<u>他の消火設備の用途に供する配管への送水を遮断することができ</u>，当該屋内消火栓設備の性能に支障が生じない場合，配管を共用することができます（**連結送水管**との兼用が多い）。

② **配管の表示記号**

開閉弁と止水弁には開閉方向を，逆止弁にはその流れ方向を表示すること。

③ **スケジュール番号**

配管に表示してあるスケジュール番号は，管の呼び厚さ（管厚さの平均値）を表します。また，配管のサイズは，呼び径*×呼び厚さ　で表し，たとえば，呼び径が50A（mm で表す場合もある）でスケジュール番号が40 なら，50A×Sch40 と表します。

（＊呼び径：配管の内径を近似的に表したもの）

(2) 管継手

継手は，配管と配管のつなぎ目に用いるものであり，その接続方法により，**フランジ形，突合せ溶接形，ねじ込み形，差込み溶接形**などがあります。

1. フランジ継手　（P.170 の写真参照）

フランジとは，「つば」または「突き出た縁」という意味で，互いに突き出た縁（フランジ）の部分を合わせてボルト締めで接合するもので，その部分を取り外して，配管のメンテナンスや交換などをすることができる利点があります（配管をいちいち切断しなくてよい）。

なお，同様な使い方をするものにユニオンやソケット（⇒P170 参照）などがありますが，これらはフランジよりも細い配管に使用します。

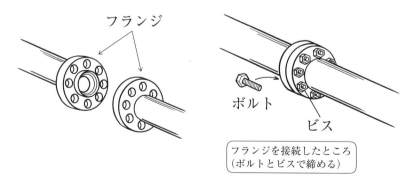

フランジ

ボルト

ビス

フランジを接続したところ
（ボルトとビスで締める）

図 3-12

・ボルト締め

　心合わせを確認して，片締めにならないよう，**対角方向に交互に締め付け**ていきます（一方だけを急激に強く締めない）。

・ガスケット

　フランジ面の密閉性を確保するために接合部に用いるもので，フランジ呼び径に合ったものを選び（ガスケットがフランジ内径側にはみ出すと，腐食や流れを乱す原因になる），また，密着性を保つために，フランジより**十分に硬度の低いもの**を使用し，かつ，**過度に締め付けないことが大切です**（⇒適正なボルト締め）。なお，このフランジ継手の接続部分は，隙間が生じやすく，腐食が発生しやすいので，絶縁性ガスケットなどを使用して防食します。🖐️出た！

（注：ガスケットは固定部分，パッキンは可動部分に用いるシールです）

2.　その他の継手

　突合せ溶接形については，一定の大きさ以上の配管に用いられ，振動などに強く，信頼性の高い継手であり，また，**ねじ込み形**は，管の先端にねじが切ってあるもので（次ページ参照）小口径配管に用いられていましたが，繰り返し荷重を受けると，ねじ部が弛む欠点があるので，あまり使用されなくなってきています。

　なお，その他の継手として，地震やポンプなどの振動から配管接続部を保護する目的で用いられる**可とう管継手**（フレキシブルジョイント）や，熱膨張による変位などを吸収する**伸縮継手**（ベローズチューブ）などもあります。

図3-13　可とう管継手

3. 管継手の種類（ねじ込み形）　〜鑑別で出題例がある〜

使用する箇所	継手類	
直管部分の接続	ソケット	ユニオン
	フランジ	ニップル※ （P 171 下に異なるタイプの写真があります）
口径が異なる管の接続	径違いソケット（レジューサ） 日立金属㈱提供	径違いティー（T） 日立金属㈱提供
	径違いエルボ 日立金属㈱提供	ブッシング（ブッシュ）

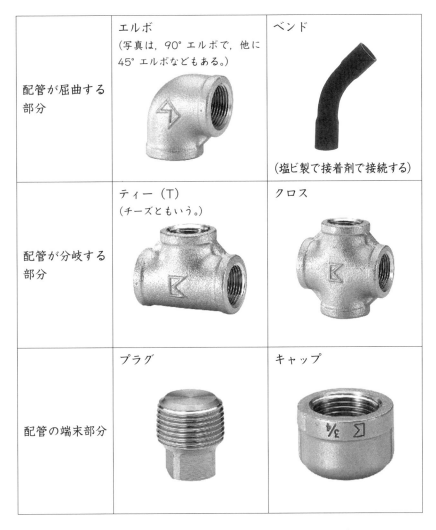

	エルボ （写真は，90°エルボで，他に45°エルボなどもある。）	ベンド
配管が屈曲する部分		（塩ビ製で接着剤で接続する）
配管が分岐する部分	ティー（T） （チーズともいう。）	クロス
配管の端末部分	プラグ	キャップ

（注：フランジとベンドの写真は，ねじ込み形ではありません）

※ ニップルには右のようなステンレス長ニップルもある。

㈱三栄水栓製作所提供

(3) 弁（バルブ）類

バルブには，仕切弁，玉形弁，逆止弁などがあります。

1. 仕切弁（ゲートバルブ）

止水弁はこの仕切弁のことで，別名**開閉弁**ともいい，流路の開閉に用いられ，全開または全閉の状態で使用します（半開の状態で使用すると，弁体を傷めるため）。

その構造ですが，流路を開閉する弁体にはステムと呼ばれる一部がねじ式になっている弁棒が垂直に取り付けられており，その先にはハンドルがあって，これを回転させることによって弁体を開閉するしくみになっています。

この場合，弁棒（ステム）の上下とともに弁体（ディスク）も上下する**外ねじ式**と，弁棒（ステム）の位置は変わらず弁体（ディスク）のみ上下する**内ねじ式**があります。

一般的には，弁の開閉状態が外から見てわかる外ねじ式が用いられています。

このバルブの特徴としては，**流体抵抗が少ない**という利点があり，**頻繁な開閉操作には向いているバルブ**です。

内ねじ式　　　　　　　　外ねじ式

 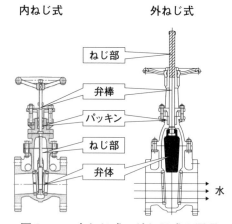

図3-14　外ねじ式の外観　　　図3-15　内ねじ式，外ねじ式の原理

2. 玉形弁（グローブバルブ）

　丸みを帯びた形状からこの名の由来がある流量を調整するバルブで，半開状態でも使用することができます。

　その特徴としては，頻繁な開閉操作が可能ですが，**圧力損失が大きい**という欠点があります。なお，このバルブにも外ねじ式と内ねじ式があります。

図 3-16　グローブバルブ

3. 逆止弁（チェッキバルブ）

　逆止弁は，流れの上流から下流の一方向のみに流すバルブで，**逆流防止**の目的で使用されます。

　その逆止弁には，リフト形（リフトバルブ），スイング形（スイングバルブ），フート形（フートバルブ）などがあります。

① **リフト形（リフトバルブ）**

　　上流から下流（次ページの図でいえば，右方向）に流れるときは，弁体が上にスライドして流路を開き，下流から上流（左方向）に流れるときは，弁体が弁座に押し付けられて流路を閉じるしくみになっています。

　　このタイプのものは**圧力損失が大きく**，配管への取り付けは**水平方向のみ**に限られ，（⇒ 垂直方向は不可）一般的に小口径のものに用いられています。

　　なお，弁体がボール状のものを**ボール逆止弁**といいます。

② **スイング形（スイングバルブ）**

　一般的に逆止弁として用いられているもので，図のように，弁体がピンを支点とするアームによって取り付けられており，上流から下流に流れるときは，弁体が跳ね上がって流路を開き，下流から上流に流れるときは，弁体が弁座に押し付けられて流路を閉じるしくみになっています。

　このタイプのものは**圧力損失が小さく**，配管への取り付けは**水平方向の**ほか**垂直方向**にも取り付けることができます（**垂直方向**に取り付けた場合は開きにくくなるので，注意が必要）。

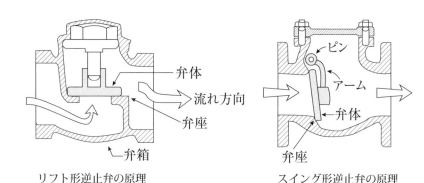

リフト形逆止弁の原理　　　　　　　　スイング形逆止弁の原理

図 3-17

図 3-18　チェッキバルブ

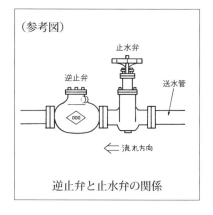

③　フート形（フートバルブ）

　　水源内のポンプ吸入側先端部に取り付けて，配管内の水が水源に逆流しないよう設けるバルブです。

図 3-19　フートバルブ

＜止水弁と逆止弁の順について⇒前頁の参考図参照＞

　　止水弁と逆止弁の取り付け順序ですが，ポンプ停止時において<u>**水圧を受ける側に止水弁を**</u>，その下部に逆止弁を設けると考えれば<u>理解しやすいと思います</u>（P 156，図 3-4 参照）。

　　たとえば，ポンプの吐出側でいうと，上部の方が水圧を受けるので，上部に止水弁，下部に逆止弁を設けます。

　　一方，高架水槽でいうと，高架水槽　⇒　止水弁　⇒　逆止弁，という順になります（こうすることによって配管内の水の流れを止めて，逆止弁を修理，**交換**などのメンテナンスをすることができます）。

　　逆にいうと，「<u>逆止弁を修理，**交換**などのメンテナンスをするには，どのような順序であれば流れを止めて逆止弁の**修理**が<u>可能か</u>？</u>」を考えればよいことになります。

●止水弁と逆止弁の順の説明⇒逆止弁の修理，交換などのメンテナンスを行うため（⇒出題例あり）

＜流れ方向の表示＞

　　「**開閉弁**または**止水弁**にあってはその**開閉方向**を，**逆止弁**にあってはその**流れ方向**を表示したものであること。」となっています。

④　その他のバルブ

バタフライバルブ	
ボールバルブと同じく，弁軸を90度回転する事により開閉を行うもので，**流量調整用**としても使用することができ，写真からもわかるように，バルブの管長を極めて短くすることができるので，狭いスペースでの接続が可能となります。	
ボールバルブ	
バタフライバルブと同じく，弁軸を90度回転する事により開閉を行うバルブですが，バタフライバルブに比べて**流量を極めて大きく**することができ，また，流れに対する障害が少ないので流量特性に優れ，かつ，構造が単純なので，**広範囲**の用途に用いられています。	

バタフライバルブ　　　　　　　ボールバルブ

図 3-20

(4)　**その他**

①　配管の管径は，水力計算により算出された配管の呼び径とすること。
②　配管の耐圧力は，当該配管に給水する加圧送水装置の締切圧力の **1.5 倍以上**の水圧を加えた場合において当該水圧に耐えるものであること（⇒ウォーターハンマを考慮して）。
③　配管施工上の主な留意点
　・　配管内に空気だまりが生じないような措置をする。
　・　屈曲や立下げ，立上げおよび管継手などを極力少なくして，摩擦損失を少なくする。

 溶接

(1)　溶接の種類

溶接とは，2 つの金属を接合する方法で，次の 3 つに分類されます。

溶接 ┬── 融接（アーク溶接，ガス溶接，電気抵抗溶接）
　　　├── 圧接（ガス圧接など）
　　　└── ろう接（ろう付けやはんだ付けなど）

融接は，接合部を溶かして圧力を加えないで溶接する方法で，一般に溶接という場合は，この融接のことをいいます。

　一方，**圧接**というのは，建築の鉄筋などの接合によく用いられる方法で，金属を溶かすまで加熱せず，高温で互いの材料を押し付けて加圧することにより接合をします。

　また，**ろう接**は，はんだ付けに見られるように，接合する 2 つの金属間に溶けたろう材を流し込んで接合する方法で，ろう付けやはんだ付けの総称でもあります。

表 3-3　融接の種類

アーク溶接	
母材と溶接棒の間を放電させてアークを発生させ，その熱で溶接棒と母材の一部を溶かして行う溶接。	
ガス溶接	
ガスの炎（主に酸素アセチレンが用いられる）による熱で行う溶接。	
電気抵抗溶接 （抵抗溶接ともいう）	
接合する部分に大電流を流し，その際に発生する抵抗熱によって行う溶接。	

　なお，鋼管の溶接方法として**ガス圧接**は不向きであり（⇒鋼管は中空で圧力をかけれないため），また，鋳鉄の溶接方法として**電気抵抗溶接**は不向きです（鋳鉄は熱が加わると脆くなるので）。🖐出た！

(2) 溶接の特徴

金属を接合するには，ボルトによる接合（ボルト接合）やリベットによる接合あるいは，ねじによる接合など種々のものがありますが，それらに比べた場合の溶接の特徴は次のようになります。

表3-4 溶接の特徴

長所
1. 製品重量を軽くできる。
2. 機密性，水密性が容易に得られる。
3. 製作期間が短い。
短所
1. ひずみが生じる可能性がある。
2. 解体が困難
など。

(3) 溶接で使われる用語

まず，溶接をしようとする材料を**母材**といい，その母材と母材を図のように突き合せた状態で溶接するのを**突き合せ溶接**といいます。

この図を用いて溶接で用いられる用語を説明いたします。

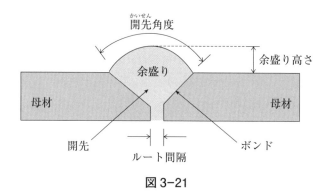

図 3-21

表3-5

開先（グルーブ） <small>かいせん</small>	
溶けた金属（溶着金属という）が母材と一体化できるよう，あらかじめ母材に加工しておく斜めの溝	
余盛り <small>よ　も</small>	
溶着金属の盛り上がった部分	
ボンド	
溶着金属と母材との境界部分	
ルート間隔	
開先底部の間隔	
溶接継手	
溶接される部分，または，溶接された部分	
パス	
溶接継手に沿って行う1回の溶接操作	
ビード	
1回のパスによって作られた溶接金属	
スラグ	
溶接部の表面に生じる酸化物などの非金属物質	
スパッタ	
アーク溶接，ガス溶接などにおいて溶接中に飛散するスラグおよび金属粒	

(4)　溶接による欠陥

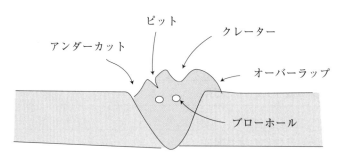

図 3-22　溶接の欠陥

　溶接を行った際に発生する欠陥には，次のように表面にできる欠陥と内部にできる欠陥があります。

＜表面にできる欠陥＞
アンダーカット
溶接の止端に沿って，母材が溶け過ぎてできる細い溝やくぼみのこと。
ピット
ブローホール（＝内部にできる欠陥の表を参照）が，ビードの表面で固まって生じた小さな開口部（くぼみ）。
オーバーラップ
溶けた金属が母材に溶け込まないで，母材の表面に重なったもの。
クレーター
溶接金属によって生じた溶融池のくぼんだ部分，またはビードの端にできるくぼんだ部分。

　なお，表面にできる欠陥については，目視により確認できますが，内部にできるものについては，超音波探傷試験や放射線透過試験などで検出します。

＜内部にできる欠陥＞	
ブローホール	
溶接金属内に発生した残留ガスのため，溶接部内にできた空洞のこと。	
スラグ巻込み	
溶接金属中や母材との接合部にスラグが残ること。	
溶接割れ	
溶接部に割れが生じる欠陥で，低温割れと高温割れがある。	
溶け込み不良	
熱不足などにより，本来溶け込む部分が溶け込まないで残ること。	

＜章末資料＞　……ポンプの構造（消防庁告示）

　消防庁告示の加圧送水装置の基準に規定されているポンプの構造は，次のようになっています（この中からの出題例があるので，要注意！）

ポンプの構造は，次に定めるところによること。

① 取扱い操作，点検及び部品の取替えが容易にできるものであること。ただし，特殊な構造又は部品で整備交換等を行う必要のない部分については，この限りでない。

② 潤滑油を必要とする軸受部を有するポンプにあっては，当該軸受部は，外部から油面を点検することができるものであり，かつ，補給のための注油孔又は給油口を設けたものであること。

③ 回転する部分又は高温となる部分であって，人が触れるおそれのある部分は，安全上支障のないように**カバーを設ける**などの措置が講じられていること。

④ 腐食するおそれのある部分は，有効な**防食処理**を施したものであること。

⑤ 水中に設置するポンプにあっては，吸込口にステンレス鋼またはこれと同等以上の強度及び耐食性を有するものを材料とする**ろ過装置**を設けたものであること。

⑥ ポンプ本体の配管接続部に設けられるフランジ継手は，JIS B 2238 または JIS B 2239 に適合するものであること。

⑦ 電気配線，電気端子，電気開閉器等の電気部品は，湿気又は水により機能に異常が生じないように措置が講じられたものであること。

⑧ 架台等への取付ボルト及び基礎ボルトは，地震による震動等に対し十分な強度を有するものであること。

⑨ ポンプは，その機能に有害な影響を及ぼすおそれのある付属装置を設けたものでないこと。

コーヒーブレイク

受験に際しての注意点
「試験会場までの"足"を調べておく」

　これは当然のことですが，遅刻しないよう，あらかじめ試験会場までの交通機関，所要時間などを把握しておくことも重要な受験準備の一つです（もちろん，前もって"視察"しておくぐらいの慎重さがあった方がいいのは言うまでもありませんが……）。

　日頃使い慣れている交通機関であるからといっても，日曜祝日は運行時間が異なる場合が一般的であり，特に運行本数の少ない地方では，その読み違いが大きな誤算につながらないとも限りませんので，そのあたりも確認しておいた方が無難でしょう

第2章　屋内消火栓設備

　　ここからは各設備の構造，機能になるのですが，説明の際に必ず出てくるのが，次のページにもある系統図です。

　　詳しくは製図で説明しますが，この図で描かれている記号の意味がわからないと，本文の説明も十分，理解することができなる可能性があります。

　　一応，図には，名称が原則として表示はしてありますが，やはり，最初に記号の意味を把握しておくことは大切なポイントなので，498 ページと 499 ページにある凡例には，ぜひ，目を通しておいてください。

 **構成**

　屋内消火栓設備は，水源の水をポンプで吸い上げて消火栓箱のホースから放水させる装置なので，**水源**とポンプなどの**加圧送水装置，屋内消火栓，開閉弁，表示灯，消防用ホース，ノズル**，そして**非常用電源**と発信機などの起動させるための装置（**起動装置**）などから構成されています。

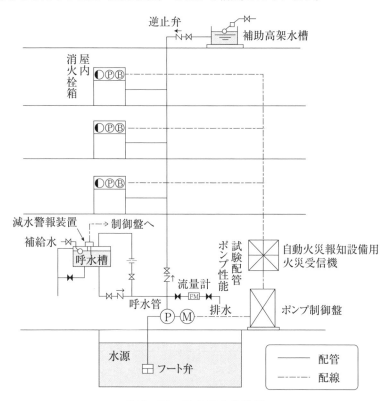

図 3-23　屋内消火栓設備

（注：屋内消火栓箱上部の◖は表示灯，Ⓟは発信機，Ⓑは地区音響装置（ベル）を表しており，一般的には，Ⓑ◖Ⓟの順に並んでいますが，本書では配線の見やすさなどを考慮して，図のような配列にしてあります。）

　この屋内消火栓設備には，１号消火栓と易操作性１号消火栓および２号消火栓と広範囲型消火栓があります。

構
成

(1)　1号消火栓

　従来からあるタイプの消火栓で，ホースを持って放水を行う人と開閉弁を開ける人の2人以上が必要になります。

　1号消火栓の起動操作は次のようになります。
発信機を押す　　⇒　ポンプが起動するとともに非常ベルが鳴り，発信機の表示灯が点滅する（フリッカー状態）。
　　　　　　　　⇒　1人が消火栓箱からホースを伸ばし，その後，別の1人が開閉弁を開放し，放水する。

(2)　易操作性1号消火栓

　2号消火栓と同じく，1人でも操作できるよう改良された1号消火栓です。

(3)　2号消火栓

　1人でも操作できるよう，**保形ホース***をリール方式で巻いたり，あるいは折りたたむ等してあり，消火栓の開閉弁の開放，またはホースの延長操作等により開閉弁またはノズルホルダーに設けてあるリミットスイッチが入ってポンプを起動させるタイプの消火栓です。

　ホースの先にあるノズルには，放水を開始または停止できる**開閉装置**（ノズルコック）が設けられています。

ポンプの起動方法	開閉弁の開放またはホースの延長
放水方法	開閉弁を開放し，ノズル先端の開閉装置を開放

*常時円形に保たれ，ホースの引き出し途中でも放水可能なので，保形ホースが使われる。　出た!

(4)　広範囲型2号消火栓

　2号消火栓とほとんど同じ規格の消火栓ですが，1号消火栓と2号消火栓の中間の機能を持ち，設置間隔も1号消火栓と同じ間隔でよいので，設置コストが少なくて済むという利点がある消火栓です。

構造及び機能

　屋内消火栓設備の構造及び機能については，1つ1つの機器を順に覚えていくよりは，いくつかのグループに分け，そのグループごとにどのような装置がどのような働きをしているかを把握していった方が効率的なので，そのように説明していきます。

　まず，グループ分けですが，水を吸い上げる働きをする⑴**加圧送水装置**のグループ，その水を消火栓へと送る⑵**配管と管継手**のグループ，その水を消火栓を経てホースから放水させる働きをする⑶**消火栓部分**のグループ，そして，配管に水を満たしておく働きをする⑷**補助高架水槽**のグループと分けておきます。

> （注：￣1.　放水圧力と放水量￣は，一般的には⑶の**消火栓部分**で説明すべき項目ですが，本書では比較整理の面から⑴の**加圧送水装置**で説明してあります。）

（1）　加圧送水装置

　加圧送水装置については，第1章‐共通事項の❸**加圧送水装置**（P155）で基本的なことは説明してありますので，屋内消火栓設備特有のものについてのみ説明していきます。

　なお，**水源水量や放水量**については，一般的に法令（1類）で出題されていますが，本書では，この機械に関する部分でまとめて説明いたします。

> （注：ポンプの**全揚程**や**吐出量**については，実技の方でも出題されています。）

1.　放水圧力と放水量

　ノズル先端における放水圧力と放水量は，次のように定められています（比較しやすいように，ポンプ吐出量も表示してあります）。

　なお，放水圧力が 0.7 MPa を超えないよう，減圧機構付きの開閉弁や，開閉弁の前後に減圧弁やオリフィス等を設置する必要があります。☞出た！

表3-6

(注) *l* はリットルを表しています

	放水圧力	放水量	ポンプ吐出量
1号消火栓	0.17 MPa ～ 0.7 MPa	130*l* ／min 以上	150*l* ／min×*n* 以上
広範囲型2号	0.17 MPa ～ 0.7 MPa	80*l* ／min 以上	90*l* ／min×*n* 以上
2号消火栓	0.25 MPa ～ 0.7 MPa	60*l* ／min 以上	70*l* ／min×*n* 以上

n：消火栓設置個数で最大2

構造及び機能

＜放水量の求め方＞　～鑑別で出題例がある～

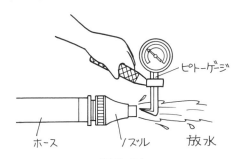

図3-24

　図のように，ノズルの先端からノズル口径の $\frac{1}{2}$ 離れた位置にピトーゲージ（P 481，⑴の写真参照）の先端が来るようにして水圧を測定し，その放水圧力（P〔Mpa〕）から，次の計算式で求めます。

$$Q = K \times D^2 \times \sqrt{10P} \quad （噴霧ノズルの場合は，Q = K\sqrt{10P}）$$

【　凡例　】

　　Q：放水量　（*l*／min）　　　*D*：ノズル口径（mm）

　　P：放水圧力（MPa）

　　K：定数で，1号消火栓にあっては，**0.653** とする。

2. ポンプ吐出量

　消火栓1個当たりにおけるポンプから吐出す量は，前ページの表3-6の通りで（ただし，消火栓の最大個数は2とする），ノズル先端から放水する量より損失分だけ，当然，多めに吐出す必要があります。

3. 水源水量

　水源水量は，屋内消火栓設備を有効に**20分間**放水できる量が必要で，1号消火栓なら，$130 \times 20 = 2600l = \mathbf{2.6\,m^3}$，2号消火栓なら，$60 \times 20 = 1200l = \mathbf{1.2\,m^3}$ が1個の消火栓に対して必要な水源水量となります。

表 3-7

消火栓の種類	水源水量（Q）（n は最大 2）
1号消火栓	$Q = 2.6\,m^3 \times n$　以上
広範囲型 2号	$Q = 1.6\,m^3 \times n$　以上
2号消火栓	$Q = 1.2\,m^3 \times n$　以上

　n は，**消火栓の設置個数が最も多い階の個数**で，その数が**2を超える場合は2**にします。たとえば，1階に2個，2階に3個，3階に4個設置してあれば，最も多い階の個数は3階の4個になるので，この階の個数で決めるわけですが，2個を超えているので2個となり，水源の水量は，1号消火栓なら2個×2.6 = 5.2 m³ となるわけです。

4. ポンプの全揚程（H）

　たとえば，水源のフート弁から高さ20 mのところにある消火栓までポンプで揚水するとき，その20 mだけ揚水できる能力がポンプにあればそれでよい，というわけではありません。
　というのは，その20 m（落差[注1]という）に，消火栓までに至る配管による損失（**配管摩擦損失水頭**という）と，その消火栓にホースを接続した際のホース内における損失（**消防用ホースの摩擦損失水頭**という），さらに，そのノズル先端において必要とされる水圧（**ノズル放水圧力等換算水頭**[注2] と

いう。）を加える必要があります。

　これらすべてトータルしたポンプの揚程を**全揚程**といいます。

　従って，規則第12条より，**消防用ホースの摩擦損失水頭**をh_1，**配管摩擦損失水頭**をh_2，**落差**をh_3，**ノズル放水圧力等換算水頭**をh_nとすると，**全揚程 H** は，次の式で表されます。

1号消火栓と広範囲型2号消火栓
$$H = h_1 + h_2 + h_3 + 17 \quad \text{(m)}$$
2号消火栓と屋外消火栓設備：
$$H = h_1 + h_2 + h_3 + 25 \quad \text{(m)}$$

　ちなみに，**高架水槽方式**の場合は，ポンプで吸い上げるエネルギーは不要なので**落差 h_3 が不要**となり，1号消火栓の場合なら，
$$H = h_1 + h_2 + 17 \quad \text{(m)} \quad \text{となります。}$$

　また，**圧力水槽**の場合は，必要となる圧力を P とすると，ポンプ方式の「h_1，h_2，h_3 （m）」を次のように「P_1，P_2，P_3 （MPa）」に換え，水頭を水頭圧に換えればよいだけです（落差は落差の換算水圧）。
$$P = P_1 + P_2 + P_3 + 0.17 \quad \text{(MPa)}$$
（注：スプリンクラー設備の場合は h_3 がなく，また，ノズル放水圧力等換算水頭
　　の代わりにヘッド等放水圧力等換算水頭（＝10m）を用います。⇒P 218）

＜※1 落差について＞

　水源の水をその最上階の消火栓まで吸い上げるエネルギー（水頭）で，具体的には，水源水槽の有効水位下部（＝フート弁の弁シート面）からポンプより最も遠い屋内消火栓のホース接続口（次ページ図3-25のa点）までの垂直距離で，図では，1.0（5Fの床面から消火栓開閉弁までの高さ）＋(4m＋4m＋4m＋4m)＋(5−1.0)＝21.0mとなります。

＜※2 ノズル放水圧力等換算水頭について＞

　上記 ◎ の全揚程の式で，なぜ0.17 MPaの水圧が17mになるかですが，水の高さが1mでは0.01 MPaの水圧を生じるので，0.17 MPaの水圧を得るためには17mの水頭が必要になるというわけです。

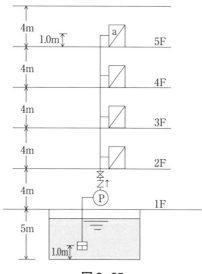

図3-25

(2)　配管

1.　管径

　加圧送水装置からの立上り管は，1号消火栓で管の呼び径**50 mm以上**（**50 A以上**と表示する場合もある。以下同じ），広範囲型2号で40 mm以上，2号消火栓で**32 mm以上**（**32 A以上**）のものが必要になります。

表3-8

消火栓の種類	立上り管の呼び径
1号消火栓	50 mm以上
広範囲型2号消火栓	40 mm以上
2号消火栓	32 mm以上

2.　耐圧力

　加圧送水装置の締切圧力の**1.5倍以上**の水圧に耐えるものでなければなりません（配管の材質については，P 167の表3-2参照）。

(3)　消火栓部分

　消火栓は，下の写真に示すように，「**開閉弁**とホースとの**結合金具**」からなりますが，この**消火栓**をはじめ，**消防用ホース**，**ノズル**のほか，一般的に写真の上部にあるような自動火災報知設備と兼用の**表示灯**，**起動装置**（自火報の発信機と兼用），**地区音響装置**が一体となったボックス（総合盤という場合がある）を**屋内消火栓箱**といいます。この屋内消火栓箱の表面には，「**消火栓**」と表示する必要がありますが，箱自体の色については，特に定めはありません。

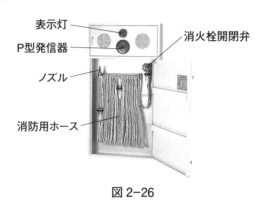

表示灯
P型発信器
ノズル
消防用ホース
消火栓開閉弁

図 2-26

1.　ホース

① 　ホースの種類
　　 濡れホース，**平ホース**，**保形ホース**
　　などがあります。

② 　ホース接続口と口径
　　 ねじ式か差込式の結合金具を用い，
　　ホース口径は，1 号消火栓が呼称 **40**

図 2-27

（または **50**）のもの，2 号消火栓が呼称 **25** のものを用います。

③ 　ホースの長さ
　　 ホース接続口からの水平距離が **25 m** の範囲内の各部分に有効に放水することができる長さとする必要があります。

　　 一般的には，1 号消火栓の場合は <u>**15 m** のものを **2 本**</u>，2 号消火栓の場合は，<u>**20 m**</u> のものが用いられています（他に 10 m，30 m のものもある）。

2. ノズル

　ノズル部分は，図のように，**ホース結合金具**，**プレーパイプ**そしてノズルから構成されており，棒状放水のものと棒状と噴霧状に切り替えができるタイプのものがあります。

　また，2号消火栓には「容易に開閉できる装置」を設ける必要があります（⇒1人操作が可能なように，放水の始動，停止ができる**開閉装置**のこと）。

　ノズルの口径については法令上の規定はありませんが，放水量などから計算して，実際上，1号消火栓が約13mm以上，2号消火栓が約8mm以上のものが必要となります。

	ノズル口径
1 号消火栓	**13mm** 以上
2 号消火栓	**8mm** 以上

（注：ノズルの放水圧力については，P187の表3-6参照）

```
　　　　　結合金具
```

図3-28　ノズルの図

3. 消火栓開閉弁

　ホース接続口（矢印の部分）には**ねじ式**と**差込式**の2種類があり（近年は差込式が主流になってきている），差込式の結合金具には，呼称 **40** と **50** の差し口があります。

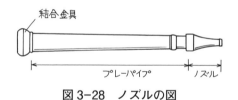

　その設置基準としては，床面から **1.5m** 以下の位置に設ける必要があります。

　なお，P186，下から2行目にも触れてありますが，ノズル先端における放水圧力が0.7MPaを超えない措置として開閉弁に**減圧機構付きの開閉弁**を用いたり，または開閉弁の前後に**減圧弁**などを設ける必要があります。

4. 表示灯

　本来，表示灯には，屋内消火栓箱の位置を表示する**位置表示灯**と加圧送水装置を始動させたときにそれを点滅して表示する**始動表示灯**がありますが，一般的には，自動火災報知設備の表示灯を位置表示灯にし，加圧送水装置が始動した際にはそれを点滅（フリッカー）させることにより始動表示灯を省略しています。

　その表示灯ですが，**赤色**とし，屋内消火栓箱の**内部**またはその**直近の箇所**に設け，取付け面と**15度以上の角度**となる方向に沿って**10 m**離れたところから容易に識別できる必要があります。

5. 起動装置

　規格では，起動装置は原則として**直接操作**および**遠隔操作**できるものであること，となっています。

　直接操作というのは，電動機の**制御盤スイッチ**（専用の起動押ボタン）を直接 ON にして起動させる方法で，**遠隔操作**というのは，一般的には，屋内消火栓箱上部にある **P 型発信機**のスイッチを押すことによりポンプを起動させる方法をいいます（その他，2 号消火栓のように，ホースの延長とともに連動して起動させる方法や消火栓の開閉弁が開放することによって起動する方法などもあります。）

　ただし，停止する方は，制御盤のスイッチを入れて停止させる**直接操作の**みとなっています。

（4）　**補助高架水槽**（消火用補給水槽ともいう）

　屋内消火栓には，火災時にすぐに開閉弁から放水できるよう，配管内に水を常時満水させておく**湿式**と，逆に，常時は水を抜いておく**乾式**があります。

　乾式は，寒冷地における凍結防止のために採用される方式で，一般的には，湿式が用いられています。

　その湿式ですが，配管内に水を常時満水＊させておくために，P 184 の図3-23 にあるような補助高架水槽を設けておきます。

　（＊エア溜まりがあると放水不能やウォーターハンマが生じるため）

　その補助高架水槽には，呼水槽と同じく給水管を設け，**高架水槽⇒止水弁⇒逆止弁**，という順にバルブを取り付けます。

設置基準

① 屋内消火栓は各階ごとに設け，その階の各部分から1つのホース接続口までの水平距離は，1号消火栓と広範囲型2号消火栓にあっては**25m以下**，2号消火栓にあっては**15m以下**となるように設置すること。

② 開閉弁は床面からの高さが**1.5m以下**の位置に設けること（P204の表を参照）。

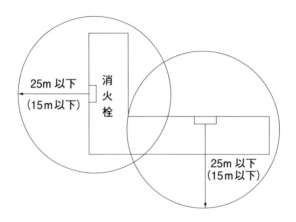

※カッコ内は2号消火栓

図3-29

	表3-9
	設置間隔
1号消火栓 広範囲型2号	25m以下
2号消火栓	15m以下
開閉弁の高さ	床面から1.5m以下

④ 試験，点検

　この分野における出題頻度は比較的多くなく，出題されても，機器の状態，または点検後の処置が正常か否か，を問う問題が目立ちます。

　従って，機器の正常な状態（規格値など）をよく把握しておけば，対処可能な問題が多いように見受けられます。

　ここでは，**外観点検**（目視により確認をする），**機能点検**（たとえば加圧送水装置なら，ポンプを実際に起動させてその機能を確認をする試験），**総合点検**のうち，機能点検と総合点検で行う**放水試験**について，その概要を記しておきます。

(1)　機能点検（ポンプを用いるもの）

　６ケ月ごとに行う点検で，その概要は以下の通りです。

試 験 項 目		試 験 方 法	合 否 の 判 定 基 準
ポンプ試験（ポンプ性能試験）	ポンプ，電動機その他の機器等の運転状況	ポンプを起動させる。	a 電動機及びポンプの回転が円滑であること。 b 電動機に著しい発熱及び異常音がないこと。 c 電動機の起動性能が確実であること。 d ポンプのグランド部から著しい漏水がないこと。 e 圧力計及び連成計の指示圧力値が適正であること。 f 配管からの漏水，配管の亀裂等がなく，フート弁が適正に作動していること。
	ポンプ締切運転時の状況	ポンプの吐出側の止水弁を閉止し，締切揚程，電圧及び電流を測定する。 注：ブースターポンプとして使用するものは，揚程－吐出量の合成特性を作成し，その特性を確認する。	a 締切揚程が定格負荷運転時の吐出揚程（ブースターポンプにあっては，合成特性値）の140％以下であること。 b 電圧値及び電流値が適正であること。
	ポンプ定格負荷運転時の状況	ポンプが定格負荷運転となるように調整し，吐出揚程，電圧及び電流を測定する。 注：ブースターポンプとして使用するものは，揚程－吐出量の合成特性を作成し，その特性を確認する。	a 吐出揚程が当該ポンプに表示されている揚程（ブースターポンプにあっては，合成特性値）の100％以上110％以下であること。 b 電圧値及び電流値が適正であること。

呼水装置作動試験	減水警報装置作動状況	自動給水装置の弁を閉止し，呼水槽の排水弁を解放し，排水する。	呼水槽の水量がおおむね2分の1に減水するまでの間に確実に作動すること。
	自動給水装置作動状況	呼水槽の排水弁を開放し，排水する。	自動給水装置が作動すること。
	呼水槽からの水の補給状況	ポンプの漏斗，排気弁を開放する。	呼水槽からの補給水が流出すること。
制御装置試験	ポンプの起動・停止操作時の状況及び監視機器の作動状況	ポンプを起動させた後，停止させる。	a　起動，停止のための押ボタンスイッチ等が確実に作動すること。 b　起動を明示する表示灯が点灯又は点滅すること。 c　開閉器の開閉が電源表示灯等の表示により確認できること。 d　ポンプの締切，定格負荷運転時の電圧又は電流値は，適正であること。
	ポンプ運転時における電源切替時の運転状況	ポンプを起動させた後，常用電源を遮断させる。また，その後，常用電源を復旧させる。	常用電源の遮断後及び復旧後において，起動操作することなくポンプが継続運転していること。
起動装置試験・ポンプ始動表示試験	ポンプの起動状況等	制御盤の直接操作及び1号消火栓にあっては遠隔操作，易操作性1号消火栓又は2号消火栓にあっては消防用ホースの延長操作を行う。	ポンプの始動及び停止が確実であること。
	始動表示の点灯状況	（直接操作による停止を含む。）	始動表示灯の点灯又は点滅か確実であること。
	起動用水圧開閉装置の作動圧力	起動用圧力タンクの排水弁を開放して，起動用水圧開閉器を設定。作動圧力を測定する。 （この試験は3回繰り返す。）	作動圧力は，設定作動圧力値の±0.05MPa以内であること。
水温上昇防止装置試験		ポンプを締切運転し，逃し配管からの逃し水量を測定する。 注：運転時には一定量以上の水が逃し配管から排出されていなければならないので，「バルブを閉めておいた」という出題があれば×です。	逃し水量は，次式で求めた量以上であること。 $$q = \frac{4\,Ls \cdot C}{\Delta t}$$ q　：逃し水量（l／min） Ls　：ポンプ締切運転時出力（kW） C　：3.6MJ 　　（1kW時当たりの水の発熱量） Δt　：30℃ 　　（ポンプ内部の水温上昇限度）
ポンプ性能試験装置試験 （注：この試験はポンプ性能試験装置自体の試験であり，前ページのポンプ試験とは別の試験です。）		ポンプを起動し，定格吐出点における吐出量をJISB 8302に規定する方法で測定するとともに，そのときの流量計表示目盛を読みとる。	JISB 8302に規定する方法により求めた吐出量の値と流量計の表示値との差が，当該流量計の使用範囲の最大目盛の±3％以内であること。

　上記の表のうち，前ページにあるポンプ試験（ポンプ性能試験）の手順について，その概略を説明いたします（バルブの開閉状態などの出題例がある）。

ポンプ性能試験 ┌─出た!

　P156の図3-4にあるポンプ性能試験装置による試験で，次のような手順
で行います。

① 　ポンプ吐出側の止水弁を**閉鎖**する。
② 　性能試験配管の一次側バルブ（テスト弁）を**閉止状態**にする。
③ 　制御盤の起動スイッチにより，ポンプを起動させて締切運転を行い，
　　ポンプの**圧力計**と**連成計**（吸込み圧力）及び**回転計**（回転数），制御盤
　　の**電圧計**と**電流計**の値を測定して，ポンプの**締切運転時**における性能を
　　確認する。
④ 　次に，性能試験配管の一次側バルブ（テスト弁）を**全開**する。
⑤ 　性能試験配管の二次側バルブ（流量調整弁）を徐々に開けながら<u>流量
　　が定格吐出量</u>になるように調整し，③と同様，ポンプの**圧力計**（<u>吐出圧
　　力</u>）と**連成計**及び**回転計**，制御盤の**電圧計**と**電流計**の値を測定して，<u>ポ
　　ンプの**定格負荷運転時**</u>における性能を確認する。
⑥ 　ポンプを停止させた後は，流量計内の水抜きを実施してテスト弁と流
　　量調整弁を閉じ，性能試験を終了する。
　　　なお，ポンプ停止後に呼水槽の水が減っていれば，フート弁の異常が
　　考えられるので，そのあたりもチェックしておく必要があります（フー
　　ト弁が故障していれば，消火水槽から水が溢れ出す）。

(2) 　総合点検

　<u>1年ごとに行う</u>点検で，電源を**非常電源**に切り替えた状態で加圧送水装置
を起動させ，任意の屋内消火栓＊より放水して，放水圧力や放水量などをチ
ェックする**放水試験**を行います。
（＊加圧送水装置の**直近**のものと**最遠**の2個を対象とするのが望ましい）

1. 放水圧力の測定

　棒状放水ノズルの場合は，次ページの図（a）のように，**ピトー管**（ピト
ーゲージ）を用いてノズル先端の**放水圧力**を測定し，その値がP187，表3-
6にある放水圧力の基準を満たしているかを確認します。

　また，噴霧ノズルの場合は，下図（b）のように，ホース結合金具とノズルの間に圧力計を装着した**圧力計用管路媒介金具**を結合して行います。

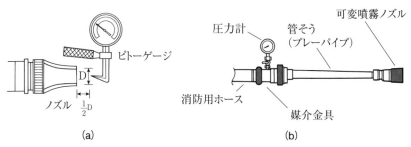

図3-30　放水圧力の測定

2. 放水量の測定

　また，放水量については実際に計測するのではなく，**ノズルの口径**とその**放水圧力の値**を用いて，P 187 の放水量の計算式より計算して求め，確認します。

 整備

　試験，点検の結果，整備を要する部分が判明した場合には，原則として，消防設備士が行いますが，次のようなものについては，消防設備士でなくても行うことができます。

1. **表示灯の交換**その他総務省令で定める軽微な整備（総務省令で定めるもの　⇒　**ホースやノズル等の部品の交換，消火栓箱等の補修**その他これらに類するもの）。
2. **電源部分**や**水源の配管部分**の工事

　　　　　<u>1号消火栓を除く屋内消火栓設備</u>には，天井設置型があり，その主な基準は次の通りです。
①　開閉弁を**自動式**とすること（注：一般の開閉弁のような高さに関する規定はないので注意）
②　壁面等に**降下装置**を設けること。
③　消火栓箱の直近と降下装置の上部には**赤色の表示灯**を設けること。

第３章　屋外消火栓設備

 概要

　この屋外消火栓設備は，建物の**1階**と**2階**部分の火災を屋外から消火することを目的として設置するもので，機能としては，屋内消火栓設備とほぼ同じで，ただ，放水量などの数値と設置基準が異なるだけです（本試験では，一般的に設置基準が出題されている）。

　その構成は，図を見てもわかるように，ポンプから逆止弁，止水弁までは屋内消火栓と同じで，そこから屋外消火栓へと向かうだけです。

　本書では，原則として，屋内消火栓設備と異なる部分のみ説明していきます。

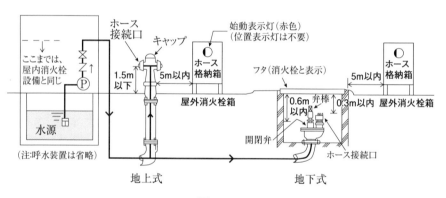

図3-31

② 構造及び機能

(1) 加圧送水装置

水源の水量	7 m³× 消火栓設置個数（最大 2）以上の量
ポンプ吐出量	400ℓ／min × 消火栓設置個数（最大 2）以上の量
放水性能	・放水量　　：　350ℓ／min 以上 ・放水圧力　：　0.25 MPa ～ 0.6 MPa （全ての屋外消火栓（最大 2）を同時に使用した場合）

(2) 消火栓部分

　屋外消火栓には，①**地上式消火栓**，②**地下式消火栓**と屋内消火栓設備と同じタイプの③**器具格納式消火栓**があり，いずれも屋内消火栓設備と同様，開閉弁，ホース，ノズル等から構成されています。

　このうち，地上式と地下式には，消火栓より歩行距離で原則として**5 m 以内**に**屋外消火栓箱（放水用器具を格納する箱）**を設け，ホース，ノズル，開栓器および加圧送水装置の起動装置等を格納しておきます（建築物の外壁の見やすい箇所に設ける場合は 5 m 以内でなくてもよい）。

　なお，屋外消火栓箱には，**始動表示灯（赤色）**を設ける必要がありますが，**位置表示灯**は設ける必要はありません。

1. 地上式消火栓

　写真の鎖が付いている部分がホース接続口で，この地上式と次の地下式には，このホース接続口が 1 つの**単口型**と 2 つの**双口型**があり，普段は写真のようにホース接続口を保護するためのキャップが設けられています。

　開閉弁は，凍結防止のため地下に設けられており，写真の頭部のキャップを外すと開栓器差込口があるので，これに開栓器（消火栓開閉器⇒P 464（1））を取り付けてバルブを開き，放水します。

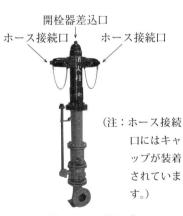

開栓器差込口
ホース接続口　　ホース接続口

（注：ホース接続口にはキャップが装着されています。）

図 3-32　地上式

2. 地下式消火栓

　地盤面下に設けたボックス内に消火栓を設けたもので，キャップを外して消防用ホースを接続したら，弁棒の頭部にある弁棒キャップに長い柄のついた開栓器（消火栓用キーハンドル ⇒ P 464（2））をセットして，地上から操作してバルブを開き，放水します。

開栓器差込口
ホース接続口　　ホース接続口

図3-33　地下式（双口型）
（注：ホース接続口にはキャップ
が装着されています。）

3. 器具格納式消火栓

　ホース格納箱の中にホースやノズル等の器具以外に消火栓まで設けたもので，要するに，屋内消火栓設備と同じタイプのものになります。

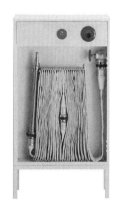

図3-34　器具格納式

設置基準

(1) 屋外消火栓

建築物の各部分から1つのホース接続口までの**水平距離**が**40m以下**となるように設けること（右図参照）。

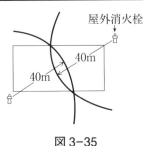

図3-35

(2) 開閉弁の位置 (P 200, 図3-31 参照)

地上式	地盤面からの高さが**1.5m以下**の位置に設けること。
地下式	地盤面からの深さが**0.6m以内**の位置に設けること。

(3) ホース接続口

地下式のホース接続口は，地盤面からの深さが**0.3m以内**の位置に設けること。

(4) 表示について (P 200, 図3-31 参照)

屋外消火栓	直近の見やすいところに「消火栓」と表示した標識を設けること。
屋外消火栓箱	表面に「**ホース格納箱**」と表示すること。 （注：「消火栓格納箱」ではないので注意！）

試験，点検

屋内消火栓設備に準じます。

以上，屋内消火栓設備，屋外消火栓設備をまとめると，次のようになります。（※スプリンクラーも含めた比較表は巻末資料３を参照）

 表3-10　消火栓の基準比較表 (注：n は消火栓数で最大2)

		屋内消火栓 （１号消火栓）	広範囲型 ２号消火栓	屋内消火栓 （２号消火栓）	屋外消火栓
加圧送水装置	放水圧力	0.17 MPa ～ 0.7 MPa	0.17 MPa ～ 0.7 MPa	0.25 MPa ～ 0.7 MPa	0.25 MPa ～ 0.6 MPa
	放水量	130l / min 以上	80l / min 以上	60l / min 以上	350l / min 以上
	ポンプ吐出量	150l / min×n 以上	90l / min×n 以上	70l / min×n 以上	400l / min×n 以上
	水源水量	2.6 m³×n 以上	1.6 m³×n 以上	1.2 m³×n 以上	7 m³×n 以上
	ポンプの全揚程	※$H = h_1 + h_2 + h_3 + 17$ m		$H = h_1 + h_2 + h_3$ $+ 25$ m	$H = h_1 + h_2 + h_3$ $+ 25$ m
消火栓部分	水平距離	25 m 以下	25 m 以下	15 m 以下	40 m 以下
	ノズル口径	13 mm 以上 （㊐は除く）	8 mm 以上		19 mm 以上
	ノズルの機能	規定なし （㊐は２号に同じ）	容易に開閉できる装置		規定なし
	開閉弁の高さ	1.5 m 以下			同左（地下式 は深さ 0.6 m 以内)
	消火栓箱の表示	消火栓			ホース格納箱
天井設置型		不可	可（易含む）		――
配管	立上り管	管の呼び 50mm 以上	管の呼び 40mm 以上	管の呼び 32mm 以上	規定なし

（注：㊐は易操作性１号消火栓を表しています）
基本的に、易操作性１号消火栓は１号消火栓に準じますが、㊐の表示がしてある部分は異なります。
（※　h_1：消防用ホースの摩擦損失水頭　h_2：配管摩擦損失水頭　h_3：落差）
なお，屋内消火栓設備に使用するホースについては，１号消火栓のみ平ホースで，その他の２号消火栓（易操作性１号消火栓含む）は保形ホースになります。

第4章　スプリンクラー設備

このスプリンクラーの設備の構成は，次のようになっています。

上記のように，構造及び機能は3〜6まであるので注意
してください。

 構成

　このスプリンクラー設備は，機械に関する部分では，最も多く出題されている分野であり（おおむね3分の1程度の割合で出題されている），この分野を把握できるかできないかで，第1類消防設備士試験合格の命運が決まる，といっても過言ではありません。いわば，第1類消防設備士の"天王山"ともいえる分野ではないかと思います。

　従って，他の分野に比べて非常に複雑でわかりにくい部分が多い分野ではありますが，その分，じっくりと"腰を据えて"学習すれば，そう難しい"峠越え"ではないはずです。

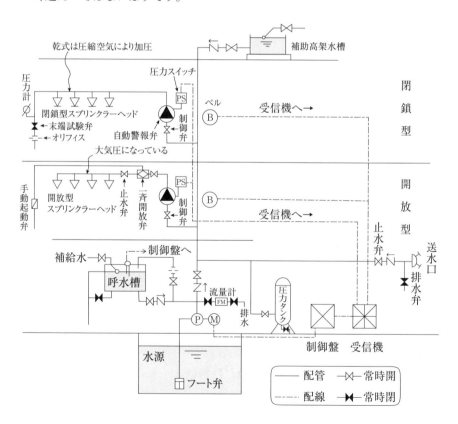

図3-36　スプリンクラー設備の構成例

　さて，このスプリンクラー設備ですが，先ほども触れましたように，屋内消火栓設備などと比べて装置が色々とあり，複雑な印象を持たれるかもしれませんが，基本的には屋内消火栓設備などと同じだ，とまずは考えてください。

　ただ，異なるのは，屋内消火栓設備が手動で放水していたのが，スプリンクラー設備の場合は，自動的に火災を感知して放水をする，ということです（注：閉鎖型の場合です）。

　つまり，スプリンクラーまで通水して圧力をかけておき，スプリンクラーヘッドが火災を感知して放水をするわけです。

　従って，そのためには，スプリンクラーヘッドに至る配管に常に圧力をかけておく必要があり，そのための装置（⇒ **圧力タンク**など）が必要になります。

　また，屋内消火栓設備などのように，非常ベルを鳴らすのと同時にポンプのスイッチを入れて放水をする，というしくみではなく，先に放水から自動的に始まるので，それを感知して警報を鳴らすとともに，水を供給するためのポンプを起動させる装置（⇒ **流水検知装置**と**起動用水圧開閉装置**）が必要になります。

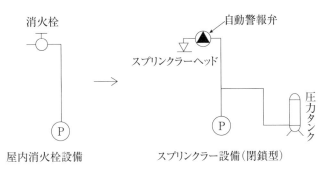

図3-37　屋内消火栓設備とスプリンクラー設備の概念図

　というわけで，屋内消火栓設備と大きく異なるところは，ホース，ノズルがスプリンクラー配管となり，また，放水による水の流れを感知して警報を発する流水検知装置が必要になり，さらに，配管内の水に常時圧力を加え，かつ，ポンプを起動する起動用水圧開閉装置（圧力タンク）が必要になる，ということです。

あとは，基本的に，これらの装置に付属する機器が設置されるだけです。

　以上，スプリンクラー設備の構成の概要について説明しましたが，これを少々詳しく表現すると，「**水源，加圧送水装置，呼水装置，配管，スプリンクラーヘッド，送水口，起動装置，自動警報装置，非常電源**などから構成されている設備」ということになります。

❷ システムによる分類

　スプリンクラー設備を分類する方法には，P 211，図 3-40 のように，スプリンクラーヘッドの構造によって分類するのが一般的ですが，ヘッドの構造ではなく，ヘッドまで常時水を満たすシステムになっているか否かによって分類すると，次のようになります。

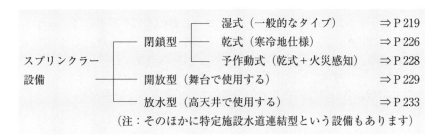

図 3-38　スプリンクラー設備の種類

　上記のうち，一般的に用いられているのは，**閉鎖型スプリンクラー設備**です。

　その閉鎖型スプリンクラー設備には，**湿式**，**乾式**，**予作動式**の3種類があります。

　湿式は，配管内に常時，水が加圧充満されている一般的なタイプのスプリンクラー設備であり，**乾式**は寒冷地でも使用できるよう，スプリンクラーヘッドから流水検知装置までの水を抜いて圧縮空気を充てんしたものです。

　また，**予作動式**は，乾式のシステム（ヘッドが作動して放水する）をヘッドと火災感知装置の双方が作動しない限り放水を開始しないシステムとしたものです。

　開放型と**放水型**については感熱体がなく，ヘッドの放水口が常時開放されているタイプのものです。

　なお，特定施設水道連結型というのは，平成18年に長崎のグループホームで起きた火災により新たに規定された設備です。

構造及び機能（共通部分）

<構造及び機能のはじめに>

　スプリンクラー設備の場合，屋内消火栓設備の「消火栓部分」の代わりに**自動警報装置**のグループが入り，また，**圧力タンク部分**が新たに加わりますが，なにぶん，屋内消火栓設備に比べて構造，機能が複雑なので，まず，**閉鎖型スプリンクラー設備の湿式を基本的な設備と考え**，開放型は，どの部分が閉鎖型と異なるか，という具合に**各システム別**に説明していきます。

　ここでは，各システムに共通の設備について説明していきます。

(1)　配管

①　乾式又は予作動式の流水検知装置及び一斉開放弁の二次側配管のうち<u>金属製のものには，**亜鉛メッキ等**による防食処理を施すこと。</u>
②　乾式又は予作動式の流水検知装置の二次側配管には，**当該配管内の水を有効に排出できる措置**を講ずること。

(2)　スプリンクラーヘッド

　スプリンクラーヘッドは共通する部分ではありませんが，スプリンクラー設備におけるキーポイントであり，その種類や構造などが分からないと他の装置などの学習に支障をきたす可能性があるので，本書では，まず，このスプリンクラーヘッドから説明していきます。

　さて，スプリンクラーヘッドは，図3-41（P 212）にあるように，基本的に，フレームと放水口から流出する水流を細分させる作用を行う**デフレクター**（放水口から流出する水流を細分させる作用を行うもの）などから構成されており，そのデフレクターの向きにより，構造的には，**上向き型，下向き型，上下両用型，側壁型**等に分類されます（注：放水型は固定式と可動式となります）。

　また，機能的には，温度上昇を自動的に検知する機能（感熱機能）を有する**閉鎖型スプリンクラーヘッド**と，有しない**開放型スプリンクラーヘッド**（舞台部分に用いる），**放水型スプリンクラーヘッド**（高天井部分に用いる）に大別されます。

上向き型　　　　　　下向き型　　　　　　　側壁型

図3-39　（写真）

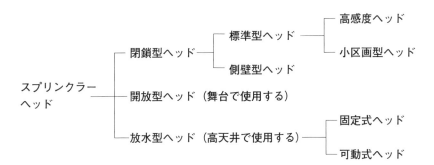

図3-40　スプリンクラーヘッドの構造による分類

　図3-38（P 209）のシステムによる分類と，このスプリンクラーヘッドの構造による分類が混同しやすいので，注意が必要です。

1. 閉鎖型スプリンクラーヘッド　（設置基準 P 236）

　一般的に最も多く用いられているヘッドで，放水口が通常は閉じているので閉鎖型といいます。

　そのしくみは，一定の温度になるとヒューズ（放水口を閉じていた金具で**ヒュージブルリンク**という）が溶融して放水口が開放するというしくみになっています（ヒューズの代わりに高熱により急激に膨張する液体を封入した**グラスバルブ**を用い，その破壊により放水口を開放するタイプのものもある）。

　この閉鎖型には，次ページのように，**標準型ヘッド**と**小区画型ヘッド**および**側壁型ヘッド**があります。

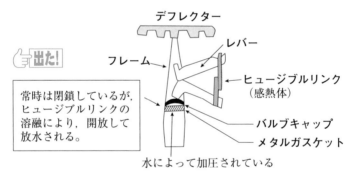

図3−41　閉鎖型スプリンクラーヘッド（上向き型）

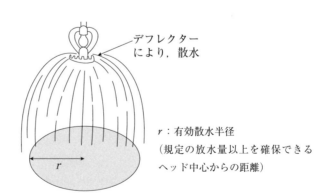

図3−42　有効散水半径

標準型ヘッド	一般的に用いられているもので，同心円状に均一に散水します。
小区画型ヘッド	ホテルや病院などの小区画に区切った室（宿泊室や病室など）に用いるもので，早期に感知し，少量の散水で消火することを目的としたヘッドです。 （特定施設水道連結型スプリンクラー設備にも用いられています）
側壁型ヘッド	加圧された水をヘッドの軸心を中心として半円上に均一に分散するヘッドで，用途などは小区画型ヘッドに同じです。

なお，閉鎖型ヘッドの形状には，次のような種類があります。

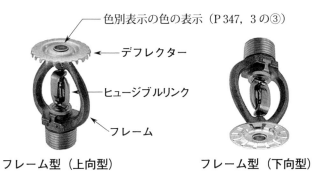

色別表示の色の表示（P 347, 3 の③）
デフレクター
ヒュージブルリンク
フレーム

フレーム型（上向型）　　　　フレーム型（下向型）

マルチ型　　　　　フラッシュ型（埋込型）

図3－43

＜ヘッドの標示温度について＞

標示温度というのは，ヘッドが正常に作動する温度として，ヘッドに表示されている温度のことで，設置する場所に応じた適切な標示温度のものを選ぶ必要があります。

表3-11　スプリンクラーヘッドの標示温度

取り付ける場所の最高周囲温度	ヘッドの標示温度
39℃未満	79℃未満
39℃以上64℃未満	79℃以上121℃未満
64℃以上106℃未満	121℃以上162℃未満
106℃以上	162℃以上

2. 開放型ヘッド （設置基準 P 238）

主に舞台で使用するもので，舞台のように天井が高いと火災の熱が感熱体のあるスプリンクラーヘッドまでなかなか届きません（従って，この開放型では，イザというときに手動でも放水できるよう，手動式開放弁を設けています）。

また，舞台には燃焼速度の速いどん帳が垂れ下がっているので，感知したヘッドのみが自動的に散水する閉鎖型より，感熱体を取り去り放水口を常時開にして，別に設けた**火災感知装置**または**手動**により，広範囲に一斉に散水する開放型の方が効率よく消火できるわけです。

そのしくみは，ちょうどシャワーと同じ原理で，シャワーの場合，湯を出したり止めたりするのはカランですが，開放型の場合は，湯を出すときと止めるときのカランに該当する部分が**手動式開放弁**（手動起動弁ともいう）や**火災感知装置**に替わるだけです（湯を出すのは一斉開放弁，止めるのは制御弁 ⇒ P206，図 3-36 参照）。

なお，開放型には，閉鎖型と同じくフレーム型とマルチ型はありますが，フラッシュ型はありません。

開放型ヘッド
（フレーム型）

開放型ヘッド
（マルチ型）

3. 放水型ヘッド （設置基準 P 240）

　天井までの高さが **10 m を超える**部分（舞台などを除く）などに設けるもので，**可動式ヘッド**または**固定式ヘッド**を用いて放水し，消火することを目的としたヘッドです。

図 3-44　可動式ヘッド

図 3-45　固定式ヘッド

(3)　加圧送水装置

　加圧送水装置も基本的には，屋内消火栓設備などと同様ですが，次の機能などが他の設備とは異なります。

1. 放水圧力と放水量

表 3-12　スプリンクラーヘッドの放水性能

		放水圧力	放水量
閉鎖型ヘッド	標準型ヘッド	**0.1 MPa 以上**	**80l／min 以上** （ラック式は 114l／min 以上）
	小区画型ヘッド	0.1 MPa 以上	50l／min 以上
	側壁型ヘッド	0.1 MPa 以上	80l／min 以上
開放型ヘッド		0.1 MPa 以上	80l／min 以上

(参考：補助散水栓 0.25Mpa 以上 60l/min 以上)

　ただし，ヘッドからの放水圧力は **1 MPa** を超えないようにする必要があります（⇒ 1 MPa 以下）

　以上をまとめると次頁のようになります。

放水圧力	0.1MPa 以上
	閉鎖型は，各区分ごとに定められたヘッドの個数を同時に使用した場合，開放型は最大の<u>放水区域</u>*のヘッドの個数を同時に使用した場合の値
放水量	80l／min 以上（小区画ヘッドは 50l／min 以上）

＊放水区域：
　開放型において，1つの一斉開放弁により同時に散水される区域のこと。

2. ポンプ吐出量

$N×$**90l／min**（ラック式倉庫に設けるものは130l／min，小区画型ヘッドは 60l／min）以上

N は P 217 の表 3-13 から求めたヘッド個数

3. 水源水量

　このスプリンクラー設備の水源水量は，少々複雑に感じる人の多い部分なので，本書では，ポイントを絞って説明いたします。

① ヘッド1個あたりの水源水量

　原則として，<u>ヘッド1個につき **1.6 m³ 以上**</u>（80l／min を 20 分間放水できる量）とまずは，覚えてください。

　これに，②の**法令に定める基準個数**（表 3-13 に表示してある数値）を乗じた値が水源水量となります。

　この「ヘッド1個についての水源水量」がポイントです。

閉鎖型	1.6 m³（小区画型ヘッドは 1.0 m³）
開放型	1.6 m³

② ヘッドの個数（注：個数はいずれも最大値になります）

＜閉鎖型のヘッド個数＞

　標準型ヘッドにおける水源水量の算出個数の概要をまとめると，次の表のようになります。

表3-13　閉鎖型スプリンクラーヘッド（標準型）における水源水量の算出個数（抜粋）

防火対象物の区分			ヘッドの個数（最大値）（　）内は高感度型
標準型ヘッド	①	百貨店（複合用途防火対象物における百貨店を含む）	15（12）
		（＊）その他のもの	地階を除く階数が10以下のもの　10（8）
			地階を除く階数が11以上のもの　15（12）
	②	地下街，準地下街	15（12）
	③	ラック式倉庫	1～3等級　30（1種24）
			4等級　20（1種16）

（＊）小区画型ヘッドと側壁型ヘッドの場合の個数は8（地階を除く階数が11以上の場合は12）になります。

（注1：ヘッドの個数が上記の値以上の場合は，上記の値を用い，未満の場合は，その設置個数の値を用いる）

（注2：乾式，予作動式の場合は，上記の数値を1.5倍にする）

 こうして覚えよう！　＜閉鎖型ヘッドの個数＞

・原則　⇒　10個
・例外　⇒　百貨店と11階以上は15個

＜開放型のヘッド個数＞

防火対象物の区分	ヘッドの個数（最大値）
舞台部が防火対象物の10階以下の階にあるとき	最大の放水区域に設置されるヘッドの個数×1.6
舞台部が防火対象物の11階以上の階にあるとき	ヘッドの設置個数が最も多い階に設置されるヘッドの個数

③　水源水量

　①　ヘッド1個あたりの水源水量と②　ヘッドの個数より，スプリンクラー設備に必要な水源水量は，①の1.6m³ に②で求めたヘッド個数を乗じた値になります。

〈スプリンクラー設備の水源水量〉

1.6〔m³〕×ヘッドの個数
（表の数値）

4. 全揚程

　すでに屋内消火栓設備でも触れましたが，ポンプ方式におけるスプリンクラー設備の全揚程 H は，次のようになります。

$$H = h_1 + h_2 + 10\,\text{m}$$

h_1 ：配管摩擦損失水頭
h_2 ：落差
10 m：ヘッド等放水圧力等換算水頭

　なお，高架水槽方式と圧力水槽方式の場合は，次のようになります。

・高架水槽方式　　　$H = h_1 + 10\,\text{m}$
・圧力水槽方式　　　$P = P_1 + P_2 + 0.1\,\text{MPa}$

P_1：配管の摩擦損失水頭圧〔MPa〕
P_2：落差の換算水頭圧〔MPa〕

4 閉鎖型スプリンクラー設備の構造及び機能

閉鎖型には，湿式，乾式，予作動式があります。

4-1 湿式スプリンクラー設備

湿式の放水までの流れは，次のようになります（フロー図の出題例あり！）。

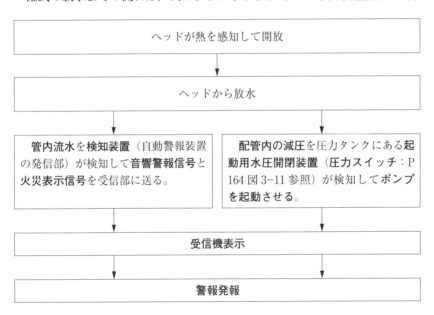

ヘッドが熱を感知して開放

ヘッドから放水

管内流水を**検知装置**（自動警報装置の発信部）が検知して**音響警報信号**と**火災表示信号を受信部**に送る。

配管内の減圧を圧力タンクにある**起動用水圧開閉装置**（圧力スイッチ：P 164 図 3-11 参照）が検知して**ポンプを起動**させる。

受信機表示

警報発報

　従って，概略としては「**ヘッド部分，自動警報装置，起動用水圧開閉装置（圧力タンク）を含む加圧送水装置，末端試験弁，送水口**」から構成されていることになりますが，ヘッド部分（⇒P 210）については既に説明してありますので，残りの**自動警報装置，起動用水圧開閉装置，末端試験弁，送水口**などの説明をしていきます。

（1）　**自動警報装置**（アラーム弁ともいう）（設置基準P 241）

　自動警報装置は，ヘッドの開放などによる流水や圧力の変動を検知して，受信部へ音響警報と火災表示の発信を行うもので，その構成は，次のようになっています。

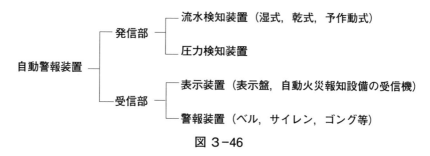

自動警報装置 ─┬─ 発信部 ─┬─ 流水検知装置（湿式，乾式，予作動式）
　　　　　　　　│　　　　　└─ 圧力検知装置
　　　　　　　　└─ 受信部 ─┬─ 表示装置（表示盤，自動火災報知設備の受信機）
　　　　　　　　　　　　　　 └─ 警報装置（ベル，サイレン，ゴング等）

図 3-46

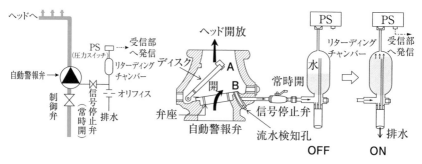

（a）流水検知装置（湿式）　　　　（b）自動警報弁部分

図3-47　**自動警報装置（自動警報弁型）**

1.　湿式流水検知装置

　流水検知装置の湿式には，**湿式流水検知装置（湿式弁**という），乾式には，**乾式流水検知装置（乾式弁**という），予作動式には，**予作動式流水検知装置（予作動弁**という）がそれぞれあります。

　その流水検知装置ですが，文字通り，流水の変動を検知する装置で，この**閉鎖型**の流水検知装置には，**自動警報弁型，流水作動弁型，パドル型**などがあり，一般的には，**自動警報弁型**が最も多く用いられています。

① 自動警報弁型

まず，図3-47（b）を見てください。

自動警報弁の**流水検知孔**を通じてリターディングチャンバー内に水が流入すると，圧力が上昇して圧力スイッチ（PS）がONになり，信号を受信盤に発信して，警報ベルや表示を行います。

　　　　この自動警報弁に限り，警報ベルや表示のほか，ポンプ起動も同時に発信して行うことができますが，一般的には，他の流水検知装置同様，機能を分担……すなわち，**警報ベルや表示は自動警報弁，ポンプ起動の方は起動用水圧開閉装置**（P 163）により行う方法によっているので，ここでは（このポンプ起動も行える方式については）省略いたします。

その水の流入ですが，図（b）のように，逆止弁構造の二重弁座があり（下の弁座には穴が設けてある），通常は二次側（ヘッド側⇒図では上側）の方が圧力が高いので，弁は閉じており，あわせてディスクのA部分によって，警報発信部への流入口Bも押さえられています。

しかし，ヘッドが開放して二次側の圧力が低下すると，図のディスクが開いて二次側に水が流れるのと同時に警報発信部の方（右側）へも水が流入して圧力スイッチ（PS）がONになり，発信となるわけです。

なお，図の**リターディングチャンバー**ですが，これは，水圧が変動してもすぐにスイッチが入らず，<u>一定時間後に入るようにするために設けたものです</u>。というのは，ヘッド開放以外にウォーターハンマー（水撃作用ともいい，配管内の水を急停止した際に配管内の圧力が急上昇して，配管やバルブなどを損傷させる現象）などによる水圧変動で圧力スイッチが入る可能性があるので，このような**誤作動を防ぐために一定の遅延時間後**（10秒前後）に警報を発信するわけです。

P 493に各流水検知装置を並べてあるので，それぞれを比較しながら理解することが大切じゃよ。

＜ヘッド開放から警報が発せられるまでの流れ＞

ヘッド開放で二次側圧力が低下
　　　　　　↓
ディスク等が開いてリターディングチャンバー内に水が流入する。
　　　　　　↓
圧力スイッチが ON になり，信号を発信する。

---

② **流水作動弁型**

　弁本体は，自動警報弁型と同じ逆止弁構造ですが，自動警報弁がリターディングチャンバーに水を流してスイッチを入れたのに対し，この流水作動弁は，弁の作動と連動するマイクロスイッチを外部に設け，弁が動くと同じ軸に接続されているマイクロスイッチの接点が入り（⇒弁体や軸の変位をマイクロスイッチで検出するということ），発信を行うというものです（ポンプ起動用装置として設置することはできません）。

③ **パドル型**

　配管内にパドル（カヌーで使う櫂_{かい}のこと）を設け，流水作動弁型と同じく，外部にパドルに連結したマイクロスイッチを設けて，流水によってパドルが移動することによってスイッチが入り，発信を行うものです。

2. 表示装置

　ヘッドが作動した階や放水区域をランプ等で表示する装置で，防災センター等に設けておきます。

3. 音響警報装置

　ベルやサイレンなどで警報します。

(2)　制御弁　(設置基準⇒P 243)

　火災時に,鎮火したにもかかわらず放水を続けると水損が大きくなります。
　そのため,**各階ごとに**(ラック式倉庫は**配管の系統**ごとに。なお,開放型
は**放水区域ごとに設ける**),流水検知装置(または圧力検知装置)の一次側
(図 3-47 (a) の自動警報弁の下)に設ける手動で放水を停止させる止水弁
がこの制御弁です(点検の際にも使用します)。

(3)　起動装置

　ポンプを起動する方式には,自動式と手動式があり,このうち手動式は開
放型の場合のみで,閉鎖型の場合は,P 221 の「ここに注意」でも説明しま
したが,流水検知装置または起動用水圧開閉装置(P 163)により自動でポ
ンプを起動させます(一般的には,起動用水圧開閉装置で起動する)。

(4)　末端試験弁　(設置基準⇒P 243)

　スプリンクラー設備が正常に作動して放水するかどうかは,まず第一に**流
水検知装置**(**自動警報装置**)または**圧力検知装置**が正常に流水や圧力の変動
を確実に検知するかどうかにかかっています。
　しかし,それらの機能を確かめるために,実際にヘッドから放水させて確
かめるというわけにはいかず,そのため,それと同様な状態をつくり,これ
らの装置の作動を試験するために設けるのがこの**末端試験弁**(とオリフィ
ス)なのです(下線部は設置目的です)。
　この末端試験弁は,**閉鎖型スプリンクラー設備**(**湿式,乾式,予作動式**)
に用いるもので,流水検知装置や圧力検知装置の作動を試験する**配管の系統**
ごとに,かつ,**最も圧力が低くなる末端**に設置します(⇒P 206,図 3-36)。
　この試験弁を開いて**スプリンクラーヘッド1個分に相当する量**(80 ℓ／
min)を放水すると,流水検知装置,圧力検知装置が正常であるなら,音響
警報が鳴り,受信機の表示ランプが点灯し,また,ポンプが起動するので,
それらによりチェックすることができます。
① 末端試験弁は,**流水検知装置または圧力検知装置**の設けられる配管の系
統ごとに1個ずつ,**放水圧力が最も低くなると予想される配管の部分**に設
けること。

②　末端試験弁の一次側には**圧力計**を，二次側には<u>スプリンクラーヘッド</u>と同等の放水性能を有する**オリフィス**等の試験用放水口を取り付けること。

③　直近の見やすい箇所に「末端試験弁」である旨の標識を設けること。

（図のように，中央に向かって絞られているので，ヘッドが開放したのと同じような放水効果が得られる）

図 3-48　末端試験弁　　　　　　　　　**図 3-49　オリフィス**

（注：この**末端試験弁**と圧力計，オリフィスは，写真を示して，その<u>名称</u>や<u>位置関係</u>および<u>設置目的</u>などが鑑別でよく出題されています。）

(5)　送水口 　　（設置基準 P 243）

スプリンクラー設備にも，P 153 で説明した水源がありますが，この水源を全て使用しても鎮火しない場合もあるので，その際に，外部から消防ポンプ自動車のホースをこの送水口に接続すれば，スプリンクラーヘッドからの放水を継続させることができます。

なお，同じ送水口でも，連結送水管の送水口とは別個の送水口なので，（⇒P.257），そのあたりの違いを確認しておいてください。

連結送水管の送水口

スプリンクラー設備用送水口

図3-50　送水口（ビルの壁などにあるもの）

(6)　補助散水栓（設置基準P 244）

　スプリンクラー設備を設けた場合は，（その有効範囲内は）屋内消火栓設備を設置しなくてもよいことになっているのですが，屋内消火栓設備は人がホースを用いて消火作業を行うことができるのに対し，スプリンクラー設備の場合は，一定の場所しか消火できないという"もどかしさ"があります（便所や浴室などはヘッド省略可能な場所であり，また，天井面などの未警戒部分の問題もある）。

　それを解決するために"任意に"設けるのがこの補助散水栓なのです。

　いわば，ミニ屋内消火栓設備ともいえるもので，**流水検知装置の二次側**（ヘッド側）に設けて，ヘッド省略部分などを有効に補完します（従来は屋内消火栓設備で補完していたもので，基準などはその屋内消火栓設備の**2号消火栓**に準じますが（P 204の表3-10参照），設置間隔は**15 m以下**となり，消火栓箱の表示は「**消火用散水栓**」となります）

＜放水圧力と放水量＞

放水圧力	0.25MPa 以上（1.0MPa を超えないこと）
放水量	60*l*/min 以上

（圧力の上限値以外はP 187の2号消火栓に同じ）

図3-51　補助散水栓

4-2 乾式スプリンクラー設備

　この乾式のスプリンクラー設備は，寒冷地等，凍結によって配管やヘッドなどが破損するおそれがある場所に設ける設備で，そのため，<u>流水検知装置（乾式）</u>からヘッドまでの間を，水の代わりに**空気圧縮装置（エアーコンプレッサー等）**で圧縮空気を充てんし，また，放水や工事などによる水が配管内に残らないよう，配管を**先上がり勾配**にし，さらに凍結のおそれがある場合は**上向型のヘッド**を使用する，などの**配管内の水を有効に排出できる措置**を講ずる必要があります。

　また，乾式の場合，ヘッドが開放しても圧縮空気が排出された後に水を放水する関係上，どうしても他のシステムに比べて遅れる可能性があるので，<u>ヘッドが開放してから放水を開始するまでの所要時間を**1分以内**とする</u>ように規定されています（⇒　予作動式も同じです）。

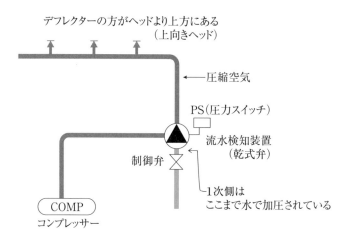

図 3-52　乾式スプリンクラー設備（流水検地装置～ヘッド間）

> （注：図のような流水検知装置の図より**作動方式**を答えさせる鑑別の出題例があるので，<u>コンプレッサーが設置されている</u>ことや<u>制御盤がない</u>ことなどから**乾式**と判断します。）

　以上，湿式のスプリンクラー設備との主な違いをまとめると，次のようになります。

〈湿式と異なる部分〉………（注：次の**予作動式**も同じです。）

① 流水検知装置を**乾式**とする。

② **流水検知装置からヘッドまでの間を**，エアコンプレッサー等で圧縮空気を充てんする。

③ **上向型のヘッド**を用い，配管を**先上がり勾配**にする。

④ 流水検知装置二次側に**止水弁**と**排水弁**を設ける。

⑤ ヘッドが開放してから放水を開始するまでの所要時間を**1分以内**とする。

⑥ 流水検知装置の二次側配管には，**亜鉛メッキ等**による**防食措置**を講じ，かつ，**配管内の水を有効に排出できる措置**を講ずること。

4-3　予作動式スプリンクラー設備

　構造としては，乾式とほとんど同じで，ただ異なるのは<u>自動火災報知設備の感知器（⇒**火災感知装置**）と連動させている</u>点です。

　というのは，放水した場合に著しい水損が生じる可能性のあるコンピュータ室やデパート等の場合，ヘッドの開放だけで放水するようなシステムにしていると，誤報などで放水した場合の損害が大きくなる可能性があります。

　従って，感知器が作動すると流水検知装置（**予作動弁**という）が開放し，二次側配管に水が流入してポンプが起動し（一次側減圧により），圧力スイッチ（PS）が入って警報を鳴らしますが，ヘッドまで充水されるだけで放水はせず，その後，ヘッドが熱を感知し，開放してはじめて放水が開始されるというしくみになっています（⇒感知器とヘッドの両方が作動しないと放水しない）。

感知器作動 ⇒ 予作動弁開放 ⇒ ヘッドまで充水 ⇒ ポンプ起動 ⇒
圧力スイッチ（PS）ON で警報のみ鳴動 ⇒ ヘッド開放 ⇒ 放水開始

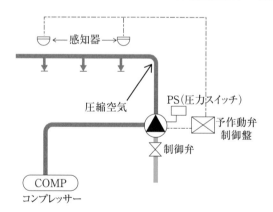

図3-53　予作動式スプリンクラー設備（流水検知装置～ヘッド間）

このシステムにおいて，注意すべき点は次の通りです。

① 流水検知装置を**予作動式**とすること。
② ヘッドの開放より先に**火災感知装置**が作動するように設けること。

開放型スプリンクラー設備の構造及び機能

　開放型の場合，閉鎖型と大きく違うところは，**感熱部がなく，ヘッドが常時開いている**，ということです。

　その代わり，ヘッドの近くに**一斉開放弁**なるバルブを設けて，この弁までは水を送水し，外からの火災信号によるか，あるいは手動によってこの弁を開いてヘッドから放水する，というしくみになっています。

　従って，閉鎖型と大きく異なるところは，この一斉開放弁の部分であり，その他は閉鎖型とほとんど同じです。

　　開放型　⇒　一斉開放弁以外は，原則として閉鎖型と同じ

　　　　　　　　　　　　（流水検知装置も同じく湿式を用います）

　その一斉開放弁には，次のように**減圧開放式**と**加圧開放式**があります。

(1)　一斉開放弁（減圧開放式）（設置基準 P 242）

　一斉開放弁は，通常，図（a）のように加圧送水装置からの加圧水を図のようなピストン室に送りこんで弁を上から押さえ，そのことにより，それ以降，水が流れないようなしくみになっています。

　しかし，手動または自動によってピストン室内の水を排除させると，ピストン室内の水圧が減少して弁が開き，ヘッドからの放水が始まる，というしくみになっています。

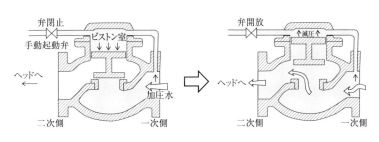

（a）平常時　　　　　　　　　　　（b）作動時

図 3-54

1. 手動式の場合 （図3-56の（a）参照）

　手動式開放弁※（手動起動装置）を開いて，ピストン室内の水圧を減少させ，一斉開放弁を開放します。（※手動起動弁という場合もあります。）

2. 自動式の場合 （図3-56の（a）参照）

　閉鎖型ヘッドの開放による減圧により一斉開放弁を開放します。

（2）　一斉開放弁（加圧開放式）

　加圧開放式の場合は，バルブを手動または自動によって開き，加圧水をピストン室に送りこむことによって，図のように弁を押し上げて開放します。

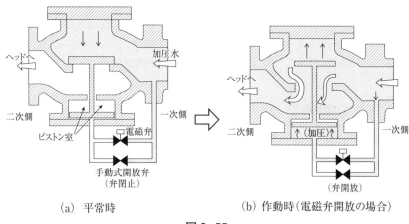

(a) 平常時　　　　　　　(b) 作動時（電磁弁開放の場合）

図 3-55

1. 手動式の場合 （図3-56の（b）参照）

　手動式開放弁（手動起動装置）を開放することにより加圧水をピストン室に送り込んで一斉開放弁を開放します（当然，手動式開放弁のレバーは人の手の届く高さに設置する必要があります）。

2. 自動式の場合

　感知器の作動信号を自火報の受信機等を経由して電磁弁に移報し，加圧水をピストン室に送り込んで一斉開放弁を開放する。

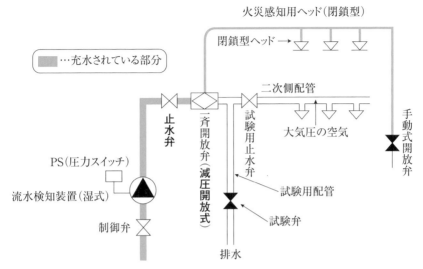

火災感知用ヘッド（閉鎖型）

閉鎖型ヘッド →

…充水されている部分

二次側配管

止水弁

一斉開放弁（減圧開放式）

試験用止水弁

大気圧の空気

手動式開放弁

PS（圧力スイッチ）

流水検知装置（湿式）

試験用配管

制御弁

試験弁

排水

火災感知用ヘッドが，火災を検知して作動すると一斉開放弁が開き，放水を始める。

(a) 火災感知用ヘッドと連動

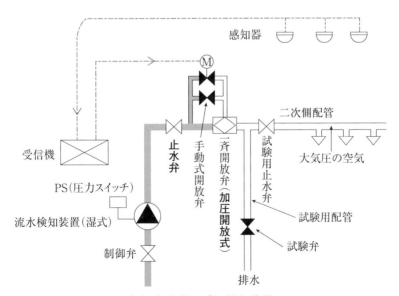

感知器

二次側配管

受信機

止水弁

手動式開放弁

一斉開放弁（加圧開放式）

試験用止水弁

大気圧の空気

試験用配管

PS（圧力スイッチ）

流水検知装置（湿式）

制御弁

試験弁

排水

(b) 自火報の感知器と連動

図 3-56　一斉開放弁部分

(3)　その他

1. 手動式について　（設置基準 P 242）

　手動式には，直接操作と遠隔操作の2方法があります。

直接操作	手動式開放弁（図3-56参照）を手動で開放することにより，閉鎖型ヘッド開放と同じ作用をし，一斉開放弁が開放します。
遠隔操作	一斉開放弁を操作盤（舞台裏などに設けてある）の操作によって開放させます（操作盤　⇒　ポンプ室等の制御盤　⇒　一斉開放弁の電磁弁…と信号が流れて作動する）。

2.　自動式の例外

　自動式であっても，自動火災報知設備の受信機やスプリンクラー設備の表示装置がある防災センター等に常時人が居り，火災時に加圧送水装置や一斉開放弁を直ぐに起動させることができる場合は**手動式**とすることができます（加圧送水装置はポンプ制御盤のボタンを押し，一斉開放弁は手動式開放弁のレバーを操作する）。

　なお，開放型の放水までの流れは，次のようになります。

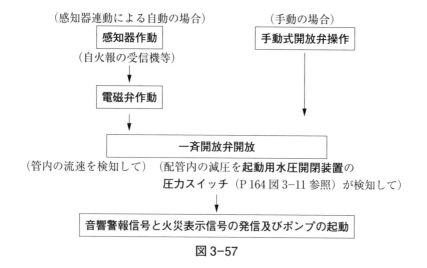

図 3-57

放水型スプリンクラー設備の構造及び機能

　放水型は，大規模なホール等の高天井で発生した火災を感知装置で感知し，固定式ヘッドまたは可動式ヘッドを用いて放水，消火する設備です。

　その構成は，開放型スプリンクラー設備の構成に準じますが，開放型に比べて格段に複雑で高価な設備であり，また，手動起動装置（開放型のように手動式開放弁のレバーではなく，手動起動装置という盤のスイッチを押して起動させる装置）のスイッチを押しただけでは放水せず，炎感知器等（閉鎖型ヘッド連動はない）からの信号とを併せて一斉開放弁を開放するという，予作動式のようなシステムになっています。

　（イタズラで手動起動装置のスイッチが押されて放水すると，対象物が高価なものが多いので，水損が大きく，そのような事態を避けるための措置）。

放水型スプリンクラー設備の構造及び機能

特定施設水道連結型スプリンクラー設備の概要

　令別表第1⑹項ロの防火対象物（要介護の老人ホーム等で延べ面積が275m² 以上のもの）にはスプリンクラー設備の設置が義務付けられていますが，そのうち **1000 m² 未満**までの小規模な防火対象物の場合は，水道管に連結したこの簡易型のスプリンクラー設備でもよいことになっています。

　これは，設置費用の負担軽減をはかったもので，加圧送水装置，流水検知装置，非常電源等を設けなくてもよいことになっています。

⑧　設置基準

　この設置基準は，数値など細かい部分が多く，複雑だと感じておられる方も多いかもしれませんが，ベースとなる数値を把握すれば，そう難しい分野でもありません。

　また，その数値自体を問う出題は，法令の1類の方で出題されており，この機械に関する部分では，スプリンクラー設備に付属する機器に関する出題がほとんどです。

　従って，本書では数値を含めた設置基準については，この機械に関する部分でまとめて説明するようにし（知識の混乱を避けるため），数値を問う設置基準の問題そのものは，法令の1類の方で出題していますので，注意してください。

> （注：この機械に関する部分でも若干出題してあります）

(1) スプリンクラーヘッド

（ヘッドの選択基準については法令（類別のP 437，(2)の1参照）

1. 閉鎖型ヘッド（標準型ヘッド，小区画型ヘッド）　（構造P 212）

① ヘッドの設置間隔について（詳細はP 239の表3-14参照）

・標準型ヘッドの場合

<u>防火対象物等の各部分から1つのヘッドまでの水平距離</u>は，原則として，耐火建築物の場合，**2.3 m 以下**，耐火建築物以外の場合，**2.1 m 以下**となるように設けますが，ラック式倉庫や地下街などには，また別の基準があります。

・小区画ヘッドの場合

耐火，非耐火に関係なく，天井または小屋裏の各部分から1つのヘッドまでの水平距離を **2.6 m 以下** とし，かつ，1つのヘッドにより防護される部分の面積を **13 m² 以下** として設置します。

② ヘッドは，その軸心が取付け面に対して直角になるように設けること。

③ ヘッドのデフレクターとヘッドの取付け面との距離が **0.3 m 以下** となるように設けること。

④ ヘッドのデフレクターから下方 **0.45 m 以内**, かつ, 水平方向 **0.3 m 以内** には何も設けたり，置いたりしないこと。

なお, 幅や奥行き等が**1.2 m** を超えるダクトや棚がある場合は，そのダクト等の下面にもスプリンクラーヘッドを設ける必要があります。

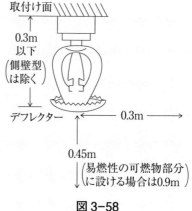

図3-58

⑤ ヘッドは，ヘッドの取り付け面から **0.4 m 以上** 突き出したはり等によって区画された部分ごとに設けること。ただし，はり等の相互間隔の中心距離が **1.8 m 以下** なら，この限りでない（小区画ヘッドは除く）。

⑥ 開口部に設けるスプリンクラーヘッドは，開口部の上枠より **0.15 m 以内** の高さの壁面に設けること。

＊防火対象物等の各部分から１つのヘッドまでの水平
距離というのは，下図の防護半径 R のことで，ヘッド間の
距離ではないので，要注意（ヘッド間距離は下図の L です）。

＜ヘッドの設置個数計算方法について＞

　図の R は，１つのヘッドが防護するエリアの半径で，P239 の表
3-14 から該当するヘッドの数値を当てはめます。

　その R で防護される範囲を，図のように防護漏れのないように
順に並べて，対象となる建物全体をカバーできればよいわけです。

　その設置個数を求めるには，図を見てもおわかりかと思います
が，円に内接する正方形の１辺の長さ L を求め，建物の縦と横の
寸法をこの L でそれぞれ割れば，必要となる個数が求まります。

　円に内接する正方形の一辺の長さ L は，$\cos 45 = R / L$ より，

　　　$L = R / \cos 45 = \sqrt{2}R$ となります。

- **$L = \sqrt{2}R$**

仮に，その L が３m だとした場合，

縦は，$5 \div 3 = 1.67$……繰り上げて２個，

横は，$8 \div 3 = 2.66$ 個……繰り上げて３個となるので，

合計，$2 \times 3 = 6$ 個のヘッドが必要ということになります。

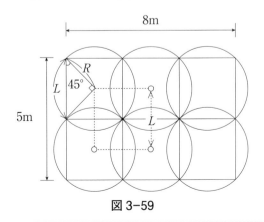

図 3-59

2. 閉鎖型ヘッド（側壁型ヘッド）（構造P 213）

側壁型の主な基準
① ヘッドの設置間隔（次ページ表3-14参照） 　　ヘッド取り付け面の水平方向に（左右それぞれ）**1.8m以内**，前方**3.6m以内**の床面を防護するように設けること。
② ヘッドは，防火対象物の壁の室内に面する部分に設ける。
③ デフレクターは天井面から**0.15m以内**となるように設けること。
④ ヘッドのデフレクターから下方，水平方向とも，**0.45m以内**には何も設けたり，置いたりしないこと。

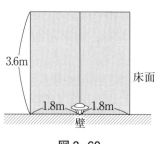

図 3-60

3. 開放型ヘッド（舞台部分に用いるもの）（構造P 214）

① ヘッドの設置間隔について（次ページ表3-14参照）

　　舞台部の天井または小屋裏の各部分から、1つのヘッドまでの水平距離を**1.7m以下**となるように設けます。（令第12条2項2号）

【注：次の④と⑤は閉鎖型の②と④（P.236）に同じです。】

② 放水区域の数は，1つの舞台部または居室につき**4以下**とし（火災時に有効に放水できるものは5以上とすることができる），2つ以上の放水区域を設けるときは，火災を有効に消火できるように隣接する放水区域が相互に**重複する**ようにすること。

③ 開放型スプリンクラーヘッドは，舞台部の天井や小屋裏で室内に面する部分とすのこや渡りの下面の部分に設けること。

　　ただし，すのこや渡りの上部の部分に可燃物が設けられていない場合は，その天井，小屋裏の室内に面する部分には，スプリンクラーヘ

ッドを設けないことができる。

④　ヘッドは、その軸心が取付け面に対して直角になるように設けること。

⑤　ヘッドのデフレクターから下方**0.45m** 以内、かつ、水平方向**0.3m** 以内には何も設けたり、置いたりしないこと。

表3-14　1つのヘッドまでの距離

ヘッドの種別		防火対象物またはその部分		1つのヘッドまでの距離 （高感度型ヘッド除く）
閉鎖型スプリンクラーヘッド	標準型ヘッド	原則	耐火建築物	**2.3 m** 以下
			耐火建築物以外	**2.1 m** 以下
		ラック式倉庫	ラック等を設けた部分	**2.5 m** 以下
			その他の部分	**2.1 m** 以下
		地下街,準地下街	厨房等（火気取扱）	**1.7 m** 以下
			その他の部分	**2.1 m** 以下 （準地下街で耐火は **2.3 m** 以下）
		指定可燃物（可燃性液体類除く）		**1.7 m** 以下
	小区画ヘッド	宿泊室等		**2.6 m** 以下 （1ヘッドで **13 m²** 以下）
	側壁型ヘッド	宿泊室, 廊下, 通路等		水平方向：**1.8 m** 以内, 　　前方：**3.6 m** 以内
開放型スプリンクラーヘッド		舞台部		**1.7 m** 以下
放水型ヘッド		高天井部分		ヘッドの性能に応じ有効に消火できる措置をする。

4. 放水型ヘッド　（構造⇒P 215）

　放水型ヘッドは，原則として，床面から天井までの高さ**10 m を超える**場合に設置します。

　ただし，次の場所については，床面から天井までの高さが**6 m を超える**場合に設置します。

- **百貨店等**[*]（**通路，階段**その他これらに類する部分を除く）
- **地下街**（注：地下道は 10 m 超）
- **準地下街**
- **指定可燃物**を貯蔵，取扱う部分

　（[*]百貨店等：令別表第1 (4) 項のマーケットや店舗などの防火対象物）

5. ラック式倉庫に設置する場合　（参考）

　ラック式倉庫の定義は，「棚またはこれに類するものを設け，昇降機により収納物の搬送を行う装置を備えた倉庫」となっており，各階の床に相当するものがなく，火災が発生した場合の燃焼速度が大きいおそれがあるので，スプリンクラー設備の設置が義務づけられているわけです。

　ただし，消防法では，天井の高さが**10 m を超え**，かつ，延べ面積が**700 m² 以上**のものを対象にしており，また，収納物の種類により1等級から4等級までに区分して規制されています。

　その主な基準は次のとおりです。

① 閉鎖型ヘッドのうち，**標準型ヘッド**（有効散水半径が**2.3 m**，ヘッドの呼び 20 m のもの）を用いること。

② ラック等を設けた部分の各部分から，1つのスプリンクラーヘッドまでの水平距離が**2.5 m 以下**，かつ，高さ**4 m 以下**（4等級は 6 m）ごとに設けること（前ページ表 3-14 参照）。

③ ラック等を設けた部分のヘッドは，他のヘッドからの散水被害を受けないような措置（**被水防止板**など）を講じること。

④ 水平遮へい板（ラック等を設けた部分の内部を水平方向に遮へいする板のこと）は次のように設けること（3，4等級で告示によりヘッドを設けている場合は除く）。

・材質：難燃材料（不燃材料，準不燃材料を含む）
・ラック等の間に，延焼防止上，支障となる隙間を生じないように設けること。
・等級に応じた高さごとに設けること。

$$\left(\begin{array}{l} 1\,等級：4\,m\,以内 \\ 2,\ 3\,等級：8\,m\,以内 \\ 4\,等級：12\,m\,以内 \end{array}\right)$$

⑤　ラック式倉庫であっても，ラック等を設けない部分にあっては，次のように設けること。

・天井，小屋裏に，1つのスプリンクラーヘッドまでの水平距離が **2.1 m 以下** となるように設けること。
・次の部分にはヘッドを設けなくてもよい。
階段，浴室，便所，通信機器室の類（電子計算機室など），電気設備が設置されている室（発電機，変圧器など）

(2)　**自動警報装置**（構造 P 220）（特定施設水道連結型には不要）

1.　発信部

　自動警報装置の発信部とは，放水開始を検知し，その信号を受信部に発信して警報を発する装置のことで，**流水検知装置**や**圧力検知装置***が該当します。

＊圧力検知装置というのは，
　圧力スイッチのことで，水圧などの変動を冷蔵庫などにも用いられているベローズ（＝温度によって伸縮する管）等によって感知し，回路を入れたり切ったりするスイッチのことをいいます。

①　発信部は，**各階**（ラック式倉庫にあっては，配管の系統）または**放水区域**ごとに設けること。
②　小区画型ヘッドを用いる流水検知装置は，**湿式**のものとすること（一部除く）。

③　流水検知装置の一次側には**圧力計**を設けること。

④　流水検知装置の二次側に圧力の設定を必要とするスプリンクラー設備（乾式と予作動式）にあっては，当該流水検知装置の圧力設定値よりも二次側の圧力が低下した場合に自動的に警報を発する装置を設けること。

⑤　ラック式倉庫に設ける流水検知装置は，**予作動式以外**のものとすること。

2. 受信部

受信部というのは，要するに，防災センター等に設置されている表示装置や音響装置のことをいいます。

①　受信部には，スプリンクラーヘッドまたは火災感知用ヘッドが開放した階または放水区域が覚知できる表示装置を防災センター等に設けること。ただし，**総合操作盤**が設けられている場合にあっては，この限りでない。

②　1つの防火対象物に2台以上の受信部が設けられているときは，これらの受信部のある場所相互間で同時に通話することができる設備を設けること。

┌── (第5章　水噴霧消火設備の一斉開放弁も同じ基準です)
↓

(3)　一斉開放弁，手動式開放弁（手動起動弁）

（一斉開放弁の構造 P 229，手動式開放弁の構造 P 232(3)の1）

①　**放水区域**ごとに設けること。

②　弁にかかる圧力は，それぞれの弁の**最高使用圧力以下**とすること。

③　一斉開放弁の起動操作部または手動式開放弁は，開放型スプリンクラーヘッドの存する階で，火災のとき容易に接近することができ，かつ，床面からの高さが**0.8 m 以上 1.5 m 以下**の箇所に設けること（⇒P 554 参照）。

④　弁の二次側配管には，当該放水区域に放水することなく当該弁の作動を**試験するための装置**を設けること（⇒P 231 の図 3–56 の試験用配管のこと）。

⑤　手動式開放弁は，当該弁の開放操作に必要な力が 150 N 以下のものであること。

⑥　一斉開放弁の二次側配管には，**亜鉛メッキ等の防食処理**を施すこと。（乾式と予作動式の流水検知装置も同じ⇒P 227 の⑤参照）

(4)　**制御弁** <small>(構造 P 223)</small>

①　開放型の設備では**放水区域**ごとに，閉鎖型の設備では原則として**階**ご
とに（ラック式倉庫は配管の系統ごとに）設けること。

②　制御弁は，床面からの高さが **0.8 m 以上 1.5 m 以下**の箇所に設けること。

③　制御弁にはみだりに**閉止**できない**措置**が講じられていること。

④　制御弁にはその直近の見やすい箇所にスプリンクラー設備の制御弁で
ある旨を表示した**標識**を設けること。

(5)　**末端試験弁** <small>(構造 P 223)</small>

末端試験弁は，**閉鎖型**スプリンクラーヘッドを用いるスプリンクラー設備
の配管の末端に，**流水検知装置又は圧力検知装置**の作動を試験するために設
けます。

①　流水検知装置または圧力検知装置の設けられる配管の**系統**ごとに 1 個
ずつ，放水圧力が**最も低くなる**と予想される配管の部分に設けること。

②　末端試験弁の一次側には**圧力計**を，二次側にはスプリンクラーヘッド
と同等の放水性能を有する**オリフィス**等の試験用放水口を設けること。

③　末端試験弁にはその直近の見やすい箇所に末端試験弁である旨を表示
した**標識**を設けること。

(6)　**送水口** <small>(構造 P 224)</small>

①　送水口は専用とすること。

②　送水口の結合金具は，**差込式またはねじ式**のものであって，スプリン
クラー設備**専用**のものとすること。

③　送水口の結合金具は，地盤面からの高さが **0.5 m 以上 1 m 以下**で，か
つ，送水に支障のない位置に設けること（⇒P 554 の表参照）。

④　送水口は，スプリンクラー設備の加圧送水装置から流水検知装置，圧
力検知装置（または一斉開放弁，手動式開放弁）までの配管に，**専用の
配管**をもって接続すること（流水検知装置，圧力検知装置の一次側に設
ける，ということ）。

⑤　送水口にはその直近の見やすい箇所に**スプリンクラー用送水口**である
旨およびその**送水圧力範囲**を表示した**標識**を設けること。

(7)　補助散水栓 （構造 P 225）

　補助散水栓は, 屋内消火栓設備の2号消火栓(P 194の設置基準参照)に準じて設置します。

① 　各階ごとに, その階の各部分からホース接続口までの水平距離が**15 m 以下**となるように設けること（スプリンクラーヘッドが設けられている部分は除く）。

② 　開閉弁は, 床面からの高さ**1.5 m 以下**の位置に設けること。

③ 　補助散水栓の配管は, **流水検知装置の二次側配管**から分岐させること。

　（このような配管をすることによって, スプリンクラーヘッドの放水時と同様, 流水検知装置が作動し, ポンプ等の加圧送水装置を起動させることができます。⇒P 540 の図参照。）

＜赤色の灯火について＞

④ 　補助散水栓箱の表面には, 「**消火用散水栓**」と表示し, 上部には**赤色の灯火**＊を設けること。

⑤ 　補助散水栓の開閉弁を天井に設ける場合は, 消防用ホースを降下させるための装置の上部に赤色の灯火＊を設けること

　（＊④と⑤の赤色の灯火：取付面と15度以上の角度で10m離れた位置より識別可能なもの⇒15と10を入れ替えた出題例あり！）

⑥ 　補助散水栓の開閉弁を天井に設ける場合にあっては, 補助散水栓箱の直近の箇所には, 取付け位置から10m離れたところで, かつ, 床面からの高さが1.5mの位置から容易に識別できる赤色の灯火を設けること。

(8)　その他

　非常電源は第4編の**3** 非常電源（P 307）, 配線も同じく第4編の**4** 配線（P 315）参照。

第5章　水噴霧消火設備

1 構成

　水噴霧消火設備は，<u>基本的には**開放型スプリンクラー設備**と同じ</u>ですが，スプリンクラー設備が水を「雨状」に散水するのに対し，水噴霧消火設備は「霧状」に噴霧するので，スプリンクラー設備に比べて同じ水量でも<u>表面積が大きくなり</u>，それだけ冷却効果が大きくなります。

　ただし，水を噴霧状に放射するためには，その分，**放射圧力を高く**する必要があり，また，床面積あたりの放射量も**多く**なるので，**排水設備**も必要になってきます。

　以上が，開放型スプリンクラー設備と大きく異なるところですが，ポイントを並べると，次のようになります。

＜開放型と異なる部分＞

① 　ヘッドに**水噴霧ヘッド**を用いる。

② 　**加圧送水装置**と**一斉開放弁**の間に**ストレーナ**を設ける。

　（ストレーナはごみなどを取り除く装置であり，ヘッドの構造上，異物が詰まりやすいために設けます。）

図3-61　ストレーナ

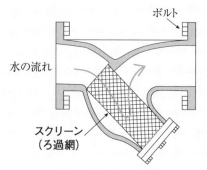

ボルト

水の流れ

スクリーン
（ろ過網）

図3-62　ストレーナの原理
（水の流れる方向に注意！）出た！

③ 「放水」が「**放射**」になる。

　（放水圧力 ⇒ 放射圧力。放水区域 ⇒ 放射区域）。

④ 　**排水設備**を設置する。

　（開放型より放水圧力が高く，ヘッドからの放射量が多いので）。

⑤ 　**電気火災**（Ｃ火災）にも使用することができる。

⑥　設置する部分は，主に次の 3 箇所である。

　・道路の用に供される部分

　・駐車の用に供される部分

　・指定可燃物を貯蔵し，又は取り扱う場所

構成

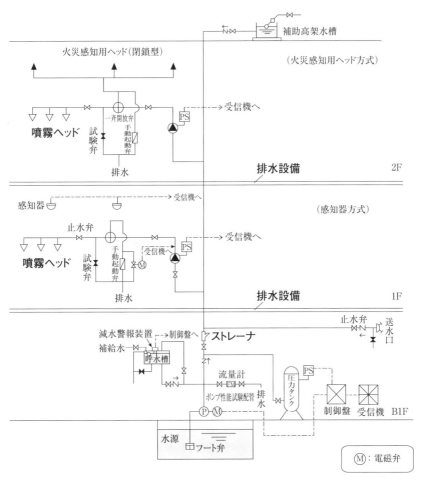

図 3-63　水噴霧消火設備の構成例

② 構造及び機能

　冒頭にも触れましたが，水噴霧消火設備は基本的には開放型スプリンクラー設備と同じなので，開放型と異なる部分についてのみ説明いたします。

（1）　噴霧ヘッド

　噴霧ヘッドには，次のような種類があります。

　外観　　　　　ヘッドの構造

> 水の直線流をデフレクターに衝突させて放射する。

（a）デフレクタータイプ

　外観　　　　　　ヘッドの構造

> 水の直線流を四角形のオリフィスにより，拡散して放射する。

正四角形
のオリフィス

（c）オリフィスタイプ

> 水の直線流をらせん流に衝突させ放射する。

（b）らせん型タイプ

> 水のらせん流を相互に衝突させ放射する。

（d）らせん流衝突タイプ

図 3-64

（2）　その他

①　ヘッドからの放射圧力がヘッドの性能範囲の上限値を超えない措置を講じること。

②　放射区域ごとに，ポンプの吐出側にストレーナ＊を設けること。

> ＊　ストレーナ：
> 　　スクリーンの網目または円孔の最大径がヘッドの最小通水路の**2分の1以下**で網目または円孔の合計面積が管の断面積の**4倍以上**のもの

③　一斉開放弁についても開放型スプリンクラー設備と同じですが，放水区域が放射区域になります。その放射区域については，次のように定められています。

a.　1つの一斉開放弁により同時に放射する区域の事を**放射区域**といい，防護対象物の存する**階**ごとに設定する。

b.　水噴霧消火設備に2以上の放射区域を設ける場合は，火災を有効に消火できるように，**隣接する消火区域が相互に重複するようにすること。**

3 設置基準

(1) 噴霧ヘッド

　噴霧ヘッドは，防護対象物（消火設備によって消火すべき対象物）の形状や構造に応じて，火災を有効に消火することができるように設けますが，具体的には，次の標準放射量を放射できるように設置します。

表3-15

防火対象物等	設置方法	標準放射量（床面積 1 m² につき）
指定可燃物を貯蔵，取扱う施設	防護対象物のすべての表面をヘッドの有効防護空間※内に包含するように設けること。（※ヘッドから放射する水噴霧によって有効に消火することができる空間）	10l／min
道路，駐車場	（道路の幅員または車両の駐車位置を考慮して）防護対象物をヘッドから放射する水噴霧により有効に包含でき，かつ，車両周囲の床面の火災を有効に消火できるように設けること（ガソリンが床に漏れて引火した場合を想定して）。	20l／min
高圧の電気機器がある場所	電気機器とヘッド，配管との間に電気絶縁のための必要な空間を設けること。	

（標準放射量：設計圧力により放射する水噴霧の量）

(2) 水源水量

　※ 床面積 1 m² につき **20l／min** の割合で計算した量で，**20分間放射**することができる量以上の量とする（駐車の用に供する部分で床面積が 50 m² を超える場合は，50 m² として計算する⇒ $50 \times 20 \times 20 = 20{,}000 l$ （＝ 20 m³）となる）。

> ※　道路の用に供される部分の場合は，**道路区画面積が最大になる部分**

表 3-16　水源水量のまとめ

道路の用に供される部分	（道路区画面積が最大となる部分の床面積）×20*l*／min×20分間以上
駐車の用に供される部分	床面積×20*l*／min[※]×20分間以上

(注：指定可燃物取扱施設は※の数値を 10*l*／min として計算する)

(3)　**排水設備**

　冒頭にも触れましたが，水噴霧消火設備の場合は放射量が多いので，それらの消火水を有効に排水する設備が必要になります。

　その排水設備には，道路（道路の用に供される部分）と駐車場（駐車の用に供される部分）それぞれの設置基準がありますが，共通する部分が多いので，共通の設置基準と個別の設置基準に分けて説明いたします。

1.　共通の設置基準

①　道路（駐車場の場合は「車路」）の**中央**または**路端**（駐車場の場合は「**両側**」）には，**排水溝**を設けること。

②　排水溝は，長さ **40 m 以内**ごとに 1 個の**集水管**を設け，消火ピット（次ページ図 3-65 参照）に連結すること。

③　消火ピットは**油分離装置付**とし，火災危険の少ない場所に設けること。

④　排水溝および集水管は，**加圧送水装置の最大能力の水量**を有効に排水できる**大きさおよび勾配**を有すること。

> ＊　消火ピット
> 　排水溝等から流れ出た消火水を集め，その中に含まれるガソリン等を分離して排水する設備。

2.　道路部分（道路の用に供される部分）のみの設置基準

　道路には，排水溝に向かって**有効に排水できる勾配**をつけること。

3. 駐車場（駐車の用に供される部分）のみの設置基準

①　車両が駐車する場所の床面には，排水溝に向かって100分の2以上の勾配をつけること。

②　車両が駐車する場所には，車路に接する部分を除き，高さ10cm以上の区画境界堤*を設けること。

> *　区画境界堤
>
> 　消火水に混入したガソリン等が放射区域以外（下図（a）では左方向）に流出するのを防ぐ設備

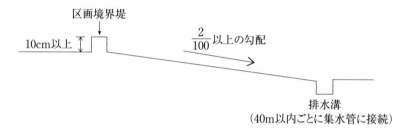

（a）　床面の断面図

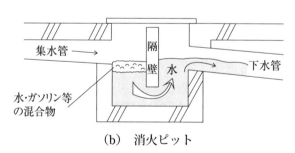

（b）　消火ピット

図3-65　駐車場の排水設備

第6章　その他の消火設備

$$\left(\begin{array}{l}\text{パッケージ型消火設備,}\\\text{パッケージ型自動消火設備,}\\\text{連結送水管,}\\\text{連結散水設備}\end{array}\right)$$

「**パッケージ型消火設備**」とは，比較的小さな規模の防火対象物に設けるために消火設備をコンパクトにまとめたもので，屋内消火栓設備に代えて用いることができます。

　一方，**パッケージ型自動消火設備**の方は，スプリンクラー設備に代えて用いることができます。

パッケージ型消火設備

（1）　用語の意義等

　パッケージ型消火設備は，**屋内消火栓設備**に代えて用いることができるもので，法令では，「人の操作によりホースを延長し，ノズルから消火薬剤（消火に供する水を含む）を放射して消火を行う消火設備であって，ノズル，ホース，リールまたはホース架，消火薬剤貯蔵容器，起動装置，加圧用ガス容器等によって構成され，1つの格納箱に収納されたもの」と定義されています。このパッケージ型消火設備には，放射性能，消火薬剤の種類および量により，Ⅰ型とⅡ型があります。

Ⅰ型の例　　　　　　　　　　　Ⅱ型の例

図3-66　パッケージ型消火設備

（2）　設置基準（注：カッコ内の数値はⅡ型に関する値です。）

　防火対象物の階ごとに，階の各部分から1つのホース接続口までの水平距離が20 m以下（15 m以下），1つのパッケージ型消火設備によって防護される面積が850 m²以下（500 m²以下）となるように設ける必要があります。

❷ パッケージ型自動消火設備

スプリンクラー設備に代えて用いることができるもので（ただし，延べ面積$1000\,m^2$以下の令別第1※(5)項，(6)項の防火対象物のうち，一定の要件を満たすもの），法令では，「火災の発生を感知し，自動的に水または消火薬剤（消火に供する水を含む）を圧力により放射して消火を行う固定した消火設備であって，感知部，放出口，作動装置，消火薬剤貯蔵容器，放出導管，受信装置等により構成されるものをいい，消防庁長官が定めた基準に適合するもの」と定義されています。

また，設置に関しては，「防火対象物の用途，規模等により一(ひとつ)または複数のパッケージ型自動消火設備（一(ひとつ)のパッケージ型自動消火設備により，2以上の防護区画を設定することができるものを含む）を設置し，防火対象物を防護できるように設置する。」となっています。

図3-67　パッケージ型自動消火設備
（「30秒以内に放射できること。」という性能に関する基準がある）

※

(5) 項	イ．旅館、ホテルなど ロ．寄宿舎、下宿、共同住宅など
(6) 項	イ．病院、診療所など ロ．養護老人ホーム、有料老人ホーム（要介護）など ハ．老人デイサービスセンター、有料老人ホーム（要介護除く）など ニ．幼稚園、特別支援学校

連結送水管

　高層建築物で火災が発生した場合，消防隊がホースをかついで階段を上がっていたのでは，間に合わないケースも起こりえます。

　そこで，<u>一定規模</u>*以上の防火対象物においては，あらかじめ建物の各階を縦に貫く配管を設け，1階などの消防ポンプ自動車が容易に近づける場所に**送水口**を，各階にホースを接続できる**放水口**を設けておけば，迅速に消火活動が行えます。この一連の配管を**連結送水管**といいます。

　＊　一定規模
　　①　7階建以上
　　②　5階建以上，かつ，6000 m² 以上
　　③　延べ面積 1000 m² 以上の地下街など
　（注：①〜②については，**地階は除く**）

　ここで注意しなければならないのは，スプリンクラー設備にも同じような送水口がありますが（外観はほとんど同じ），両者は別の設備である，ということです。つまり，連結送水管は，あくまでも**消防隊専用**の送水口であり，各階の放水口（3階以上に設置）にも「**消防隊専用放水口**」などと表示してあります。

　一方，スプリンクラー設備の送水口の場合は，その旨，すなわち，「**スプリンクラー専用**」の表示がしてあり，あくまでもスプリンクラー設備のみに使用する送水口なのです。

　従って，同じように，消防隊がホースを送水口に接続しても，連結送水管の場合は，消防隊員自身が現場の階に行ってホースを用いて放水するのに対し，スプリンクラー設備専用の送水口の場合は，あくまでもスプリンクラー設備からの放水を目的としている点です。

　高層ビルなどの壁には，この両者の送水口が並んで設置してあるケースがありますが，両者は外観は似ていても異なる設備である，ということを，まずは確認しておいてください。

　なお，送水口は，スプリンクラー設備と同じく，**双口形**を用います。

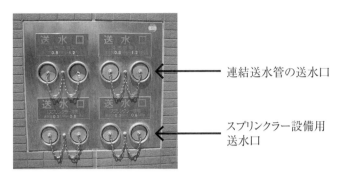

連結送水管の送水口

スプリンクラー設備用
送水口

図3-68　連結送水管

（外観）

（内部）

図3-69　放水口格納箱
各階に設ける放水口
（右図の の部分）

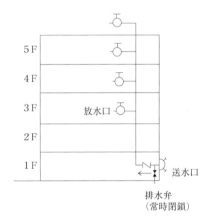

5 F

4 F

3 F　放水口

2 F

1 F

送水口

排水弁
（常時閉鎖）

図3-70　連結送水管（乾式）

連結散水設備

　建物の地階や地下街などで火災が発生すると，煙などで消防隊が容易に進入することができず，有効な消火活動ができない状況になる可能性があります。

　そのような場合に，あらかじめ連結送水管のように配管を設けておき，さらに，その配管の先にスプリンクラー設備のような枝管を天井に設けてヘッド（**散水ヘッド**という）を設置しておけば，送水口から消防ポンプ自動車が送水することにより，散水ヘッドから放水して有効な消火活動を行うことができます。

　このような設備を**連結散水設備**といいます。

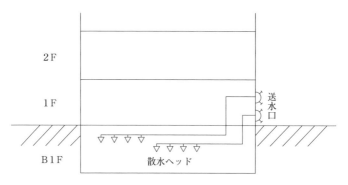

図3-71　連結散水設備

散水ヘッド

送水口

問題にチャレンジ！

（第3編　構造・機能，工事・点検の方法 1・機械）

共通事項

<水源　→P.153>

【問題1】

　水源の有効水量について，次の文中の（　）内に当てはまる数値として，正しいものはどれか。

　「水源を地下に設ける場合の有効水量とは，吸水管内径を D〔m〕とすると，フート弁の弁シート面の上部より（　）〔m〕以上の部分から有効水面（貯水面）までの量をいう。」

(1)　$1.1D$　　　(2)　$1.2D$　　　(3)　$1.5D$　　　(4)　$1.65D$

　フート弁は，水が水槽に逆流するのを防ぐ働きをする弁で，吸水管内径を D〔m〕とすると，有効水量は，弁シート面の上部より **$1.65D$**〔m〕以上の部分から有効水面（貯水面）までの量をいいます（P.153 の図 3-3 参照）。

<ポンプ　→P.156>

【問題2】

　ポンプを用いる加圧送水装置の説明について，次のうち正しいものはどれか。
(1)　ポンプの吸込側には圧力計，吐出側には連成計が設けられている。
(2)　性能試験装置は，定格負荷運転時のポンプ性能を試験するための装置で，ポンプ吐出側逆止弁の二次側から配管が分岐されている。
(3)　逃し配管は，ポンプ吐出側逆止弁の二次側から分岐されている。
(4)　逃し配管は，締切運転時，ポンプの羽根車の回転による水温上昇によるポンプの機能障害を防止するための装置である。

解答

　解答は次ページの下欄にあります。

⑴　問題文は逆で，ポンプの<u>吐出側</u>には圧力計，<u>吸込側</u>には連成計を設けます。

⑵　P 156 の図 3-4 より，性能試験装置は，ポンプ吐出し側逆止弁の**一次側**から配管が分岐されています。

⑶　同じく P 156 の図 3-4 より，逃し配管は，ポンプ吐出側逆止弁の一次側から分岐されています。

⑷　正しい。

【問題3】

消防庁告示に定められているポンプの構造及び機能について，次のうち誤っているものはどれか。

⑴　回転する部分又は高温となる部分であって，人が触れるおそれのある部分は，安全上支障のないようにカバーを設けるなどの措置が講じられていること。

⑵　水中に設置するポンプにあっては，吸込口にステンレス鋼またはこれと同等以上の強度及び耐食性を有するものを材料とするろ過装置を設けたものであること。

⑶　ポンプの軸動力は，定格吐出量において電動機定格出力を超えないこと。

⑷　ポンプの吐出量が，定格吐出量の 150% である場合におけるポンプの全揚程は，定格全揚程の 85% 以上であること。

加圧送水装置の基準（平成 9 年消防庁告示第 8 号）のポンプの放水性能より，「定格吐出量の 150% の吐出量における揚程曲線上の全揚程は，定格吐出量における揚程曲線上の全揚程の **65% 以上**であること。」となっています。

解　答

【問題1】…⑷　　　　　　　　　【問題2】…⑷

【問題４】

　ポンプの原動機である電動機の所要動力（**P**）を求める式として，次のうち正しいものはどれか。ただし，**Q** は吐出量（**m³／分**），**H** は全揚程（**m**），**α** は伝達係数，**η** はポンプの効率とする。

(1)　$P = \dfrac{H \times \alpha}{0.163 \times Q} \eta$ （kW）　　　　(2)　$P = \dfrac{0.163 \times Q \times H}{\alpha \times \eta}$ （kW）

(3)　$P = \dfrac{Q \times H}{0.163 \times \alpha} \times \eta$ （kW）　　　(4)　$P = \dfrac{0.163 \times Q \times H}{\eta} \times \alpha$ （kW）

P 165，12. 電動機 参照。

【問題５】

　ポンプを試運転していたところ異常な振動が生じた。その原因として，次のうち考えにくいものはどれか。

(1)　サージング現象

(2)　インペラーの破損

(3)　ポンプ取付けボルトのゆるみ

(4)　立上がり主管の支持部の締付け力過大

　ポンプの振動，騒音の原因として考えられるものには，P 161 で説明したような現象が考えられますが，(4)の立上がり主管の支持部の締付け力については，ゆるい場合に振動，騒音の原因として考えられるので，誤りです。

　なお，(2)のインペラーとは，羽根車（回転軸に羽根を取り付けたもの）のことで，回転力により水を吐出す作用をします。

　ちなみに，ポンプが吸込配管や軸封部等から**空気を吸い込んだ**場合の現象としては，次のようなものがあります。

・**呼び水ができない。・ポンプ吐出量が減少する（規定吐出量が出ない）**

・**初め水が出るが，すぐに出なくなる**……など。

解　答

【問題３】…(4)

<呼水装置　→P.162>

【問題6】

ポンプを用いる加圧送水装置の呼水槽に関して，次のうち誤っているもの
はいくつあるか。

A　呼水槽は，すべての加圧送水装置に設けなければならない。

B　呼水槽には，満水警報装置及び自動補給装置を設けなければならない。

C　呼水槽の容量は，加圧送水装置を有効に作動できる容量としなければ
ならない。

D　呼水槽は，加圧送水装置ごとに専用としなければならない。

(1)　なし　　(2)　1つ　　(3)　2つ　　(4)　3つ

A　誤り。

呼水槽は，すべてではなく，水源の水位がポンプより低い位置にある
場合に設けます。

B　誤り。

呼水槽に設ける必要があるのは，満水警報装置ではなく，減水警報装
置です（自動補給装置の部分は正しい）。

C　正しい。

具体的には，原則100ℓ以上，フート弁の呼び径が150以下の場合
は，50ℓ以上必要です。

D　正しい。

従って，誤っているのは，A，Bの2つになります。

<配管，管継手　→P.167>

【問題7】

日本産業規格（JIS）に定める鉄鋼記号のうち，圧力配管用炭素鋼鋼管の
記号として，次のうち正しいものはどれか。

(1)　SGP　　(2)　SUS-TP　　(3)　STPG　　(4)　SGPW

| 解　答 |

P 167 の表 3-2 より，圧力配管用炭素鋼鋼管（JIS G3454）は STPG で表します。なお，(1)の SGP は**配管用炭素鋼鋼管**，(2)の SUS-TP は配管用ステンレス鋼鋼管，(4)の SGPW は水配管用亜鉛めっき鋼管を表します。

　ちなみに，配管の**肉厚**(呼び厚さ)については，圧力に応じて標準肉厚体系により，スケジュール番号で示されています(⇒ スケジュール管と呼ばれている)。

【問題 8】

　配管に関する次の記述のうち，適当でないものはどれか。
(1)　圧力配管用炭素鋼鋼管のスケジュール番号は，管の呼び厚さである。
(2)　配管を埋設して施工する場合は，アスファルト等を使用するなどして，適切な防食措置を施すこと。
(3)　横走り管で，上向き給水の場合は先下り，下向き給水の場合は先上がりとすること。
(4)　配管に弁や装置等の荷重をかけないように施工すること。

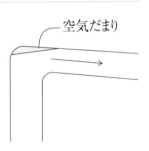

空気だまり

　横走り管の場合，図のように上向き給水で先下りにすると，空気の逃げ道がなくなってしまい，図のような空気だまりができてしまうので，空気の逃げ道ができるよう，必ず**先上り**にする必要があります（下向き給水の場合も同じ理屈です）。

【問題 9】

　管継手について，次のうち正しいものはどれか。
(1)　エルボは，配管の末端に取り付けて，配管を密閉する目的で使用される。
(2)　レジューサは，同口径の配管を接続する目的で使用される。
(3)　フランジは，異口径の配管を接続する目的で使用される。
(4)　ティーは，主管から枝管を分岐する部分に使用される。

　解　答

【問題 6】…(3)　　　　　　　　　　【問題 7】…(3)

(1)　配管の末端に取り付けて，配管を密閉する目的で使用されるのは，プラグやキャップ（→P.171）であり，エルボは，**配管を90度または45度に曲げる部分**に使用されます。

(2)　レジューサは，異径ソケットとも呼ばれ，**異口径**の配管を接続する目的で使用されます。

(3)　フランジは，**同口径の配管を接続する目的**で使用されます。

＜弁バルブ　→P.172＞

【問題10】

消火設備に使用する弁（バルブ）について，次のうち誤っているものはどれか。

(1)　止水弁として用いられるバルブは仕切弁である。

(2)　仕切弁には，弁棒（ステム）の上下とともに弁体（ディスク）も上下する外ねじ式と，弁棒（ステム）の位置は変わらず弁体（ディスク）のみ上下する内ねじ式があるが，一般的に用いられているのは外ねじ式である。

(3)　消火設備に使用する弁のうち，逆止弁として使用されるものには，スイングバルブ，リフトバルブ，フートバルブなどがある。

(4)　開閉弁または止水弁にあってはその流れ方向を，逆止弁にあってはその開閉方向を表示したものであること。

(1)　バルブには，仕切弁，玉形弁，逆止弁などがあり，そのうち，止水弁として用いられるバルブは**仕切弁**です。

(2)　P 172 参照

(4)　問題文は逆で，開閉弁または止水弁にあってはその**開閉方向**を，逆止弁にあってはその**流れ方向**を表示する必要があります。

解　答

＜溶接　→P.177＞

【問題11】

溶接時に発生するアンダーカットの説明として，次のうち正しいものはどれか。

  (1)　溶接の止端に生じる，母材が溶け過ぎてできる細い溝やくぼみのこと。

  (2)　溶接金属の急冷，溶接棒の移動速度の不適当等によって生じる空洞のこと。

  (3)　溶接金属内に生じた残留ガスのため，溶接部内にできた空洞のこと。

  (4)　溶けた金属が母材に溶け込まないで，母材の表面に重なること。

　アンダーカットは，溶接の止端に沿って，母材が溶け過ぎてできる**細い溝やくぼみ**のことをいいます。

　なお，(3)はブローホール，(4)はオーバーラップになります。

【問題12】

溶接用語の説明として，次のうち誤っているものはどれか。

  (1)　スラグ・・・・・・・溶接部に生じる非金属物質

  (2)　パス・・・・・・・・溶接継手に沿って行う1回の溶接操作

  (3)　クレーター・・・・・1回のパスによって作られた溶接金属

  (4)　スパッタ・・・・・・アーク溶接，ガス溶接などにおいて溶接中に飛散するスラグおよび金属粒

1回のパスによって作られた溶接金属は**ビード**といいます。

　なお，クレーターは，溶接金属によって生じた溶融池のくぼんだ部分，またはビードの端にできるくぼんだ部分のことをいいます。

解　答

【問題10】…(4)

屋内消火栓設備

<加圧送水装置　→P.186>

【問題13】

　消防法施行令第11条第３項第１号に定める屋内消火栓設備（１号消火栓）の加圧送水装置に関する技術上の基準について，次のうち誤っているものはどれか。

  (1)　呼水槽には，減水警報装置（電極又はフロートスイッチ）及び自動補給装置（ボールタップ等の水を自動的に補給するための装置）を設けること。

  (2)　ポンプを用いる場合の必要な全揚程は，消防用ホースの摩擦損失水頭（m），配管の摩擦損失水頭（m），落差（m）と17ｍを合計した値とすること。

  (3)　圧力水槽には，圧力計，水位計，排水管，補給水管，給気管及びマンホールを設けること。

  (4)　圧力水槽を用いる場合の必要な圧力は，消防用ホースの摩擦損失水頭圧（MPa）と配管の摩擦損失水頭圧（MPa）と0.17 MPaを加えた値以上とすること。

　圧力水槽を用いる場合の必要な圧力は，ポンプを用いる場合の水頭を水頭圧に換えればよいだけで，「消防用ホースの摩擦損失水頭圧（MPa）＋配管の摩擦損失水頭圧（MPa）＋**落差の換算水頭圧**（MPa）＋0.17 MPa（＝ノズル先端の放水圧力で２号消火栓の場合は0.25 MPa）」となります。

　従って，(4)については，落差の換算水頭圧（MPa）が抜けているので，誤りです。

【問題14】

　３階建ての防火対象物に，消防法施行令第11条第３項第２号に定める屋内消火栓設備（２号消火栓）の屋内消火栓を，１階に３個，２階に２個，３階に４個設ける場合，加圧送水装置に用いられるポンプの吐出量の基準として，次のうち正しいものはどれか。

解　答

(1)　120*l* ／min 以上

(2)　130*l* ／min 以上

(3)　140*l* ／min 以上

(4)　150*l* ／min 以上

この場合の最大個数は，3 階の 4 個になります。

ただし，2 を超える場合は 2 とするので，結局，2 個ということになります。

従って，2 号消火栓のポンプ吐出量は，**70*l* ／min 以上**必要なので，2 個で 140*l* ／min 以上，ということになります。

【問題 15】

ポンプを用いる加圧送水装置について，次のうち誤っているものはどれか。

(1)　1 号消火栓における水源水量は，設置個数（最大 2）に 2.6 m³ を乗じて得た量以上の量とすること。

(2)　ポンプ吐出側には，ポンプ側から止水弁，逆止弁という順に取り付ける。

(3)　水源の水位が，ポンプより高い位置にある場合は，呼水装置は設けなくてよい。

(4)　呼水槽の有効水量は，原則として 100*l* 以上とすること。

(1)　正しい。

なお，2 号消火栓の場合は，設置個数（最大 2）に 1.2 m³ を乗じて得た量以上の量とする必要があります。

(2)　止水弁と逆止弁の順ですが，止水弁は逆止弁（またはポンプ）等を修理，取り替える際に，配管内の水をそこで止めておくために設けるものなので，この場合は，逆止弁の上部に止水弁を設ける必要があります。

従って，逆止弁，止水弁という順になります。

解　答

【問題 13】…(4)

(3)　呼水装置は，水源の水位がポンプより低い位置にある場合に設けるものなので，正しい。

(4)　正しい。

なお，フート弁の呼び径が150以下の場合は，50l以上とすることができます。

<配管と管継手　→P.167>

【問題16】

消防法施行令第11条第3項第1号に定める屋内消火栓設備（1号消火栓）の配管等について，次のうち誤っているものはどれか。

(1)　配管の管径は，水力計算により算出された配管の呼び径とすること。

(2)　配管の耐圧力は，当該配管に給水する加圧送水装置の締切圧力の1.5倍以上の水圧を加えた場合において当該水圧に耐えるものであること。

(3)　主配管のうち，立上り管は，管の呼びで32mm以上のものとすること。

(4)　開閉弁又は止水弁にあってはその開閉方向を，逆止弁にあってはその流れ方向を表示したものであること。

(1)　正しい。

(2)　正しい（P190(2)の 2. 耐圧力 参照）

(3)　32mm以上は2号消火栓であり，1号消火栓は，**50mm以上**にする必要があります（P190の表3-8）。

なお，管径については，参考までに，次のような基準もあります。

「連結送水管と屋内消火栓設備の配管を兼用する場合は，圧力配管用炭素鋼鋼管を使用し，かつ，主管で**100A以上**，枝管で**65A以上**のものを使用すること。」

(4)　正しい（P175〈流れ方向の表示〉参照）。

解　答

＜消火栓部分　→P.191＞

【問題17】

　屋内消火栓設備の設置について，次のうち適当でないものはどれか。

(1)　屋内消火栓の開閉弁は床面からの高さ1.5m以下に設けること。

(2)　加圧送水装置の始動を明示する表示灯は赤色とし，屋内消火栓箱の内部またはその直近の箇所に設けること。

(3)　屋内消火栓箱の表面には，消火栓と表示すること。

(4)　屋内消火栓は，階の各部分から1つのホース接続口までの水平距離を1号消火栓にあっては30m以下，2号消火栓にあっては20m以下となるように設けること。

(1)(2)　正しい。

(3)　正しい。なお，「ホース格納箱」と表示するのは屋外消火栓設備の場合なので，注意が必要です。

(4)　屋内消火栓の配置は，1号消火栓が**25m以下**，2号消火栓が**15m以下**となっています。（⇒P194）

【問題18】

　消防法施行令第11条第3項第1号に定める屋内消火栓（1号消火栓）及び消防法施行令第11条第3項第2号に定める屋内消火栓（2号消火栓）の種別と使用するノズル口径の組み合わせで，次のうち適当なものはどれか。

	1号消火栓	2号消火栓
(1)	9mm	13mm
(2)	11mm	11mm
(3)	13mm	8mm
(4)	15mm	7mm

解　答

【問題16】…(3)

ノズルの口径については，法令では定められていませんが，次の理由により，実質上，1号消火栓が約 13 mm 以上，2号消火栓が約 8 mm 以上のものが必要となるので，⑶が正解となります。

　＜ノズルの口径について＞

　まず，放水量 Q を求める式は，次のようになります。

$$Q = KD^2\sqrt{10P}$$ 〔出た！〕

　D：ノズルの口径〔mm〕　　　P：放水圧力〔MPa〕
　K：定数（1号消火栓の場合は 0.653　その他の消火栓の場合は，その型式により指定された定数）

①　1号消火栓の場合
　　1号消火栓の放水圧力は 0.17 MPa 以上，放水量は 130 リットル／min 以上必要なので，上式に数値を当てはめると，
　　$130 = 0.653 \times D^2 \times \sqrt{1.7} \fallingdotseq 152.7$ よって，$D \fallingdotseq 12.356$…… となり，13 mm の口径が必要になります。

②　2号消火栓の場合
　　2号消火栓の放水圧力は 0.25 MPa 以上，放水量は 60 リットル／min 以上必要であり，同じく上式に数値を当てはめて計算すると，結果的に 8 mm 以上の口径が必要になります（いずれも小数点以下を切り上げて mm 単位にした場合）。
　　　というわけで，実際には，1号消火栓のノズルは 13 mm 以上，2号消火栓のノズルは 8 mm 以上の口径が必要となるわけです。

こうして覚えよう！　＜$Q = KD^2\sqrt{10P}$＞

$Q = KD^2\sqrt{10P}$
急(に)カドに　天ぷら(屋ができた)

＜その他＞

【問題 19 】

　工場に設置された屋内消火栓設備の点検整備の実施結果について適切でないと考えられるものは，次のうちどれか。
　(1)　非常電源を使用してポンプを起動させた。
　(2)　第1類の消防設備士免状を所有していない防火管理者が，球切れをした表示灯のランプを交換した。
　(3)　悪戯防止のため，消火栓箱の扉が施錠されていたので，建物の関係者に対し取り外すよう指示した。
　(4)　口径13 mm のノズルが設けられていたが，容易に使用できるように，口径の小さい消防法施行令第11条第3項第2号に定める消火栓設備（2号消火栓）のものと交換した。

　(1)　P 197 の(2) 総合点検より，正しい。
　(2)　P 393 の (1) 消防設備士の業務独占より，表示灯のランプの交換は，消防設備士免状を所有していないものでも行うことができるので，正しい。
　(3)　正しい。
　(4)　同じ口径のものと交換する必要があるので，誤りです。

| 解　答 |
解答は次ページの下欄にあります。

屋外消火栓設備 （⇒ P 200）

【問題20】

屋外消火栓設備の設置に関する技術上の基準について，次のうち誤っているものはどれか。

(1) 屋外消火栓箱は，屋外消火栓からの歩行距離が原則として5m以内の箇所に設けること。

(2) 屋外消火栓は，建築物の各部分から1つのホース接続口までの水平距離が30m以下となるように設けること。

(3) 屋外消火栓の開閉弁を地盤面より上に設ける場合は，地盤面からの高さが1.5m以下の位置に設けること。

(4) 屋外消火栓の開閉弁を地盤面より下に設ける場合は，地盤面からの深さが0.6m以内の位置に設けること。

屋外消火栓は，建築物の各部分から1つのホース接続口までの水平距離が**40m以下**となるように設ける必要があります。

なお，(3)(4)は，屋外消火栓の**開閉弁**についての基準ですが，**ホース接続口**については，「地盤面からの深さが**0.3m以内**の位置に設けること」となっています。

【問題21】

屋外消火栓設備の設置及び維持に関する技術上の基準について，次のうち誤っているものはいくつあるか。

A　屋外消火栓箱には，その表面に「消火栓格納箱」と表示すること。

B　屋外消火栓設備の放水用器具を格納する箱は，屋外消火栓からの歩行距離が5m以内の箇所に設けること。

C　屋外消火栓には，その直近の見やすい場所に「消火栓」と表示した標識を設けること。

D　加圧送水装置の始動を明示する表示灯は，赤色とし，屋外消火栓箱の内部又はその直近の箇所に設けること。

解　答

【問題19】…(4)

E　ノズル先端における放水圧力が1.0MPaを超えないための措置を講じること。
　　　(1)　1つ　　(2)　2つ　　(3)　3つ　　(4)　4つ　　(5)　5つ

A　誤り。屋外消火栓箱の表示については，「**ホース格納箱**」と表示する必要があります。

B～D　正しい。

E　誤り。ノズル先端における放水圧力は，**0.6MPa**を超えないための措置を講じる必要があります。

　　従って，誤っているのは，A，Eの2つになります。

　　なお，最近，屋外消火栓設備の水源水量を問う問題がたまに出題され出したので，補足問題として，追加しておきます。

【補足問題】

　屋外消火栓設備の水源水量を算出する式として，次のうち正しいものはどれか。ただし，Qは水源水量〔m^3〕，nは消火栓の設置個数とする。

　(1)　$Q = 2.6\,m^3 \times n$
　(2)　$Q = 1.2\,m^3 \times n$
　(3)　$Q = 1.6\,m^3 \times n$
　(4)　$Q = 7\,m^3 \times n$

　屋外消火栓設備の水源水量〔m^3〕は，消火栓の設置個数（最大個数2）に$7\,m^3$を乗じて得た量以上の量になります。

　なお，(1)は屋内消火栓設備の1号消火栓，(2)は屋内消火栓設備の2号消火栓，(3)は屋内消火栓設備の広範囲型消火栓の水源水量〔m^3〕を算出する式となります。

解　答

【問題20】…(2)　　　　　【問題21】…(2)　　　　　【補足問題】…(4)

スプリンクラー設備 （⇒ P 206）

【問題22】

スプリンクラー設備について，次のうち誤っているものはどれか。

(1) 閉鎖型スプリンクラー設備を用いる設備のうち，乾式流水検知装置が設けられている設備は，主に寒冷地等，配管等が凍結するおそれがある場所に設置されるものである。

(2) 閉鎖型スプリンクラー設備を用いる設備のうち，予作動式流水検知装置が設けられている設備は，コンピューター室等，水損により著しい損害が懸念される場所に設置されるものである。

(3) 共同住宅等の居室等に設ける小区画型ヘッドを用いる場合の流水検知装置は，乾式のものを用いるものとされている。

(4) 舞台等に設ける開放型スプリンクラーヘッドには，感熱機能がないので，火災感知装置を別途設ける必要がある。

(1) 乾式流水検知装置は，主に寒冷地等，配管等が凍結するおそれがある場所に使用されるので，正しい。

(2) 予作動式は，乾式のシステムをヘッドと火災感知装置の双方が作動しない限り放水を開始しないシステムとしたものであり，コンピューター室等，水損により著しい損害が懸念される場所等に設置されます。

(3) 閉鎖型スプリンクラーヘッドのうち，小区画型ヘッドを用いる場合の流水検知装置は，一般的に用いられる**湿式**なので，誤りです。

(4) 開放型スプリンクラーヘッドには，感熱機能がないので，自動火災報知設備の感知器や閉鎖型ヘッドなどの火災感知装置により火災を検知して放水させます。

【問題23】

スプリンクラー設備におけるスプリンクラーヘッドの構造および機能について，次のうち誤っているものはいくつあるか。

(A) 高感度ヘッドとは，標準型ヘッドのうち，感度種別が1種で，かつ，

| 解 答 |

解答は次ページの下欄にあります。

有効散水半径が 2.6 m 以上のものをいう。

(B) 小区画型ヘッドとは，標準型ヘッドのうち，感度種別が1種で，ホテルや病院などの小区画に区切った室に用いるものをいう。

(C) 開放型スプリンクラーヘッドを用いる設備においては，一斉開放弁の二次側からヘッドまでの配管内は圧縮空気により加圧されている。

(D) 放水型ヘッドには，可動式ヘッドと固定式ヘッドがある。

(E) 閉鎖型スプリンクラー設備の場合，ヘッドで火災を感知し，次いで流水作動弁が作動した後，散水を始める。

(1) 1つ　　(2) 2つ　　(3) 3つ　　(4) 4つ

(A), (B) ○ （P 213 参照）

(C) ×

　　一斉開放弁の二次側からヘッドまでの配管内が**圧縮空気**により加圧されているのは**乾式**のスプリンクラー設備であり，開放型の場合は**大気圧**に保たれています。

(D) ○

(E) ×

　　散水は，スプリンクラーヘッドが火災を感知して開放すると，直ちに始まります。従って，誤っているのは，(C), (E)の2つとなります。

<閉鎖型スプリンクラー設備　→P.212>

【問題24】
　乾式流水検知装置（乾式弁）を設置するスプリンクラー設備において，次のうち正しいものはどれか。

(1) ヘッドが開放してから放水を開始するまでの所要時間を15秒以内とすること。

(2) ヘッドは下向型のものを用いること。

(3) 配管は，ヘッドに向かって先上がり勾配とすること。

(4) 乾式流水検知装置の二次側配管内には，大気圧の空気が封入されている。

解　答

【問題22】…(3)

(1) ヘッドが開放してから放水を開始するまでの所要時間は，**1分以内**となっています。

(2) 配管内に残留水があると凍結するおそれがあるので，ヘッドは**上向型**のものを用います。

(3) (2)と同じ理由で残留水が滞留しないよう，配管はヘッドに向かって先上がり勾配とする必要があります。

(4) ヘッドが開放すれば，出来るだけ速く放水することができるよう，流水検知装置の二次側配管内には，**圧縮空気**が封入されています。

【問題25】

閉鎖型スプリンクラーヘッドにおける標示温度と取り付け場所の正常時の温度との組み合わせで，次のうち正しいものはどれか。

	取り付ける場所の最高周囲温度	ヘッドの標示温度
(1)	39℃未満	72℃未満
(2)	39℃以上 64℃未満	79℃以上 121℃未満
(3)	64℃以上 110℃未満	112℃以上 172℃未満
(4)	110℃以上	172℃以上

閉鎖型スプリンクラーヘッドは，その取り付ける場所の正常時における最高周囲温度に応じて次の表で定める標示温度を有するものを設ける必要があります（規則第14条より）。

解　答

【問題23】…(2)　　　　　　　　　　【問題24】…(3)

スプリンクラーヘッドの標示温度

取り付ける場所の最高周囲温度	ヘッドの標示温度
39 ℃未満	79 ℃未満
39 ℃以上 64 ℃未満	79 ℃以上 121 ℃未満
64 ℃以上 106 ℃未満	121 ℃以上 162 ℃未満
106 ℃以上	162 ℃以上

　従って，(2)の「39 ℃以上 64 ℃未満」「79 ℃以上 121 ℃未満」の部分だけが正しい組み合わせということになります。

【問題 26 】

　閉鎖型スプリンクラーヘッドのうち，標準型ヘッドにおける放水圧力と放水量の組み合わせとして，次のうち正しいものはどれか。

	放水圧力	放水量
(1)	0.01 MPa 以上	30l／min 以上
(2)	0.098 MPa 以上	50l／min 以上
(3)	0.1 MPa 以上	80l／min 以上
(4)	0.98 MPa 以上	90l／min 以上

閉鎖型と開放型の放水圧力と放水量をまとめると，次のようになります。

スプリンクラーヘッドの放水性能

		放水圧力	放水量
閉鎖型ヘッド	標準型ヘッド	**0.1 MPa 以上**	**80l／min 以上** （ラック式は 114l／min 以上）
	小区画型ヘッド	0.1 MPa 以上	50l／min 以上
	側壁型ヘッド	0.1 MPa 以上	80l／min 以上
開放型ヘッド		0.1 MPa 以上	80l／min 以上

解　答

【問題 25 】 …(2)

つまり，原則として，放水圧力は **0.1 MPa 以上**（閉鎖型は，各区分ごとに定められたヘッドの個数を同時に使用した場合，開放型は最大の放水区域のヘッドの個数を同時に使用した場合の値），放水量は **80l ／min 以上**で，小区画型ヘッドのみ **50l ／min 以上**ということになります。

【問題27】

　閉鎖型スプリンクラーヘッドのうち標準型ヘッドの取り付け工事について，次のうち正しいものはどれか。

- (1)　スプリンクラーヘッドは，当該ヘッドの取付け面から0.4m以上突き出したはり等によって区画された部分ごとに設けること。ただし，当該はり等の相互間の中心距離が1.2m以下である場合にあっては，この限りでない。
- (2)　給排気用ダクト，棚等（以下「ダクト等」という。）でその幅又は奥行が1.0mを超えるものがある場合には，当該ダクト等の下面にもスプリンクラーヘッドを設けること。
- (3)　スプリンクラーヘッドは，当該ヘッドの軸心が当該ヘッドの取付け面に対して直角となるように設けること。
- (4)　スプリンクラーヘッドのデフレクターから下方0.3m（易燃性の可燃物を収納する部分に設けられるスプリンクラーヘッドにあっては，0.9m）以内で，かつ，水平方向0.45m以内には，何も設けられ，又は置かれていないこと。

- (1)　後半の例外規定は，「当該はり等の相互間の中心距離が **1.8m以下**である場合にあっては，この限りでない。」となっています（⇒ P236 参照）。
- (2)　奥行については，1.0mではなく「**1.2mを超えるもの**」となっています。
- (3)　正しい。
- (4)　デフレクターから下方と水平方向の距離が逆になっており，「デフレクターから下方 **0.45m**（易燃性の可燃物を収納する部分に設けられるスプリンクラーヘッドにあっては，0.9m）以内で，かつ，水平方向 **0.3m** 以内には，何も設けられ，又は置かれていないこと。」が正解です。

解　答

【問題26】…(3)

【問題 28】

　閉鎖型スプリンクラーヘッドのうち標準型ヘッド（高感度型除く）を耐火建築物に設ける場合，当該天井の各部分から１つのスプリンクラーヘッドまでの水平距離として，次のうち正しいものはどれか。

　(1)　1.7 m 以下　(2)　2.1 m 以下

　(3)　2.3 m 以下　(4)　2.5 m 以下

　耐火建築物にあっては **2.3 m 以下**，耐火建築物以外の建築物にあっては**2.1 m 以下**，また，開放型スプリンクラー設備にあっては**1.7 m 以下**となるように設ける必要があります（選択肢の(4)はラック式倉庫のラック等を設けた部分における水平距離です⇒ P 239 の表 3-14 参照）。

【問題 29】

　閉鎖型スプリンクラーヘッドのうちの標準型ヘッドの取り付けについて，次のうち消防法令上誤っているものはどれか。

　(1)　スプリンクラーヘッドを取り付ける天井面等からデフレクターまでの距離を，30 cm 以下として取り付けられていること。

　(2)　スプリンクラーヘッドは，感熱及び散水が妨げられないように取り付けられていること。

　(3)　開口部に設けるヘッドは，開口部の上枠より 0.15 m 以内の高さの壁面に設けること。

　(4)　合掌屋根の屋根裏頂部には，スプリンクラーヘッドのデフレクターが各傾斜に平行になるように 2 列に取り付けられていること。

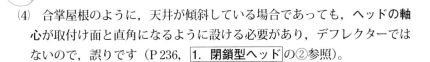

　(4)　合掌屋根のように，天井が傾斜している場合であっても，**ヘッドの軸心が取付け面と直角**になるように設ける必要があり，デフレクターではないので，誤りです（P 236，| 1.　閉鎖型ヘッド |の②参照）。

| 解　答 |

【問題 27】 …(3)

【問題30】

次のA~Eは，自動警報弁（湿式流水検知装置）が作動して警報を発するまでの作動状況を，時間の流れとは関係なく個別に並べたものである。正しい流れを配置しているものを選び，記号で答えなさい。

A　スプリンクラーヘッドが開放して散水し，流水検知装置の二次側圧力が低下。

B　リターディングチャンバー内の圧力が流入した水で上昇し，圧力スイッチが作動する。

C　圧力スイッチから防災センター等の受信盤に信号が発せられ，表示を行うとともに音響警報を発する。

D　流水によりディスクが押し上げられる。

E　リターディングチャンバー内に水が流入する。

(1)　A ⇒ B ⇒ D ⇒ C ⇒ E

(2)　A ⇒ B ⇒ D ⇒ E ⇒ C

(3)　A ⇒ D ⇒ B ⇒ E ⇒ C

(4)　A ⇒ D ⇒ E ⇒ B ⇒ C

（この自動警報弁については，開放型も同じです）

自動警報弁が作動して警報を発するまでの流れは，次のようになります。

A　スプリンクラーヘッドが開放して散水し，流水検知装置の二次側圧力が低下。

D　流水によりディスクが押し上げられる。

E　リターディングチャンバー内に水が流入する。

B　流入した水でリターディングチャンバー内の圧力が上昇し，圧力スイッチが作動する。

C　圧力スイッチ（PS）から防災センター等の受信盤に信号が発せら

解　答

【問題28】…(3)　　　　　　　　　　【問題29】…(4)

れ，表示を行うとともに音響警報を発する。

従って，解答は(4)のA ⇒ D ⇒ E ⇒ B ⇒ C となります。

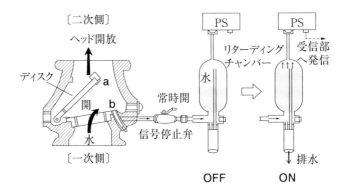

【問題31】

スプリンクラー設備に用いる自動警報装置について，次のうち誤っているものはいくつあるか。

(A) 発信部は，各階（ラック式倉庫にあっては，配管の系統）または放水区域ごとに設けること。

(B) 発信部には，流水検知装置または圧力検知装置を用いること。

(C) 受信部には，スプリンクラーヘッドまたは火災感知用ヘッドが開放した階が覚知できる表示装置を防災センター等に設けること。

(D) 1つの防火対象物に2以上の受信部が設けられているときは，これらの受信部のある場所相互間で同時に通話することができる設備を設けること。

(E) 自動火災報知設備により警報が発せられる場合は，自動警報装置の設置を省略することができる。

　(1) 1つ　　(2) 2つ　　(3) 3つ　　(4) 4つ

<hr />

解　答

【問題30】…(4)

（この自動警報装置については，閉鎖型，開放型共通です）

(A)，(B)　○

(C)　×

　　受信部には，スプリンクラーヘッドまたは火災感知用ヘッドが開放した「階または放水区域（⇒開放型）」が覚知できる表示装置を防災センター等に設ける必要があるので，誤りです。

(D)　○

(E)　×

　　自動火災報知設備により警報が発せられる場合は，自動警報装置全体ではなく，**音響警報装置のみ省略**することができるので（表示装置は省略できない），誤りです。

従って，誤っているのは，(C)と(E)の2つとなるので，(2)が正解です。

【問題32】

　スプリンクラー設備の制御弁について，次のうち正しいものはいくつあるか。

(A)　開放型スプリンクラーヘッドを用いるスプリンクラー設備（特定施設水道連結型スプリンクラー設備を除く。）にあっては放水区域ごとに設けること。

(B)　閉鎖型スプリンクラーヘッドを用いるスプリンクラー設備（特定施設水道連結型スプリンクラー設備を除く。）にあっては当該防火対象物の配管の系統ごとに設けること。

(C)　制御弁は，床面からの高さが0.5 m以上1.5 m以下の箇所に設けること。

(D)　制御弁にはみだりに閉止できない措置が講じられていること。

(E)　制御弁にはその直近の見やすい箇所にスプリンクラー設備の制御弁である旨を表示した標識を設けること。

　　(1)　1つ　　(2)　2つ　　(3)　3つ　　(4)　4つ

解　答

【問題31】…(2)

（この制御弁については，開放型も同じです）

(A)　○

　　開放型の制御弁は**放水区域**ごとに設ける必要があります。

(B)　×

　　「配管の系統ごとに設けること」というのは，ラック式倉庫における
　　もので，閉鎖型スプリンクラーヘッドを用いるスプリンクラー設備（特
　　定施設水道連結型スプリンクラー設備を除く。）においては，防火対象
　　物の「**階ごと**」に設ける必要があります。

(C)　×

　　制御弁は，床面からの高さが **0.8 m 以上 1.5 m 以下**の箇所に設ける必
　　要があります。

(D), (E)　正しい。

従って，正しいのは A，D，E の 3 つとなります（⇒規則第 14 条第 1 項）。

【問題 33 】

　閉鎖型スプリンクラー設備の起動装置（ポンプ方式）について，次の
（　）内に当てはまる語句として，正しいものはどれか。

　「自動火災報知設備の感知器の作動又は流水検知装置若しくは（　　　）の
作動と連動して加圧送水装置を起動することができるものとすること。」

　(1)　制御弁
　(2)　一斉開放弁
　(3)　リターディングチャンバー
　(4)　起動用水圧開閉装置

　ポンプ方式の閉鎖型スプリンクラー設備の場合，開放型のように手動式は
なく，自動でポンプ（加圧送水装置）を起動させる必要があります。

　その起動方式には，<u>流水検知装置</u>の作動と連動して加圧送水装置を起動す
る方式と<u>起動用水圧開閉装置</u>の作動と連動して起動する方式があり，一般的

解　答

【問題 32 】…(3)

には，後者の方式が用いられています（流水検知装置によるものは点検時の利便性の関係であまり用いられない）。

　起動用水圧開閉装置の方式では，起動用圧力タンクによって加圧されていた配管内の水が，放水されると圧力が低下し，それを起動用水圧開閉装置が検出して加圧送水装置（ポンプ）のスイッチがONになる，というしくみになっています。

　一方，流水検知装置によるものは，自動警報弁型を用い，ヘッドに一定以上の水圧が得られるよう，起動用圧力源として有効水量1m³以上の起動用の高架水槽が必要となります（⇒ 規則第14条第1項）。

【問題34】 ☞出た!

　スプリンクラー設備の末端試験弁について，次のうち誤っているものはどれか。
- ⑴　流水検知装置又は圧力検知装置の設けられる配管の系統ごとに一個ずつ設けること。
- ⑵　閉鎖型スプリンクラー設備および開放型スプリンクラー設備の放水圧力が最も低くなると予想される配管の部分に設けること。
- ⑶　末端試験弁の一次側には圧力計を，二次側にはスプリンクラーヘッドと同等の放水性能を有するオリフィス等の試験用放水口を取り付けること。
- ⑷　直近の見やすい箇所に「末端試験弁」である旨の標識を設けること。

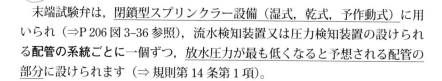

　末端試験弁は，閉鎖型スプリンクラー設備（湿式，乾式，予作動式）に用いられ（⇒P206図3-36参照），流水検知装置又は圧力検知装置の設けられる配管の系統ごとに一個ずつ，放水圧力が最も低くなると予想される配管の部分に設けられます（⇒ 規則第14条第1項）。

解　答

【問題33】…⑷

【問題 35 】

送水口について，次のうち誤っているものはいくつあるか。

(A)　送水口は，スプリンクラー設備専用のものとすること。

(B)　結合金具は，差込式又はねじ式のものとすること。

(C)　送水口は，当該スプリンクラー設備の加圧送水装置から流水検知装置
　　若しくは圧力検知装置又は一斉開放弁若しくは手動式開放弁までの配管
　　に，専用の配管をもって接続すること。

(D)　送水口の結合金具は，地盤面からの高さが 0.8 m 以上 1 m 以下で，か
　　つ，送水に支障のない位置に設けること。

(E)　送水口にはその直近の見やすい箇所にスプリンクラー用送水口である
　　旨及びその送水量を表示した標識を設けること。

　　　(1)　1つ　　　(2)　2つ　　　(3)　3つ　　　(4)　4つ

（この送水口については，開放型も同じです）

(A)　○

(B), (C)　○

(D)　×

　　　送水口の結合金具は，地盤面からの高さが **0.5 m 以上 1 m 以下**に設け
　　る必要があるので，誤りです。

(E)　×

　　　送水口の標識に表示しなければならないのは，「スプリンクラー用送
　　水口である旨」と「**送水圧力範囲**」です。

従って，誤っているのは，(D), (E)の 2 つとなります。

解　答

【問題 34 】 …(2)

【問題36】

　スプリンクラー設備に設けることができる補助散水栓の基準について，次のうち消防法令上誤っているものはいくつあるか。

(A)　ノズルには，容易に開閉できる装置を設けること。

(B)　各階ごとに，その階の各部分からホース接続口までの水平距離が10m以下となるように設けること（スプリンクラーヘッドが設けられている部分は除く）。

(C)　開閉弁を床面からの高さ1.0m以下の位置に設けること。

(D)　補助散水栓箱の上部に，取付け面と15度以上の角度となる方向に沿って10m離れた所から容易に識別できる赤色の灯火を設けること。

(E)　補助散水栓箱の表面には，「消防隊用散水栓」と表示すること。

　　(1)　1つ　　(2)　2つ　　(3)　3つ　　(4)　4つ

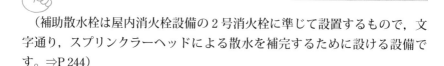

（補助散水栓は屋内消火栓設備の2号消火栓に準じて設置するもので，文字通り，スプリンクラーヘッドによる散水を補完するために設ける設備です。⇒P 244）

(A)，(D)　○

(B)　×

　　ホース接続口までの水平距離は，**15m以下**となっています。

(C)　×

　　開閉弁の床面からの高さは，**1.5m以下**の位置に設ける必要があります。

(E)　×

　　補助散水栓箱の表面には，「**消火用散水栓**」と表示する必要があります。

従って，誤っているのは，(B)，(C)，(E)の3つとなります。

＜開放型スプリンクラー設備　→P.229＞

【問題37】

　開放型スプリンクラー設備のスプリンクラーヘッドについて，次のうち誤っているものはどれか。

解　答

【問題35】…(2)

⑴　開放型スプリンクラーヘッドは，原則として，舞台部の天井や小屋裏で室内に面する部分とすのこや渡りの下面の部分に設けること。

⑵　ヘッドのデフレクターから下方 0.45 m 以内，かつ，水平方向 0.3 m 以内には何も設けたり，置いたりしないこと。

⑶　ヘッドは，防火対象物またはその部分から水平距離で 2.3 m 以下となるように設けること。

⑷　すのこや渡りの上部の部分に可燃物が設けられていない場合は，その天井，小屋裏の室内に面する部分には，スプリンクラーヘッドを設けないことができる。

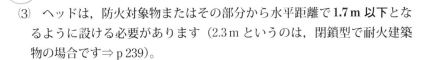

⑶　ヘッドは，防火対象物またはその部分から水平距離で **1.7 m 以下** となるように設ける必要があります（2.3 m というのは，閉鎖型で耐火建築物の場合です⇒ p 239）。

【問題 38 】

開放型スプリンクラー設備について，次のうち誤っているものはどれか。

⑴　開放型スプリンクラーヘッドを用いるスプリンクラー設備の放水区域の数は，1 つの舞台部又は居室につき 4 以下とすること。ただし，火災時に有効に放水することができるものにあっては，居室の放水区域の数を 5 以上とすることができる。

⑵　2 以上の放水区域を設けるときは，放水区域が相互に重複しないように設けること。

⑶　一斉開放弁の二次側配管には，亜鉛メッキ等の防食処理を施すこと。

⑷　開放型スプリンクラー設備に用いる流水検知装置は，湿式のものとすること。

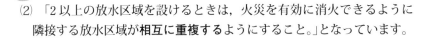

⑵　「2 以上の放水区域を設けるときは，火災を有効に消火できるように隣接する放水区域が **相互に重複する** ようにすること。」となっています。

解　答

【問題39】 👈出た!

開放型スプリンクラー設備の一斉開放弁について，次のうち誤っているものはどれか。

(1) 一斉開放弁は，放水区域ごとに設けること。

(2) 一斉開放弁にかかる圧力は，それぞれの弁の最高使用圧力以下とすること。

(3) 一斉開放弁の起動操作部または手動式開放弁は，開放型スプリンクラーヘッドの存する階で，火災のとき容易に接近することができ，かつ，床面からの高さが0.5m以上1.5m以下の箇所に設けること。

(4) 手動式開放弁は，当該弁の開放操作に必要な力が150N以下のものであること。

解説

(3) 一斉開放弁の起動操作部または手動式開放弁の床面からの高さは，**0.8m以上**1.5m以下の箇所に設ける必要があります（⇒P243の(4)）。

【問題40】

舞台部に設置されているスプリンクラー設備の起動装置について，次のうち誤っているものはどれか。

(1) 自動火災報知設備の感知器の作動又は火災感知用ヘッドの作動若しくは開放による圧力検知装置の作動と連動して加圧送水装置及び一斉開放弁（加圧送水装置を設けない特定施設水道連結型スプリンクラー設備にあっては，一斉開放弁）を起動することができるものとすること。

(2) 自動火災報知設備の受信機若しくはスプリンクラー設備の表示装置が防災センター等に設けられており，かつ，火災時に直ちに手動式の起動装置により加圧送水装置及び一斉開放弁を起動させることができる場合にあっては，手動式のみとすることができる。

(3) 加圧送水装置及び手動式開放弁にあっては，直接操作により起動することができるものであること。

(4) 2以上の放水区域を有するスプリンクラー設備にあっては，放水区域を選択することができる構造とすること。

解　答

【問題37】…(3)　　　　　　　　　【問題38】…(2)

(3)　加圧送水装置及び手動式開放弁については，「直接操作又は遠隔操作により，それぞれ加圧送水装置及び手動式開放弁又は加圧送水装置及び一斉開放弁を起動することができるものとすること。」となっているので，防災センター等からの遠隔操作による場合も可能です（⇒ P 232 の(3)）。

<スプリンクラー設備の水源水量　→P.216>

【問題 41 】

　閉鎖型スプリンクラーヘッドを用いるスプリンクラー設備の水源水量の算出方法について，次のうち消防法令上誤っているものはどれか。
(1)　高感度型ヘッドを用いるスプリンクラー設備の場合にあっては，法令に定める基準個数に $1.6\,m^3$ を乗じて得た量以上の量とする。
(2)　小区画ヘッドを用いるスプリンクラー設備の場合にあっては，法令に定める基準個数に $1.0\,m^3$ を乗じて得た量以上の量とする。
(3)　予作動式の流水検知装置が設けられているスプリンクラー設備の場合にあっては，湿式（小区画ヘッドによるものを除く。）における基準個数に 1.5 倍した個数に $1.6\,m^3$ （ラック式倉庫の場合を除く。）を乗じて得た量以上の量とする。
(4)　乾式の流水検知装置が設けられているスプリンクラー設備の場合にあっては，湿式（小区画ヘッドによるものを除く。）における基準個数に 7 を加えた個数に $1.6\,m^3$ （ラック式倉庫の場合を除く。）を乗じて得た量以上の量とする。

　閉鎖型スプリンクラーヘッドを用いるスプリンクラー設備のうち，乾式の流水検知装置が設けられているスプリンクラー設備の場合は，(3)の予作動式と同じく，「湿式（小区画ヘッドによるものを除く。）における基準個数に **1.5 倍した個数に 1.6㎥** （ラック式倉庫の場合を除く。）を乗じて得た量以上の量」とする必要があります。

解　答

【問題 39 】…(3)　　　　　　　　　【問題 40 】…(3)

【問題 42】

　開放型スプリンクラーヘッドを用いるスプリンクラー設備の水源水量で，法令に定められた算出方法について（A）〜（C）に当てはまる語句の組み合わせとして，次のうち消防法令上正しいものはどれか。

　「舞台部が防火対象物の10階以下の階に存するときは，（A）に設置されるヘッドの個数に1.6を乗じて得た個数に（B）を乗じて得た量以上の量，舞台部が防火対象物の11階以上の階に存するときは，（C）に設置される個数に，（B）を乗じて得た量以上の量とすること。」

	(A)	(B)	(C)
(1)	最大の放水区域	1.6 m³	ヘッドの設置個数が最も多い階
(2)	最大の放水区域	1.1 m³	ヘッドの設置個数が最も多い階
(3)	ヘッドの設置個数が最も多い階	1.1 m³	最大の放水区域
(4)	ヘッドの設置個数が最も多い階	1.6 m³	最大の放水区域

　開放型の場合は，次のようになります。

　　・舞台部が防火対象物の**10階以下**の階にあるとき
　　　⇒**最大の放水区域**に設置されるヘッドの個数に1.6を乗じて得た個数にさらに**1.6 m³** を乗じた量以上の量。
　　・舞台部が防火対象物の**11階以上**の階にあるとき
　　　⇒**ヘッドの設置個数が最も多い階**（C）に設置されるヘッドの個数に**1.6 m³** を乗じて得た量以上の量。

　従って，（A）は，「最大の放水区域」，（B）は「1.6 m³」（C）は「ヘッドの設置個数が最も多い階」となるので，（1）が正解となります。

＜ラック式倉庫⇒P 240＞

【問題 43】

　ラック式倉庫に設置するスプリンクラー設備について，次のうち誤ってい

るものはいくつあるか。

(A)　スプリンクラーヘッドは，閉鎖型ヘッドのうち，有効散水半径が 2.5 m の標準型ヘッドを用いること。

(B)　1つのスプリンクラーヘッドまでの水平距離は，ラック等を設けた部分については 2.3 m 以下，天井，小屋裏に設ける場合については 2.1 m 以下となるように設けること。

(C)　自動警報装置の発信部（流水検知装置）は，予作動式以外のものとし，配管の系統ごとに設けること。

(D)　制御弁は，放水区域ごとに設けること。

(E)　ラック等を設けた部分に設けるヘッドには，他のヘッドから散水された水がかかるのを防止するための措置を講じること。

　　(1)　1つ　　　(2)　2つ　　　(3)　3つ　　　(4)　4つ

(A)　×

　　有効散水半径については，「**2.3 m の標準型ヘッド**」となっています。

(B)　×

　　1つのスプリンクラーヘッドまでの水平距離については，ラック等を設けた部分については **2.5 m 以下**となっています。

(C)　○　（P 241 の (2) 自動警報装置）

(D)　×

　　放水区域は開放型の場合であり，ラック式倉庫には閉鎖型を用いるので，**配管の系統**ごとに設けます。

(E)　○

　　ラック等を設けた部分に設けるヘッドには，他のヘッドから散水された水がかかるのを防止するための**被水防止板**などを設ける必要があるので，正しい。

従って，誤っているのは，(A)，(B)，(D)の3つとなります。

解　答

【問題 42】 …(1)

水噴霧消火設備　（⇒P 245）

【問題44】

水噴霧消火設備について，次のうち誤っているものはどれか。

(1)　自動式の起動装置は，自動火災報知設備の感知器の作動，閉鎖型スプリンクラーヘッドの開放又は火災感知用ヘッドの作動若しくは開放と連動して加圧送水装置及び一斉開放弁を起動できるものであること。ただし，自動火災報知設備の受信機が防災センター等に設けられ，かつ，火災時に直ちに手動式の起動装置により加圧送水装置及び一斉開放弁を起動させることができる場合にあっては，手動式の装置とすることができる。

(2)　放射区域とは，1つの一斉開放弁により同時に放射する区域のことをいう。

(3)　指定可燃物を貯蔵する防火対象物に設置する水噴霧消火設備の放射区域については，全階層にまたがって設けている場合もある。

(4)　2以上の放射区域を設けるときは，火災を有効に消火できるように隣接する消火区域が相互に重複するように設けること。

解説

(1)　正しい。なお，「自動火災報知設備の感知器の作動，閉鎖型スプリンクラーヘッドの開放又は火災感知用ヘッドの作動若しくは開放と連動して加圧送水装置及び一斉開放弁を起動できるものであること。」については，出題例があるので，特に下線部の3つについては，要注意！

(2)　正しい。

(3)　誤り。水噴霧消火設備の放射区域については，防護対象物の存する階ごとに設ける必要があり，2階層や全階層にまたがって設けることはできません。

(4)　正しい。なお，開放型スプリンクラー設備の場合，消火区域が放水区域になっています。

解　答

【問題43】…(3)

【問題 45 】

水噴霧消火設備について，次のうち適切でないものはどれか。

(1) 放射区域は，防護対象物が存する階ごとに設けること。

(2) 排水設備は，加圧送水装置の標準放射量に該当する水量を有効に排水できる大きさ及び勾配を有すること。

(3) 水噴霧ヘッドは，防護対象物（消火設備によって消火すべき対象物）の形状や構造等に応じて，火災を有効に消火することができるよう，必要な個数を適当な位置に設けること。

(4) 一斉開放弁の二次側配管の部分には，当該放水区域に放水することなく当該弁の作動を試験するための装置を設けること。

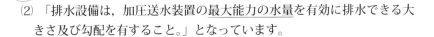

(2) 「排水設備は，加圧送水装置の<u>最大能力</u>の<u>水量</u>を有効に排水できる大きさ及び勾配を有すること。」となっています。

【問題 46 】

水噴霧ヘッドおよび水源水量について，次のうち誤っているものはどれか。

(1) 指定可燃物を貯蔵，取扱う施設については，防護対象物のすべての表面をヘッドの有効防護空間（ヘッドから放射する水噴霧によって有効に消火することができる空間）内に包含するように設けること。

(2) 道路の用に供される部分および駐車の用に供される部分については，道路の幅員または車両の駐車位置を考慮して，防護対象物をヘッドから放射する水噴霧により有効に包含でき，かつ，車両周囲の床面の火災を有効に消火できるように設けること。

(3) 高圧の電気機器がある場所では，電気機器とヘッド，配管との間に電気絶縁のための必要な空間を設けること。

(4) 駐車の用に供される部分の水源水量については，床面積 $1\,\mathrm{m}^2$ につき $20l／\mathrm{min}$ の割合で計算した量（床面積が $50\,\mathrm{m}^2$ を超える場合は，$50\,\mathrm{m}^2$）で，10分間放射することができる量以上の量とする。

解　答

【問題 44 】 …(3)

(4)　駐車の用に供される部分の水源水量については，「床面積1m²につき20l／minの割合で計算した量（床面積が50m²を超える場合は，50m²）で，**20分間放射することができる量以上の量とする。**」となっています。

【問題47】 出た！

　防火対象物の道路の用に供される部分に設置する水噴霧消火設備の排水設備について，次のうち誤っているものはどれか。
(1)　道路の両側には，排水溝を設けること。
(2)　道路には，排水溝に向かって有効に排水できる勾配をつけること。
(3)　消火ピットは油分離装置付とし，火災危険の少ない場所に設けること。
(4)　排水溝は，長さ40m以内ごとに1個の集水管を設け，消火ピットに連結すること。

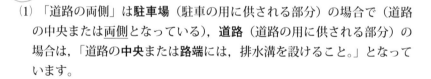

(1)　「道路の両側」は**駐車場**（駐車の用に供される部分）の場合で（道路の中央または両側となっている），**道路**（道路の用に供される部分）の場合は，「道路の**中央**または**路端**には，排水溝を設けること。」となっています。

【問題48】 出た！

　防火対象物の駐車の用に供される部分に設置する水噴霧消火設備の排水設備について，次のうち正しいものはどれか。
(1)　車両が駐車する場所の床面には，排水溝に向かって100分の1以上の勾配をつけること。
(2)　車両が駐車する場所には，車路に接する部分に区画境界堤を設けること。
(3)　区画境界堤の高さは，10cm以上とすること。
(4)　排水溝および集水管は，床面積1m²につき10l／minの割合で計算した水量を有効に排水できる大きさおよび勾配を有すること。

(1) 車両が駐車する場所の勾配は，**100分の2以上**です。

(2)，(3) 「車両が駐車する場所には，**車路に接する部分を除き**，高さ**10 cm以上の区画境界堤を設けること。**」となっているので，(2)が誤りで，(3)が正解です。

(4) 「床面積1 m² につき 10*l*／min の割合で計算した水量」というのは，指定可燃物を貯蔵，取扱う施設における水噴霧ヘッドの標準放射量であり（⇒P 250 の表 3-15），排水溝および集水管については，「**加圧送水装置の最大能力の水量**を有効に排水できる大きさおよび勾配を有すること。」となっています（⇒P 251 の④）。

<総合>

【問題49】

消火設備とそれに関係がある機器類との組み合わせとして，次のうち正しいものはどれか。

(1) 屋内消火栓設備……………………リターディングチャンバー
(2) 屋外消火栓設備……………………開閉弁及びプレーパイプ
(3) スプリンクラー設備………………ピトーゲージ
(4) 水噴霧消火設備……………………補助散水栓

(1) リターディングチャンバーは，**スプリンクラー設備**や**水噴霧消火設備**などに使用される自動警報弁を構成する機器です。

(2) 正しい。開閉弁は，消火栓箱内に設置されている弁で，プレーパイプは，次の図に示した部分をいいます。

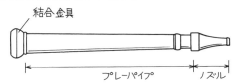

解 答

(3)　ピトーゲージは，屋内消火栓または屋外消火栓において棒状放水の圧力を測定する機器です。

(4)　補助散水栓は，**スプリンクラー設備**に用いるもので，流水検知装置の二次側（ヘッド側）に設けて，ヘッド省略部分などを有効に補完する機器です。

解　答

【問題49】…(2)

第4編

構造・機能及び工事又は整備の方法・2

電気に関する部分

● ●

この電気に関する部分については，「機械に関する部分」や「電気の基礎知識」の部分と一部重なる部分がありますが，電気に関する部分を免除で受験される方の便宜を考えて，本書では，「電気に関する部分」を独立させて編集いたしました。

電動機には，**誘導電動機**と**同期電動機**があります。

 # 誘導電動機

この誘導電動機については，第 2 編の電気に関する基礎知識でも出題されますが，この電気に関する部分でも，同じような内容で出題される場合と，より深い知識を必要とする出題があります。

（1）　誘導電動機の種類

誘導電動機には，単相用と三相用があるほか，回転子の種類により，**かご形**と**巻線形**があります。

かご形は，図 4-1（a）のように，導体をかごのように成層鉄心の中に埋め込んだもので，巻線形は図 4-1（b）のように，回転子導体の端子をスリップリングからブラシを通して外部に引き出したもので，この端子に抵抗器を接続して，速度の調整や始動用として用いることができます。

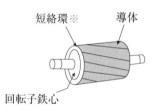

（※導体の両端をまとめて短絡したもの）

（a）　かご形

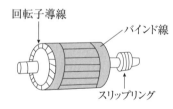

（ブラシを通じて抵抗器を接続する）

（b）　巻線形

図 4-1

(2)　誘導電動機の原理と回転速度

回転の原理については，下図のかご形で説明いたします。

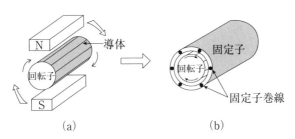

図 4-2　誘導電動機

　図 4-2（a）のように，回転子のまわりを磁石が回転すると電磁誘導により，導体に電流が流れます（⇒フレミングの右手の法則）。

　その電流が，再び磁束を切ることにより，導体には磁石の回転方向と同じ方向にトルクを生じ，回転を始めます（⇒フレミングの左手の法則）。

　この場合，図 4-2（b）のように磁石の代わりに回転子のまわりに固定子巻線なるものを設け，それに三相交流（120 度ずつ位相をずらした 3 つの単相交流を組み合わせたもの）を流すと同様な回転磁界を生じるので，回転子は回転を始めます。

　この回転磁界の 1 分間の回転速度を**同期速度**といい，周波数を f，電動機の極数を p とすると，同期速度 N_S は次式のようになります。

$$N_S = \frac{120f}{p} \; [min^{-1}] \quad \cdots\cdots\cdots\cdots\cdots\text{(1)式}$$

　しかし，実際の誘導電動機の回転子は，この同期速度より少し遅く回転します。この速度の低下率を**すべり**（s）といい，回転子の実際の回転速度を N とすると，そのすべり s は次式で表されます。

$$s = \frac{N_S - N}{N_S}$$

　従って，三相誘導電動機の回転速度 N は，このすべりによって次のようになります（注：例えば s が 10 ％なら計算の際は 0.1 として計算します）。

$$s \times N_S = N_S - N$$

$$N = N_S - sN_S = N_S (1-s)$$

この N_S に（3-1式）を代入すると次式となります。

$$N = \frac{120f(1-s)}{p} \ [\text{min}^{-1}] \ \dots\dots\dots\dots\dots\dots\dots\dots\dots\dots\dots (2)式$$

（3）　回転方向の逆転

回転方向を逆転させるには，回転磁界を逆に回せばよいので，固定子巻線の三相のうち2線を入れ替えます。

（4）　誘導電動機の特性

まず，次の式は覚える必要はありませんが，トルクと電流は次の式から求められます（この式を参考にしながら次の特性に目を通してください）。

$$T = \text{K} \frac{V_1^2 \times \dfrac{r_2}{s}}{\left(r_1 + \dfrac{r_2}{s}\right)^2 + (x_1 + x_2)^2} \ \dots\dots\dots\dots\dots\dots\dots\dots (3)式$$

$$I = \frac{V_1}{\sqrt{\left(r_1 + \dfrac{r_2}{s}\right)^2 + (x_1 + x_2)^2}} \ \dots\dots\dots\dots\dots\dots\dots (4)式$$

$r_1, \ x_1$：固定子巻線の抵抗とリアクタンス
$r_2, \ x_2$：回転子巻線の抵抗とリアクタンス

1. 電圧低下による各特性の変化

表 4-1

特性の種類	電圧低下による変化
始動トルクと出力	減少する （始動トルクと出力は電圧の 2 乗に比例します）
効率	悪くなる
始動電流	減少する （(4)式より）
回転数	減少する
すべり	増加する

2. 周波数低下による各特性の変化

表 4-2

特性の種類	周波数低下による変化
始動トルクと出力	増加する
効率	悪くなる
始動電流	増加 （リアクタンスが減少するため）
回転数	減少

(5)　誘導電動機の始動法

　誘導電動機を始動する際に，直接定格電圧を加えると，定格の 5～8 倍程度になる過大な始動電流が流れて，巻線の損傷や配電線の異常な電圧降下などを招きます。

　従って，次のような方法により始動電流を制限する必要があります。

1. かご形

① 全電圧始動 👉出た!

じか入れ始動ともいわれ，そのまま全電圧をかけて始動する方法で，**小容量機三相かご形誘導電動機の場合，11kw未満の低圧電動機**に限り認められています。

② Y−△始動（スターデルタ始動法）

固定子巻線*の結線を始動時はY結線，運転時は△結線とする方法で，こうすることによって始動電圧を全電圧の $\dfrac{1}{\sqrt{3}}V$ とすることができます（始動電流と始動トルクは $\dfrac{1}{3}$ になります）。

しかし，トルクの方は電圧の2乗に比例するので（⇒ P.300の(3)式参照），全電圧時の $\dfrac{1}{3}$ となり，**重負荷をかけたままの始動には適していません**。この始動法は，5～15kW程度の電動機に用いられています。

＊固定子巻線

△結線というのは，図4-3（a）のように，各巻線端子に線間電圧 V がそのまま加わる結線方式で，Y結線（スター線）というのは，三相の3端子を図のように0点で一括して接続したもので，各巻線端子には線間電圧の $\dfrac{1}{\sqrt{3}}V$ が加わります。従って，始動時に固定子巻線の結線をY結線とすることにより，電圧を $\dfrac{1}{\sqrt{3}}$ に低減することができ，始動電流を小さくすることができます。

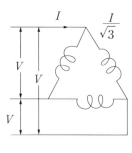

（a）△結線（運転時）

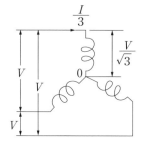

（b）Y結線（始動時）

図4-3

③ 始動補償器法

　タップの位置を変えることにより電圧を低減することができる変圧器（単巻変圧器という）を用いて，始動時に低電圧にして始動電流が大きくならないようにし，回転数が増したら（電流値が落ち着いたら）全電圧に切り替えるという始動法で，11 kW 以上の容量の大きな誘導電動機に用いられています。

④ リアクトル始動法

　始動補償器法の単巻変圧器の代わりにリアクトル（コイルの1種）を用いて電圧，電流を低減して始動する方法で，全速に達したらリアクトル部分を短絡して直接電源に接続します。

| 2. 巻線形 |

　巻線形の場合は，下図のスリップリングからブラシを通じて抵抗器を接続し，その抵抗値を変化させることにより<u>始動電流を制限した状態で大きな始動トルクを得ることが出来ます</u>（⇒ 始動電流を小さくした状態で**重負荷でも始動できる**）。

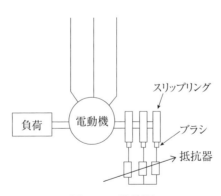

図 4-4　巻線形

比例推移について

　巻線形において，始動電流を制限した状態で大きな始動トルクを得ることが出来るのは，**比例推移**を利用したからです。

　たとえば，P.300 ⑷ 誘導電動機の特性 のトルクと電流を求める式において，二次抵抗 r_2（＝回転子巻線の抵抗）とすべり s を共に変化させてもトルク T や電流 I は変わりません。

　ということは，二次抵抗 r_2 を m 倍にすると，すべり s も m 倍のところで元の状態を同じ大きさのトルクを発生するということになるわけで，この性質を**比例推移**といいます。

　この性質を利用すると，大きなトルクを発生するときの $\frac{r_2}{s}$ の分母分子を同じ割合で変化させれば，始動時，すなわち $s = 1$（⇒ P.300 の⑶式参照）のときにそのトルクと同じ大きさのトルクを得ることができます（これは，電流についても同様です）。

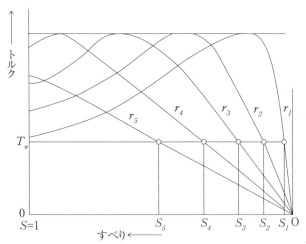

$$\left(\frac{r_1}{S_1} = \frac{r_2}{S_2} = \frac{r_3}{S_3} \cdots \text{とすることにより，違う回転数でも同じトルクにすることが出来る} \right)$$

図4-5

(6)　速度制御

　誘導電動機の速度 N は，P.300 の（2）式より，次のように表すことができます。

$$N = \frac{120f\,(1-s)}{p}\ \ [\mathrm{min}^{-1}]$$

　従って，速度 N を変えるには，f（周波数），s（すべり），p（極数）を変えればよいということになります。

1.　周波数を変える方法

　インバータなどの可変周波数電源を用いて速度制御を行う方法で，高価ですが，きわめて円滑で効率のよい速度制御が可能です。

2.　すべりを変える方法

① 　一次電圧制御

　P.300 のトルクの式を見ると，トルクは $\dfrac{V_1^{\,2}}{S}$ と比例関係にあることがわかります。

　これより，一次電圧 V_1 を変えることにより同一トルクに対する電動機のすべりをかえることができます。

　ただ，この方式では，**広範囲の速度制御が可能**ではあるものの，効率がよくないので，クレーンなどの**小容量機**に用いられています。

② 　二次抵抗を変える方法

　巻線形の誘導電動機で採用されている方法で，前ページの比例推移で説明した方法によりすべり（速度）を変える方法です。

　この方法は，外部抵抗により損失が生じるので効率は悪いですが，**制御が容易**なので，巻線形の誘導電動機で広く用いられている方法です。

3.　極数を変える方法

　固定子巻線の接続を変えるか，あるいは，2 組の巻線を設けるなどして極数を変えて速度制御を行う方法で，効率はよいのですが，速度の調整が**段階的**になります。

2 同期電動機

　誘導電動機の回転子の代わりに回転磁極を設けたもので，回転磁極を何らかの方法で回転磁界（固定子巻線によるもの）の速度近くまで回してやれば，互いの N と S，または S と N が吸引してそのまま同期速度で回転を続けます。

　従って，同期電動機の回転速度は回転磁界の同期速度（P 299 の(1)式）となります。

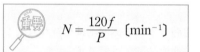

$$N = \frac{120f}{P} \ [\text{min}^{-1}] \quad \left(\begin{array}{l} f：周波数〔\text{Hz}〕\\ P：極数 \end{array} \right)$$

(1) 始動方法

1. 自己始動法

　始動用に特別に設けた巻線（制動巻線）を用います。

2. 始動電動機法

　始動のための専用の電動機を用いる方法です。

3. 補償器始動法

　始動補償器を用いる方法です。

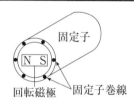

図 4-6　同期電動機

(2) 特徴（三相誘導電動機との比較）

　一般に始動トルクが小さく，始動操作もやや面倒ですが，**速度が一定で力率も自由に調整できる**という利点があります。

❸ 非常電源 （注：「自家発」は自家発電設備の略称です。）

　非常電源については，「電気に関する部分」と「規格」に分けて出題されていますが，本書では，知識の混乱を避けるため，この「電気に関する部分」でまとめて説明してあります。

　非常電源には，**非常電源専用受電設備**＊，**蓄電池設備**，**自家発電設備**および**燃料電池設備**の4種類があります（⇒**キュービクル受電設備は非常電源には使えないので要注意！**）。

　その共通する基準には，次のようなものがあります。

基準1

> 消火設備を有効に**30分間以上**作動できる容量が必要。

基準2

> 非常電源専用受電設備以外は，
> ① 停電時には自動的に非常電源に切り替わり，
> ② 停電復旧時には自動的に常用電源に切り替わること。
> 　（管理者が常駐し，かつ，停電時に直ちに操作できる場所に設ける。なお，自家発電設備は①の機能のみでよい）

基準3

> 開閉器には，「○○用」と表示されていること。
> （○○には，「屋内消火栓設備用」などの各消火設備の名称が入る）

＊：非常電源専用受電設備は，延べ面積が**1000 m²以上**の特定防火対象物には使用することができません。

(1)　非常電源専用受電設備

　非常電源専用受電設備というのは，自家発電設備や蓄電池設備を設けず，電力会社からの配線に消防用設備等専用の変圧器を設けるか，あるいは主変圧器の二次側に専用の開閉器を設けて非常電源とするもので，コストは低減できますが，落雷などによって停電する恐れがあります。

　その設置基準については次のようになっています。

① 　点検に便利で，かつ，火災等の災害による被害を受けるおそれが少ない箇所に設けること。

② 　他の電気回路の開閉器または遮断器によって<u>遮断されないこと</u>（たとえ緊急の場合であっても，遠隔操作等で遮断はできない。）

③ 　非常電源専用受電設備は，操作面（キュービクル式のものは受電設備）の前面に，原則として**1m以上**の幅の空地を有すること。

(2)　自家発電設備

　自家発電設備には，キュービクル式とキュービクル式以外のものがあり，キュービクルのものについての説明は 4. キュービクル式自家発電設備の規格 （P 310）のみになります。

　その自家発電設備ですが，<u>原動機，発電機，制御装置，燃料タンク</u>等から構成されています（ガソリンエンジン等の原動機で発電機を回して発電する。

　なお，下線部の設備一式を箱の中にコンパクトに収めたものを**キュービクル式**といいます）。

1.　自家発電設備の周囲 　☞出た! （キュービクル式以外の基準）

　自家発電装置の周囲には，**0.6m以上**の幅の空地を有するものであること。（キュービクル式は**1m以上**⇒P 310 の①）

2.　燃料タンクと原動機との間隔 （キュービクル式以外の基準）

　燃料タンクと原動機との間隔は，原則として予熱する方式の原動機にあっては**2m以上**，その他の方式の原動機にあっては**0.6m以上**とすること。

　なお，自家発電設備がその周囲等に保有すべき距離は，次の表4-3のようになっています。

表4-3　自家発電設備の保有距離（キュービクル式以外のもの）

保有距離を必要とする場所		保有距離	
自家発電設備	相互間	1.0m 以上	
	周囲	0.6m 以上	
制御装置	操作面	1.0m 以上	
	点検面	0.6m 以上 （点検に支障がなければこの限りでない）	
燃料タンクと原動機	予熱方式	2.0m 以上	（防火上有効な遮へいがあればこの限りでない）
	その他	0.6m 以上	

3. 自家発電設備の規格 （キュービクル式以外の基準）

1. 消火設備を有効に **30分間以上作動できる容量**であること。
2. 運転制御装置，保護装置，励磁装置その他これらに類する装置を収納する操作盤（自家発電装置に組み込まれたものを除く。）は，<u>鋼板製</u>の箱に収納するとともに，当該箱の前面に<u>**1m以上**</u>の幅の空地を有すること（下線部出題例あり）。
3. **外部から容易に人が触れるおそれのある充電部及び駆動部は，安全上支障のないように保護されていること。**
4. **常用電源が停電した場合**，（原則として）**自動的に電圧確立，投入及び送電が行われるものであること。**
5. 常用電源が停電してから電圧確立及び投入までの所要時間（投入を手動とする自家発電設備にあっては投入操作に要する時間を除く。）は，（原則として）**40秒以内であること。**
6. **常用電源が停電した場合**，（原則として）**自家発電設備に係る負荷回路と他の回路とを自動的に切り離すことができるものであること。**
7. **発電出力を監視できる電圧計及び電流計を設けること。**
8. 定格負荷における連続運転可能時間以上出力できるものであること。

4. キュービクル式自家発電設備の規格

キュービクル式自家発電設備の構造及び性能は，| 3. 自家発電設備の規格 |によるほか，次のような規格があります。

① **自家発電設備の周囲**

自家発電設備の周囲は，**1 m 以上**の空地を有するものであること。

② **外箱の構造**

外箱（コンクリート造等の床面に設置する場合は，その床面部分を除く。）の材料は，鋼板とし，その板厚は，屋外用のものにあっては，**2.3 mm 以上**，屋内用のものにあっては**1.6 mm 以上**であること。

③ **表示**

自家発電設備には，次に掲げる事項をその見やすい箇所に容易に消えないように表示すること（下線部は蓄電池設備と同じ）。

- ・製造者名又は商標
- ・製造年（注：蓄電池設備では「製造年月」となっている）
- ・定格出力
- ・形式番号（注：蓄電池設備では「型式番号」となっている）
- ・燃料消費量
- ・定格負荷における連続運転可能時間

> このキュービクル式自家発電設備とキュービクル式受電設備（P 307 上）とは混同しやすいので，注意してください。

これがキュービクル式自家発電設備じゃ！

キュービクル式自家発電設備

（3） 蓄電池設備の基準

　蓄電池設備には，鉛蓄電池やアルカリ蓄電池などがあり，その主な基準は次のようになっています。

1. 構造及び性能

① 　外部から容易に人が触れるおそれのある充電部及び高温部は，安全上支障のないように保護されていること。

② 　直交変換装置を有する蓄電池設備にあっては，常用電源が停電してから**40秒以内**に，その他の蓄電池設備にあっては，常用電源が停電した直後に，電圧確立及び投入を行うこと。
（直交変換装置を有しない蓄電池設備の場合，常用電源が停電したときは**自動的に**非常電源に切り替わり，かつ，復旧したときには，**自動的に**常用電源に切り替わるものでなければならない。）

③ 　常用電源が停電した場合，蓄電池設備に係る負荷回路と他の回路とを自動的に切り離すことができるものであること。ただし，停電の際，蓄電池設備に係る負荷回路を他の回路から自動的に切り離すことができる常用の電源回路に接続するものにあっては，この限りではない。

④ 　蓄電池設備は，自動的に充電するものとし，充電電源電圧が定格電圧のプラスマイナス**10％**の範囲内で変動しても機能に異常なく充電できるものであること。

⑤ 　蓄電池設備には，**過充電防止機能**を設けること。

⑥ 　蓄電池設備には，自動的に又は手動により容易に**均等充電**を行うことができる装置を設けること。ただし，均等充電を行わなくても機能に異常を生じないものにあっては，この限りでない。

⑦ 　蓄電池設備から消防用設備等の操作装置に至る配線の途中に**過電流遮断器**のほか，**配線用遮断器**又は**開閉器**を設けること。

⑧ 　蓄電池設備には，当該設備の出力電圧又は出力電流を監視できる**電圧計**又は**電流計**を設けること。

⑨ 　**0度**から**40度**までの範囲の周囲温度において機能に異常を生じないものであること。

⑩ 　容量は，最低許容電圧（蓄電池の公称電圧の80％の電圧をいう。）になるまで放電した後**24時間充電**し，その後充電を行うことなく消防用設備等を，当該消防用設備等ごとに定められた時間以上有効に監視，制

御，作動等をすることができるものであること。

2. 蓄電池設備の蓄電池の構造及び性能

① 蓄電池の単電池当たりの公称電圧は，**鉛蓄電池**にあっては**2V**（ボルト），**アルカリ蓄電池**にあっては**1.2V**，ナトリウム・硫黄電池にあっては2V，レドックスフロー電池にあっては1.3Vであること。

② 蓄電池は，液面が容易に確認できる構造とすること。（ただし，**シール形**または**制御弁式**のものはこの限りでない）

③ **減液警報装置**が設けられていること。ただし，補液の必要のないものにあっては，この限りでない（⇒　設けなくてもよい）。

3. 蓄電池設備の充電装置の構造及び性能

① 自動的に充電でき，かつ，充電完了後は，**トリクル充電又は浮動充電***に自動的に切り替えられるものであること。ただし，切替えの必要がないものにあっては，この限りでない。

（*トリクル充電：<u>負荷と遮断して自己放電を補うために常時行う微小電流の充電</u>

　　浮動充電：蓄電池と負荷を電源に常時接続し，負荷を運転させつつ行う充電）

② 充電装置の回路に事故が発生した場合，蓄電池及び放電回路の機能に影響を及ぼさないように過電流遮断器を設けること。

③ 充電中である旨を表示する装置を設けること。

④ 蓄電池の充電状態を点検できる装置を設けること。

⑤ 常用電源が停電した場合に自動的に蓄電池設備に切り替える装置の両端に当該装置の定格電圧プラスマイナス**10%**の電圧を加え，切替作動を**100回**繰り返して行い，切替機能に異常を生じないものであること。

4. 蓄電池設備の逆変換装置の構造及び性能

① 逆変換装置は，半導体を用いた静止形とし，**放電回路**の中に組み込むこと。

② 逆変換装置には，出力点検スイッチ及び出力保護装置を設けること。

③ 逆変換装置に使用する部品は，良質のものを用いること。

④ 逆変換装置の出力波形は，無負荷から定格負荷まで変動した場合において有害な歪みを生じないものであること。

5. 表示（下線部は自家発電設備と同じ）

蓄電池設備には，次に掲げる事項をその見やすい箇所に容易に消えないように表示すること。

> ① **製造者名又は商標**
> ② 製造年月（注：自家発では製造年のみ）
> ③ 容量
> ④ **型式番号**
> ⑤ 自家発電設備始動用のものにあっては自家発電設備始動用である旨の表示
> （注：「使用開始年」は入ってないので，注意が必要です。）

なお，蓄電池を放置した場合に，電解液中の硫酸鉛微粒子が極板に付着して，鉛蓄電池の寿命を縮める原因となる現象のことを**サルフェーション**といいます（P 123 参照）。

(4)　燃料電池設備

水素（H_2）と酸素（O_2）を電気化学反応させて電気を発生させるもので，常用電源が停電した場合は，燃料電池設備に係る負荷回路と他の回路を自動的に切り離し，常用電源が停電してから電圧確立および投入までの所要時間は**40秒以内**であること，となっています。

4 配線

まず，配線の工事方法には，**一般配線工事，耐熱配線工事，耐火配線工事**の3種類があります（一般配線工事より耐熱配線工事が，耐熱配線工事より耐火配線工事の方が，よりハードな状況に耐え得る工事方法です）。

その工事に使用する電線には，大きく分けて，**耐熱性を有する電線**と**耐熱電線，耐火電線**および **MI ケーブル**があります。

（このあたりが混同しやすい箇所なので，注意しながら目を通して下さい。）

耐熱性を有する電線というのは，正確には，「600 V 2 種ビニル絶縁電線（HIV），またはこれと同等以上の耐熱性を有する電線」のことで，同等以上の耐熱性を有する電線とは，P 317 の表 4-4 にある電線のことを差します。

一方，**耐熱電線**というのは，正確には「消防庁長官が定める基準に適合する耐熱電線」のことをいい，また，**耐火電線**は，「消防庁長官が定める基準に適合する耐火電線」のことをいいます。

最後に **MI ケーブル**ですが（MI とは無機絶縁という意味），銅管シース*内に銅心線を収めたもので，耐熱性と柔軟性および機械的強度に優れたケーブルのことです。（＊シース：元々は刀剣の鞘の意味で，ケーブルを覆う一番外側の被覆のこと）

さて，耐熱配線工事，耐火配線工事は，これらの電線を使用して配線していくわけですが，この「**耐熱配線**」「**耐火配線**」という**工事方法の名称**と「**耐熱性を有する電線**」「**耐熱電線**」「**耐火電線**」という**工事に使用する電線の名称**が混同しやすいので，注意してください。

電線とケーブルの違いじゃが，ここでいう電線は絶縁電線のことで，銅などの導体に絶縁性の被覆を施しただけのものをいうんじゃ。

これに対してケーブルは，その電線を束ねて，外装（シース）を施して 1 本にしたもので，保護無しで配線出来るので，工事期間や工事費を低く抑えることができるメリットがあるんじゃ。ちなみに，コードは，絶縁電線とほぼ同じものなんじゃが，ただ，可とう性があるところが絶縁電線とは異なるところじゃ。

(1) 耐熱配線と耐火配線

　まず，両者とも原則として **600 V 2 種ビニル絶縁電線**（またはこれと同等以上の耐熱性を有する電線）を用いて**金属管工事**を行いますが，**耐火電線**または **MI ケーブル**を用いた場合は**露出配線工事**とすることができます。

　ただし，耐火配線工事の場合は金属管を埋設にしなければならず，また，耐熱配線工事の場合は**耐熱電線も使用可能**になります。

- ・耐火配線　⇒　金属管を用いる場合は**埋設**する必要あり
- ・耐熱配線　⇒　金属管を用いる場合は**埋設不要で耐熱電線**も使用可能

---

(2) 各消火設備の耐火，耐熱保護配線の範囲

　基本的に，下図に示すように，非常電源回路は**耐火配線**で，その他の操作回路や表示灯などは**耐熱配線**です。

① **屋内消火栓設備，屋外消火栓設備の耐火，耐熱保護配線の範囲**
　（注：本試験では，P 519 の図で出題されることもあります。）

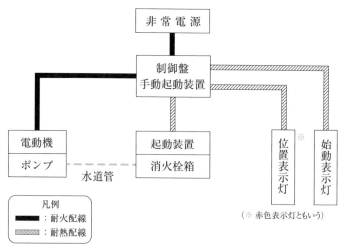

（注：「起動装置」は，一般的には P 型発信機（遠隔起動装置ともいう）です。）

図 4-7

② スプリンクラー設備，水噴霧消火設備の耐火，耐熱保護配線の範囲

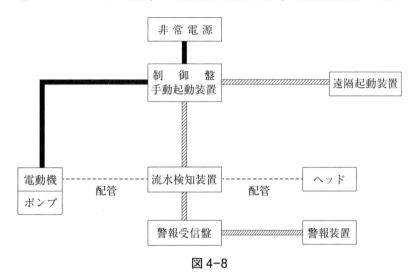

図 4-8

蓄電池設備を内蔵する機器の電源配線については，一般配線とすることができます。

表 4-4

*600 V 2 種ビニル絶縁電線（HIV）と同等以上の耐熱性を有する電線（注：主なもの）

- EP ゴム絶縁電線
- シリコンゴム絶縁電線
- CD ケーブル
- クロロプレン外装ケーブル
- 架橋ポリエチレン絶縁ビニルシースケーブル
- ポリエチレン絶縁電線
- 架橋ポリエチレン絶縁電線
- 鉛被ケーブル
- アルミ被ケーブル

5 総合操作盤

　高層の建築物や大規模建築物など，監視や防護対象となる部分が広範囲に及ぶ防火対象物において，複数の消防用設備，防災設備などの監視や操作などを一括して行うことができる機能を有する操作盤を総合操作盤といいます（一定規模以上の防火対象物＊に設置が義務付けられています）。

図 4-9　総合操作盤

＊ ……総合操作盤の設置義務が生じる主な防火対象物
① 　延べ面積が 50,000 ㎡以上の防火対象物
　　（15 階建て以上なら延べ面積 30,000 ㎡以上で設置義務が生じる）
② 　延べ面積 1,000 ㎡以上の地下街
③ 　その他，消防長又は消防署長が火災予防上必要と認めて指定する一定の防火対象物（・11F 以上で 10,000 ㎡以上・5F 以上で 20,000 ㎡以上・地階が 5,000 ㎡以上の防火対象物）

工事，整備関係

(1) 電線の接続

　電線の接続は，次の点などに注意して行う必要があります（電気設備技術基準より）。

1. 電線の強さを，**20 %以上減少**させないこと。
2. 接続点の**電気抵抗を増加**させないこと。
3. 接続の際に電線をはぎ取る際は，**芯線に傷をつけない**こと。
4. 接続部分の絶縁性は，他の部分と同等以上になるように処置すること。
5. 電線の接続は，**ハンダ付け**，**スリーブ**，**圧着端子**等により堅固に接続すること。
6. 接続部分をろう付けしてから，電線の絶縁物と同等以上の絶縁効力のあるもので被覆をすること。

(2) 接地工事

1. 接地工事の目的

　接地とは，電気回路の金属部分と大地を電線で結び，電気機器に漏電が生じた場合に漏洩電流を大地に流すようにしておく措置のことをいい，その主な目的は，次のとおりです。

①　人畜に対する感電事故を防ぐ。
②　漏電による火災や電気工作物の損傷を防止する（⇒　保護をする）。
③　漏洩電流を検出し，漏電遮断器などの動作を的確に行わせる。

　接地工事を施す主な目的　⇒　人畜に対する感電事故と
　　　　　　　　　　　　　　　　電気工作物の損傷を防ぐ。

---

2. 接地工事の種類 （D種が重要！）

　接地工事には，接地抵抗値の大きさや接地線の太さなどにより，次に示すようなA〜Dの4種類があります。

A種：

接地抵抗値を10Ω以下に保つもの（高圧の電気機械器具等）。

B種：

電柱の変圧器などに施してある接地工事で，高圧と低圧が混触すると，高圧が低圧に現れ，いろいろと危険な状況が生じるおそれがあるので，変圧器の低圧側に施す接地工事で，その接地抵抗値 R は次のようになっています（原則）。

$$R = \frac{150}{1 \text{ 線地絡電流}}$$

　　（※地絡電流とは，漏洩電流のことです）

C種：

接地抵抗値を10Ω以下に保つもの
（**300Vを超える低圧**に対して行う）。

D種：

接地抵抗値を**100Ω以下**以下に保つもの（注：電線の太さは**1.6mm以上**必要です）
（**300V以下の低圧**に対して行う）。
なお，地絡が生じた場合に**0.5秒以内**に自動的に電路を遮断する装置を施設するときは**500Ω以内**とすることができます。

（まとめ）

接地工事の種類	接地抵抗値
A種	**10Ω以下**
B種	150／Ig（Ig：1線地絡電流）
C種	**10Ω以下**
D種	**100Ω以下**

(3)　絶縁抵抗

　漏電を防ぐためには，配線などが電気的に十分絶縁されている必要があります。

　その絶縁状態を確認するために，操作回路などの絶縁抵抗を**メガー**（**絶縁抵抗計**）で測定して，次の電圧区分に応じた値であるかを確認します。

表 4–5

対地電圧の値	絶縁抵抗値
150 V 以下	**0.1 M Ω（メグオーム）以上**
150 V を超え 300 V 以下	**0.2 M Ω 以上**
300 V を超える場合	**0.4 M Ω 以上**

こうして覚えよう！

絶縁したら 胃 に 良 い
　　　　　　1　 2　 4
　　　　　(0.1) (0.2) (0.4)

(4)　金属管工事

1.　管の厚さ

①　コンクリートに埋め込む場合は，**1.2 mm 以上**であること。

②　露出配管に使用する場合は，**1.0 mm 以上**であること

2.　使用電線

①　屋外用ビニル絶縁電線（OW）を除く**絶縁電線**（600 V ビニル絶縁電線など）を使用すること。

②　より線＊を使用すること。ただし，短小な金属管に収めるもの，または直径 3.2 mm 以下のものは単線でもよい。

（＊より線：単線より細い線を撚って作られた電線で，単線に比べて曲げに強い特徴がある）

3. 電線の接続

金属管内では，電線に接続点を設けないこと（接続は専用のボックス内で行う）。

4. 混触防止

原則として，弱電流回路の電線（電話線やインターホンなど）とは同一金属管内に収めないこと。

5. 金属管の接地工事について

① 使用電圧が300V以下の場合：

D種接地工事を施すこと。

ただし，次の場合には省略することができます。

> ・管の長さが4m以下で乾燥した場所に施工する場合。
> ・対地電圧が150V以下で，管の長さが8m以下のものを乾燥した場所や人が容易に触れるおそれがないように施工したとき（土壁に埋め込む場合など）。

② 使用電圧が300Vを超える場合：

C種接地工事を施すこと。

ただし，人が触れるおそれがないように施工する場合は，D種接地工事とすることができる。

6. 施工方法のポイント

① 金属管を切断する場合は，切り口が管軸に対して直角になるようにすること。

② 管の端口は，リーマなどで滑らかに仕上げ，電線の被覆を損傷しないように適当な構造のブッシングを装着しておくこと。

③ 金属管を曲げる場合は，曲げ半径が管の内径の6倍以上とすること。

7. 金属配管工事に使用する工具等

切断に用いる主な工具	
金切りのこ	

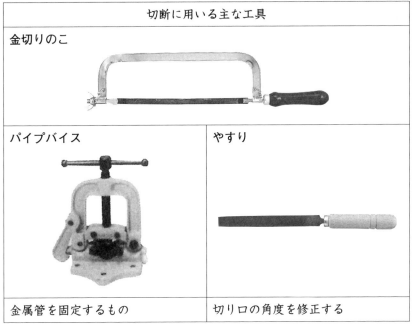

パイプバイス	やすり
金属管を固定するもの	切り口の角度を修正する

ねじ切りに用いる主な工具	
ねじ切り器	

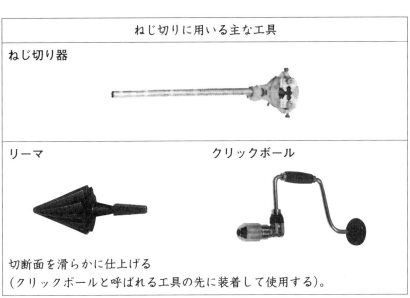

リーマ　　　　　　　　　　クリックボール

切断面を滑らかに仕上げる
（クリックボールと呼ばれる工具の先に装着して使用する）。

金属管の曲げ加工に用いる主な工具	
パイプベンダー 	パイプを差し込んでテコの原理で曲げるもの

金属管相互の接続に用いるもの	
カップリング	管の内側にねじが切ってあり，両サイドから金属管をそれぞれ差し込んで接続するもの。

(5)　遮断器等について

電路を遮断する機器には，次のようなものがあります。

1.　過電流遮断器

ヒューズ	
最も簡単な構造の過電流遮断器で，ある一定以上の電流（過負荷電流）が流れると溶断して電路を遮断し，電気機器を保護します。	
配線用遮断器（ブレーカー）	
ヒューズと用途は同じですが，ヒューズのように溶断してもいちいち取り替える必要はなく，手動で簡単に復帰できる利点があります。 　なお，大電流用の遮断器には，アークを消滅する方法による油遮断器や空気遮断器等があります。	

2.　漏電遮断器

漏電による火災や感電事故を防ぐため，漏洩電流（地絡電流）を検出して電路を遮断する装置です。

3.　過電流継電器

あらかじめ設定しておいた電流値になれば作動して，別の回路のリレーなどの接点を開閉するだけの動作をするもので，回路を遮断して電気機器を保護する機能はありません。

問題にチャレンジ！
（第4編　構造・機能，工事・点検の方法2.　電気）

<誘導電動機　→P.298>

【問題1】

ポンプ方式の加圧送水装置に用いる交流電動機のうち，出力が $11\,\mathrm{kW}$ 未満の低圧電動機の始動に限り認められている方式は，次のうちどれか。

(1)　始動補償器法

(2)　じか入れ始動方式

(3)　リアクトル始動方式

(4)　スターデルタ始動方式

誘導電動機の始動電流は，定格の5～8倍程度になるので，通常はそれを制御する必要があるのですが，小容量機（$11\,\mathrm{kW}$ 未満）の場合は，比較的小さな値で電源に及ぼす影響も小さいので，全電圧（定格電圧）で始動します。

【問題2】

電源周波数が $60\,\mathrm{Hz}$ で極数 $p=2$ の三相誘導電動機が滑り $s=20\,\%$ で運転している，このときの毎分回転速度 〔$\mathrm{min^{-1}}$〕として，次のうち正しいものはどれか。

(1)　$1440\,\mathrm{min^{-1}}$

(2)　$2880\,\mathrm{min^{-1}}$

(3)　$3600\,\mathrm{min^{-1}}$

(4)　$5760\,\mathrm{min^{-1}}$

誘導電動機の回転速度は，回転子が同期速度より，すべり（s）分だけ遅く回転するので，次のようになります。

解　答

解答は次ページの下欄にあります。

$$N = \frac{120f(1-s)}{p} = \frac{120 \times 60(1-0.2)}{2}$$

$$= 2880 \ [\mathrm{min^{-1}}] \ となります。$$

【問題3】

　ポンプ方式の加圧送水装置に用いる交流電動機の特性について，次のうち誤っているものはどれか。

　⑴　電源電圧が低下すると，始動トルクは減少する。

　⑵　電源電圧が増加すると，効率が良くなる。

　⑶　電源電圧が低下すると，始動電流は大きくなる。

　⑷　電源周波数が低下すると，始動トルクは大きくなる。

　⑴　P 300，⑷誘導電動機の特性の⑶式より，始動トルクは電圧の2乗に比例するので，正しい。

　⑵，⑷　正しい。

　⑶　P 300，⑷式より，電源電圧が低下すると，始動電流も減少するので，誤りです。

＜非常電源　→P.307＞

【問題4】

　屋内消火栓設備の非常電源としての非常電源専用受電設備について，次のうち誤っているものはどれか。

　⑴　開閉器には，屋内消火栓設備用と表示されている。

　⑵　点検に便利で，かつ，火災等の災害による被害を受けるおそれが少ない箇所に設けてある。

　⑶　容量は，屋内消火栓設備を有効に60分間以上作動できるものであること。

　⑷　キュービクル式以外の非常電源専用受電設備は，原則的に操作面の前面に1m以上の幅の空地を設けている。

| 解　答 |

【問題1】…⑵　　　　　　　　　　　【問題2】…⑵

P307の**基準1**より，非常電源は，原則として消火設備を有効に**30分間以上**作動できる容量が必要です。

【問題5】

屋内消火栓設備の非常電源に使用する自家発電設備について，次のうち消防法令上誤っているものはどれか。

(1)　常用電源が停電したときは，自動的に常用電源から非常電源に切り替えられるものであること。

(2)　容量は，屋内消火栓設備を有効に60分間以上作動できるものであること。

(3)　キュービクル式以外の自家発電設備の場合，自家発電装置（発電機と原動機とを連結したもの）の周囲には，0.6m以上の幅の空地を有するものであること。

(4)　キュービクル式以外の自家発電設備の燃料タンクと原動機との間隔は，原則として予熱する方式の原動機にあっては2m以上，その他の方式の原動機にあっては0.6m以上とすること。

　前問同様，P307の**基準1**より，非常電源は，原則として消火設備を有効に**30分間以上**作動できる容量が必要です（規則第12条の1）。

＜自家発電設備の規格　→P.309＞

【問題6】

非常電源として使用する自家発電設備の基準について，次のうち消防庁告示上誤っているものはどれか。

(1)　定格負荷における連続運転可能時間以上出力できるものであること。

(2)　常用電源が停電してから非常電源の投入までの所要時間が30秒以内

解　答

【問題3】…(3)　　　　　　　　　　　【問題4】…(3)

であること。

(3)　発電電力を監視できる電圧計及び電流計を設けること。

(4)　外部から容易に人が触れるおそれのある充電部及び駆動部は，安全上支障のないように保護されていること。

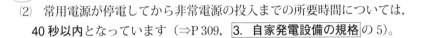

(2)　常用電源が停電してから非常電源の投入までの所要時間については，**40秒以内**となっています（⇒P 309，3.　自家発電設備の規格 の5）。

【問題7】

キュービクル式自家発電設備について，次のうち消防庁告示上誤っているものはどれか。

(1)　外箱の材料は，鋼板とすること。

(2)　外箱の板厚は，屋外用のものにあっては，1.6 mm 以上であること。

(3)　換気装置については，自然換気口の開口部の面積の合計が外箱の一つの面について，当該面の面積の3分の1以下でなければならない。

(4)　自家発電設備に表示すべき事項には，定格出力や形式番号のほか，燃料消費量や定格負荷における連続運転可能時間も含まれている。

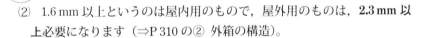

(2)　1.6 mm 以上というのは屋内用のもので，屋外用のものは，**2.3 mm 以上**必要になります（⇒P 310 の② 外箱の構造）。

【問題8】

非常電源として用いる蓄電池の構造及び機能について，次のうち消防庁告示の基準に適合しているものはどれか。

(1)　直交変換装置を有する蓄電池設備にあっては，常用電源が停電してから60秒以内に電圧確立及び投入を行うこと。

(2)　蓄電池設備には，過放電防止装置を設けること。

(3)　鉛蓄電池の単電池当たりの公称電圧は1.2 V であること。

(4)　補液の必要のない蓄電池には，減液警報装置を設けなくてもよい。

解　答

【問題5】…(2)

(1) P 312 の②より，常用電源が停電してから **40 秒以内**です。

(2) P 312 の⑤より，**過充電防止装置**となっています。

(3) P 313，2.　蓄電池設備の蓄電池の構造及び性能 の①より，鉛蓄電池の単電池当たりの公称電圧は**2 V**なので，**誤り**です（1.2 V はアルカリ蓄電池の方）。

(4) P 313，2.　蓄電池設備の蓄電池の構造及び性能 の③より，**正しい**。

【問題９】

　次の事項は，自家発電設備に表示すべき事項であるが，このうち，蓄電池設備にも表示しなければならない事項はどれか。

(1) 製造者名又は商標

(2) 定格出力

(3) 燃料消費量

(4) 定格負荷における連続運転可能時間

　自家発電設備に表示すべき事項は上記(1)～(4)のほか，「製造年」と「形式番号」となっています。

　一方，蓄電池設備に表示しなければならない事項は，次の通りです。
（下線部は自家発と同じ）

1. <u>製造者名又は商標</u>

2. 製造年月（注：自家発では製造年のみ）

3. 容量（注：自家発では「燃料消費量」となっている）

4. <u>型式番号</u>　（注：自家発では「形式番号」となっている）

5. 自家発電設備始動用のものにあっては，自家発電設備始動用である旨の表示

　従って，(1)の「製造者名又は商標」が正解です。

<u>解　答</u>

【問題６】…(2)　　　　　【問題７】…(2)　　　　　【問題８】…(4)

【問題 10 】

　非常電源である蓄電池設備には，消防庁告示上，表示すべき事項が定められているが，次のうちこれに該当しないものはどれか。

(1)　型式番号

(2)　製造年月

(3)　容量

(4)　使用開始年

　前問の解説より，使用開始年は含まれていません。

【問題 11 】

　非常電源としての蓄電池設備の逆変換装置（直流を交流に変換するもの）の構造について，次のうち消防庁告示上誤っているものはどれか。

(1)　逆変換装置は，半導体を用いた静止形とし，充電回路の中に組み込むこと。

(2)　逆変換装置には，出力点検スイッチ及び出力保護装置を設けること。

(3)　逆変換装置に使用する部品は，良質のものを用いること。

(4)　逆変換装置の出力波形は，無負荷から定格負荷まで変動した場合において有害な歪みを生じないものであること。

　蓄電池設備の逆変換装置の構造，機能については，次のようになっています。

①　逆変換装置は，半導体を用した静止形とし，**放電回路**の中に組み込むこと。

②　逆変換装置には，出力点検スイッチ及び出力保護装置を設けること。

③　逆変換装置に使用する部品は，良質のものを用いること。

④　発振周波数は，無負荷から定格負荷まで変動した場合及び蓄電池の

解　答

【問題 9 】…(1)

いて，定格周波数のプラスマイナス5パーセントの範囲内であること。

⑤　逆変換装置の出力波形は，無負荷から定格負荷まで変動した場合に
おいて有害な歪みを生じないものであること。

⑴　①より，逆変換装置は，充電回路ではなく**放電回路**の中に組み込む必
要があります。よって，選択肢⑴が誤りです。

＜配線　→P.315＞

【問題12】

金属管工事を行わず，かつ，耐火構造の壁に埋め込まなくても耐火配線の
工事を行ったのと同等と認められるものは，次のうちどれか。

⑴　CDケーブルを使用するもの。

⑵　600V 2種ビニル絶縁電線（HIV）を使用するもの。

⑶　MIケーブルを使用するもの。

⑷　アルミ被ケーブルを使用するもの。

耐火配線，耐熱配線両者ともに，耐火電線とMIケーブルを使用すれば露
出配線工事が可能です。

【問題13】

屋内消火栓設備の耐火・耐熱保護配線のうち，耐火配線でなければならな
いものは，次のうちどれか。

⑴　制御盤から始動表示灯まで

⑵　制御盤から位置表示灯まで

⑶　制御盤から遠隔起動装置まで

⑷　制御盤から非常電源まで

解　答

【問題10】…⑷　　　　　　　　【問題11】…⑴

P 316 の図 4-7 より，屋内消火栓設備，屋外消火栓設備で耐火配線でなければならないのは，**制御盤から非常電源**までと制御盤から電動機までです。

<電線の接続　→P.319>

【問題 14 】

　電線の接続法について，次のうち誤っているものはどれか。
 ⑴　接続部分の電気抵抗を増加させないこと。
 ⑵　ワイヤーコネクターで接続する場合には，必ずろう付けをすること。
 ⑶　電線の引張り強さを 20 ％以上減少させないこと。
 ⑷　接続部分をろう付けしてから，電線の絶縁物と同等以上の絶縁効力のあるもので被覆をすること。

　電線を接続する場合は，原則として接続部分をろう付けする必要がありますが，⑵のように，ワイヤーコネクターなどの接続器具を用いて接続する場合はその必要はありません（ワイヤーコネクターというのは，電線の端末接続に用いられる接続器具のことをいいます）。

<接地工事　→P.319>

【問題 15 】

　接地工事を施す主な目的として，次のうち正しいものはどれか。
 ⑴　電気工作物の保護と力率の改善
 ⑵　過負荷防止と漏電による感電防止
 ⑶　電気工作物の保護と漏電による感電防止
 ⑷　機器の絶縁性を良くすることによる損傷の防止。

解　答

【問題 12 】…⑶　　　　　　　　　　　　【問題 13 】…⑷

接地工事を施す主な目的は，漏電が生じている電気機器に人体が触れた場合，漏洩電流を接地線の方に流して人体が感電によって損傷するのを防ぐためと，漏電によって機器が損傷するのを防ぐためです。

【問題 16】

　D種接地工事における接地抵抗値として，次のうち正しいものはどれか。

　⑴　30Ω 以下とすること。

　⑵　100Ω 以下とすること。

　⑶　500Ω 以下とすること。

　⑷　1000Ω 以下とすること。

　D種接地抵抗値は **100Ω 以下**です（A種とC種は 10Ω 以下⇒P 320）。

<絶縁抵抗　→P.321>

【問題 17】

　対地電圧が 150 V 以下の操作回路における絶縁抵抗の値として，次のうち正しいものはどれか。

　⑴　0.1 MΩ 以上

　⑵　0.2 MΩ 以上

　⑶　0.3 MΩ 以上

　⑷　0.4 MΩ 以上

　P 321，表 4-5 より，150 V 以下の絶縁抵抗値は，0.1 MΩ 以上となっています。

解　答

【問題 14】…⑵　　　　　　　　　　　　【問題 15】…⑶

【問題18】

一般に，回路の絶縁抵抗を測定する測定器として使用されているものは，次のうちどれか。

(1) 接地抵抗計

(2) 回路計（テスタ）

(3) ホイーストンブリッジ

(4) メガー

絶縁抵抗を測定する測定器は絶縁抵抗計であり，一般的にはメガーと呼ばれています（⇒P 115 参照）。

<金属管工事　→P.321>

【問題19】

金属管を用いた低圧屋内配線工事について，次のうち誤っているものはどれか。

(1) 電線は，絶縁電線（屋外用ビニル絶縁電線を除く。）であること。

(2) 原則として，弱電流回路の電線とは同一金属管内に収めないこと。

(3) 使用電圧が300 V 以下の場合には，原則として，D 種接地工事を施すこと。

(4) コンクリートに埋め込むものの管の厚さは，1.0 mm 以上であること。

(4) 1.0 mm 以上というのは，露出配管に使用する場合で，コンクリートに埋め込む場合は，1.2 mm 以上とする必要があります（⇒P 321 (4)金属管工事の 1. 管の厚さ）。

解　答

【問題16】…(2)　　　　　　　　【問題17】…(1)

【問題20】

　金属管を用いた**低圧屋内配線工事**について，次のうち誤っているものはどれか。

⑴　土壁に埋め込む場合の金属管は，すべて接地工事を施さなくてはならない。

⑵　管の端口には，電線の被覆を損傷しないように適当な構造のブッシングを使用すること。

⑶　金属管内では，電線に接続点を設けないこと。

⑷　使用電圧が300Vを超える場合には，原則として，C種接地工事を施すこと。

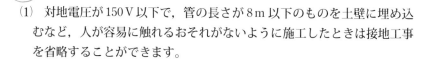

⑴　対地電圧が150V以下で，管の長さが8m以下のものを土壁に埋め込むなど，人が容易に触れるおそれがないように施工したときは接地工事を省略することができます。

【問題21】

　電気配線の**金属管工事に使用する工具**だけを列挙したものは，次のうちどれか。

⑴　リード型ねじ切り器，パイプレンチ，ボルトクリッパ

⑵　金切りのこ，パイプバイス，圧着ペンチ

⑶　パイプカッター，リーマ，パイプベンダー

⑷　リングスリーブ，パイプカッター，ワイヤーストリッパー

　パイプレンチは，プライヤが使用できないような大きなサイズの<u>金属管などを回したりする際に使用する工具</u>，ボルトクリッパ（ボルトカッター）は<u>太い電線を切断する工具</u>，圧着ペンチは，リングスリーブに電線を入れ，<u>電線相互を接続する際に使用する工具</u>，ワイヤーストリッパーは，<u>電線の被覆を剥ぎ取る工具</u>です。従って，下線部の工具は，金属管工事以外にも使用す

る工具なので，(1)，(2)，(4)は誤りです。

パイプレンチ

ボルトクリッパ（ボルトカッター）

圧着ペンチとスリーブ

ワイヤーストリッパー

解　答

【問題20】…(1)　　　　　　　　　　【問題21】…(3)

コーヒーブレイク

スケジュールについて

　どんな試験でもそうですが，スケジュールを立てた方が立てないよりは効率のよい受験勉強ができるものです。私たちが今勉強しているこの１類消防設備士でもその法則は当てはまります。

　そのスケジュールですが，このテキストのように学習する部分と問題の部分がサンドイッチ式に交互になっている場合，全体を何か月で終了できそうであるかをまず考えます。

　ここでは仮に２か月とすると，普通，テキストは繰り返し学習，または解くことによって自分の身に付きますから，２回目に取り掛かることを前提に話を進めますと，２回目は内容を大分把握していますので，１回目に比べて少し短めの期間で終了できるのが通常です。ここではそれを１か月半だと予測すると，その次の３回目はもっと短くなって，約１か月と予測できます。

　つまり，最初のスタート地点から３回目を終了するまで４か月半かかるということになります。

　従って，試験が８月の中旬にあるなら遅くとも４月に入った時点ではすでに学習をスタートしている必要があります（もっと繰り返す必要性を感じている方なら，もっと前にスタートしている必要があります）。

　もちろん，学習部分は１回読めば終わり，という方なら後は問題のみですから，２回目以降の期間はもっと短くすることができます。

　これらを大体想定して，スケジュールを立てておくと「時間が足りずに……」などという後悔をせずにすむわけです。

第5編

規　格

1. 消防用ホース

　消防用ホースについては，比較的よく出題されており，特に**平ホース**については，要注意です。

2. 加圧送水装置

　加圧送水装置についても，比較的よく出題されており，全体の構成のほか，**加圧送水装置に用いられる電動機**に関する出題が目立ちます。

3. スプリンクラー設備

　スプリンクラー設備については，圧倒的に**一斉開放弁**と**流水検知装置**に関する出題が多く，一斉開放弁については，その**構造，機能**，流水検知装置については，**湿式流水検知装置の構造及び機能**に関する出題が目立ちます。

　その他については，**閉鎖型スプリンクラーヘッドの構造**に関する出題や，**放水型ヘッド等**に関する出題もたまにあります。

4. 非常電源

　非常電源として使用する自家発電設備の基準に関する出題が目立ち，また，**蓄電池設備**についてもよく出題されているので，両者とも確実に把握しておく必要があります。

屋内消火栓設備

(1) 消防用ホース (消防用ホースの技術上の規格を定める省令)

　この消防用ホースについては，**ホースの種類**，その**内容**などが出題されているほか，特に，**平ホースの基準**については，少々，細部にわたる基準も出題されているので，注意してください。

> ＊　本書では，
> 　(1)で消防用ホース全般　の説明
> 　(2)以降で各消防用ホース　の説明，という構成になっています。

---

1. 用語の意義（第2条抜粋）

　まず，この省令において用いる用語の意義を把握しておいて下さい。

消防用ホース	**消防の用に供する平ホース，保形ホース，大容量泡放水砲用ホース及び濡れホース**をいう。
平ホース	ジャケットにゴムまたは合成樹脂の**内張り**を施した消防用ホース（保形ホース，大容量泡放水砲用ホース及び濡れホースを除く）をいう。 （折り畳んで収納するタイプのホース）
濡れホース	水流によりホース全体が均一に濡れる消防用ホースをいう（⇒使用例⑳）。
保形ホース	ホースの断面が常時**円形**に保たれる消防用ホースをいう。（一人操作の消火栓（2号消火栓等）に使用）
ダブルジャケット	平ホース又は大容量泡放水砲用ホースを外とうで被覆した構造のものをいう（耐久性にすぐれ，使用圧が高いものに使用される）。
使用圧	折れ曲がった部分のない状態における消防用ホースに通水した場合の**常用最高使用水圧**をいう（単位：**MPa**）。

2. 消防用ホースの構造（第3条）

① 消防用ホースは，製造方法が適切で，耐久力に富み，かつ，使用上支障のないものでなければならない。

② 良質の材料を使用したものであること。

③ 被覆のないジャケットにあっては，全体にわたり均等に，かつ，しっかりと織られていること。

④ 被覆のあるジャケットにあっては，全体にわたり均等に織られ，編まれ，または巻かれていること。

⑤ 織り等のむら，糸切れ，糸抜け，糸とび，著しい汚れ，ふし，外傷，きょう雑物の混入，よこ糸の露出又は補修不完全がないこと。

⑥ 縦色線又は縦線を有していること。ただし，保形ホース及び大容量泡放水用ホースにあっては，縦色線又は縦線を有しないものとすることができる。

3. 表示（第5条）

消防用ホースは，次の各号に掲げる事項を，その見やすい箇所に容易に消えないように表示すること。

1. 消防用である旨
2. 製造者名または商標
3. 製造年
4. 届出番号
5. 呼称（大容量泡放水砲用ホースを除く），長さなど（単位・m）
6. 「使用圧」という文字及び使用圧
7. 「設計破断圧*」という文字及び設計破断圧（設計破断圧が使用圧の三倍以上の平ホース、保形ホース及び濡れホース並びに大容量泡放水砲用ホースを除く。）（*破断しない圧力として設計された水圧（MPa）のこと）
8. ダブルジャケットのものにあっては，その旨
9. 保形ホースにあっては，最小曲げ半径（ホースを円形に曲げた場合の外径が5％増加したときの内円の半径の最小値をいい，単位は cm）
10. 大容量泡放水砲用ホースによっては，次に掲げる事項
    - イ　大容量泡放水用である旨
    - ロ　呼び径
    - ハ　使用圧を超えない動力消防ポンプに用いる旨

11. 濡れホースにあっては，その旨

(2)　平ホース

（消防用ホースの技術上の規格を定める省令）

1. 平ホースの内張り及び被覆に使用されているゴムの伸びについて（第 7 条抜粋）

①　伸びが，所定の引張試験を行った場合に **420 %以上** であること。

②　所定の式で求めた永久伸びは，**25 %以下** であること。

2. 平ホースの伸びについて（第 14 条）

まっすぐにした状態で使用圧を加えた場合におけるホースの伸びが，水圧 0.1MPa の状態におけるホースの長さを基準として **10 %以下** のものでなければならない（注：先に説明した 1. の伸びは内張りや被覆のゴムの伸び，ここで説明した伸びはホース本体の伸びに関する規格です）。

3. 平ホースの内張りについて（第 8 条抜粋）

①　ゴムまたは合成樹脂の厚さが 0.2mm 以上であること。

②　表面にしわ等の不均一な部分がなく，水流の摩擦損失が少ないものであること。

4. 被覆及び塗装（第 9 条）

平ホースの被覆及び塗装は，しわ等の不均一な部分がないものでなければならない。

5. 平ホースの長さ（第 10 条）

平ホースの長さは，乾燥させた状態で **10m，15m，20m 又は 30m** とし，表示された長さからその長さの **110 %** の長さまでのものでなければならない（ただし，はしご付消防自動車，屈折はしご付消防自動車又は船舶の用に供されるものその他特殊な用途に使用されるものについては，この限りでない。）

（注：下線部は，保形ホースも同じ）

6. ホースの破断 (第13条)

　平ホースは **1.5 m 以上** のホースをまっすぐにした状態で設計破断圧の水圧を加えた場合，破断を生じてはならない。

7. 平ホースのよじれ (第15条)

　平ホースのよじれは，右方向のものであり，かつ，使用圧を加えた場合におけるホースのよじれが，その使用圧及び呼称に応じて法で定める角度以下でなければならない。

(3)　差込式の結合金具 (P 460 【問題 11】の写真参照)

(消防用ホースに使用する差込式の結合金具の技術上の規格を定める省令)

　差込式の結合金具というのは，ホースの先端に装着して，ホースと屋内または屋外消火栓，あるいはホースどうしを結合する受け口または差し口の金具のことをいいます（他に，ねじ式の結合金具もあります）。

1. 用語の意義 (第2条)

差込式結合金具	消防用ホースを差込みの方法により他のホース，動力消防ポンプ等と結合するために，ホースの端部に装着する差し口又は受け口の金具をいう。
差し口	差し金具，ホース装着部（以下「装着部」という。），押し輪等により構成される差込式結合金具をいう。
受け口	受け金具，装着部，つめ，つめばね，パッキン等により構成される差込式結合金具をいう。

2. 一般構造 (第4条)

① 水流による摩擦損失の少ない構造であること。
② 装着部は，堅固なものであり，装着したホースが離脱しにくい構造であること。
③ 人の触れるおそれのある部分は，危険防止のための措置が講じられたものであること。
④ 機能を損なうおそれのある附属装置が設けられていないこと。

⑤　異種の金属が接する部分は，腐食を防止する処理が講じられたもので
あること。

(4)　加圧送水装置

1.　用語の意義

加圧送水装置	高架水槽，圧力水槽又はポンプにより圧力を加え，送水を行う装置をいう。
呼水装置	水源の水位がポンプより低い位置にある場合に，ポンプ及び配管に充水を行う装置をいう。
水温上昇防止用逃し配管	ポンプの締切運転時において，ポンプの水温の上昇を防止するための逃し配管をいう。
ポンプ性能試験装置	ポンプの全揚程（ポンプの吐出口における水頭とポンプの吸込口における水頭の差をいう。）及び吐出量を確認するための試験装置をいう。
起動用水圧開閉装置	配管内における圧力の低下を検知し，ポンプを自動的に起動させる装置をいう。
フート弁	水源の水位がポンプより低い位置にある場合に，吸水管の先端に設けられる逆止弁をいう。
非常動力装置	内燃機関，ガスタービン又はこれらと同等以上の性能を有する原動機により，ポンプを駆動する装置をいう。

2. ポンプ性能試験装置

ポンプ性能試験装置は，次に定めるところによること。

① 配管は，ポンプの吐出側の逆止弁の**一次側**に接続され，ポンプの負荷を調整するための**流量調整弁**，**流量計**等を設けたものであること。

この場合において，流量計の流入側及び流出側に設けられる整流のための直管部の長さは，当該流量計の性能に応じたものとすること。

② 流量計は，差圧式のものとし，**定格吐出量**を測定することができるものであること。

③ 配管の口径は，ポンプの定格吐出量を十分に流すことができるものであること。

3. 加圧送水装置の電動機の性能

電動機は，定格出力で連続運転した場合および定格出力の**110 %**の出力で**1 時間**運転した場合において機能に異常を生じないものであること。

② スプリンクラー設備

(1)　閉鎖型スプリンクラーヘッド

（閉鎖型スプリンクラーヘッドの技術上の規格を定める省令）

　閉鎖型スプリンクラーヘッドの規格については，次のように定められています。

1.　用語の意義（第2条）

標準型ヘッド	加圧された水をヘッドの軸心を中心とした円上に均一に分散するヘッドをいう。
小区画型ヘッド	標準型ヘッドのうち，加圧された水を散水分布試験に規定する範囲内及び壁面の部分に分散するヘッドをいう。
水道連結型ヘッド	小区画型ヘッドのうち，配管が水道の用に供する水管に連結されたスプリンクラー設備に使用されるヘッドをいう。
側壁型ヘッド	加圧された水をヘッドの軸心を中心とした半円上に均一に分散するヘッドをいう。
デフレクター	放水口から流出する水流を細分させる作用を行うものをいう。
設計荷重	ヘッドを組み立てる際，あらかじめ設計された荷重をいう。
標示温度	ヘッドが作動する温度としてあらかじめヘッドに表示された温度をいう。
最高周囲温度	次の式によって求められた温度（標示温度が75度未満のものにあっては，39度）をいう。 　最高周囲温度 ＝0.9×ヘッドの標示温度−27.3
フレーム	ヘッドの取付部とデフレクターを結ぶ部分をいう。
ヒュージブルリンク	易融性金属により融着され，又は易融性物質により組み立てられた感熱体をいう。
グラスバルブ	ガラス球の中に液体等を封入した感熱体をいう。

※感熱体：火熱により一定温度に達するとヘッドを作動させるために破壊又は変形を生ずるものをいう。

2. ヘッドの構造（第3条）

① 配管への取付け等の取扱いに際し機能に影響を及ぼす損傷又は狂いを生じないこと。

② 作動時に分解するすべての部分は，散水をさえぎらないよう分解し，投げ出されること。

③ 組み立てられたヘッドの各部にかかる荷重の**再調整ができない**措置を講じたものであること。

④ ほこり等の浮遊物により機能に異常を生じないこと。

3. ヘッドの表示（第15条，抜粋）

ヘッドには，次に掲げる事項を，その見やすい箇所に容易に消えないように表示する必要があります。

① 製造者名又は商標

② 製造年

③ 標示温度及び標示温度の区分による色別（⇒P213 写真参照）

④ 取付け方向

⑤ 1種のものにあっては，「①」又は「QR」

⑥ 小区画型ヘッド（水道連結型ヘッドを除く。）のものにあっては，「小」又は「S」及び流量定数 K

③の色別表 〈出た！〉
（注：p214 の表とは異なる区分です。）

標示温度	色別
60℃ 未満	黒
60℃ 以上 75℃ 未満	無
75℃ 以上 121℃ 未満	白
121℃ 以上 162℃ 未満	青
162℃ 以上 200℃ 未満	赤
200℃ 以上 260℃ 未満	緑
260℃ 以上	黄

（下線部はゴロ合わせに使う部分です）

こうして覚えよう！ 〈③の色別表の色〉

牢は　長う　居ついたらヒロに　苦労　な　し　あ(や)，と言われた。
60　　75　　　121　　　　162　　　黒　無　白　青

(2)　放水型スプリンクラーヘッド

（放水型ヘッド等を用いるスプリンクラー設備の設置及び維持に関する技術
上の基準の細目）

1.　用語の意義

①　放水型ヘッド等を用いる 　スプリンクラー設備	放水型ヘッド等，制御部，受信部，配管，非常電源，加圧送水装置，水源等により構成されるものをいう。
②　放水型ヘッド等	（規則第13条の4第2項に規定するものであって）感知部[*1]及び放水部[*2]により構成されるものをいう。
③　固定式ヘッド	放水型ヘッド等の放水部のうち，当該ヘッド等の放水範囲が固定されているものをいう。
④　可動式ヘッド	放水型ヘッド等の放水部のうち，当該ヘッド等の放水部を制御し，放水範囲を変えることができるものをいう。
⑤　放水範囲	一(ひとつ)の放水型ヘッド等の放水部により放水することができる範囲をいう。
⑥　有効放水範囲	放水範囲のうち，所要の散水量（単位時間当たりに散水される水量をいう。以下同じ。）を放水することができる範囲をいう。
⑦　放水区域	消火をするために一(ひとつ)又は複数の放水型ヘッド等の放水部により同時に放水することができる区域をいう。

＊1　感知部：火災を感知するための部分であって，放水部と一体となっているもの又は放水部と分離しているものをいう。

＊2　放水部：加圧された水を放水するための部分をいう。

⑧	警戒区域	火災の発生した区域を他の区域と区別して識別することができる最小単位の区域をいう。
⑨	制御部	放水部，感知部，手動操作部，加圧送水装置等の制御，連動，監視等を行うものをいう。
⑩	受信部	火災の発生した警戒区域及び放水した放水区域が覚知できる表示をするとともに，警報を発するものをいう。

2. 放水型ヘッド等の構造及び性能

① 耐久性を有すること。
② 保守点検及び付属部品の取替えが容易に行えること。
③ 腐食により機能に異常が生ずるおそれのある部分には，防食のための措置を講じること。
④ 部品は，機能に異常が生じないように的確に，かつ，容易に緩まないように取り付けること。
⑤ 可動する部分を有するものにあっては，円滑に作動するものであること。
⑥ 電気配線，電気端子，電気開閉器その他の電気部品は，湿気又は水により機能に異常が生じないように措置されていること。

3. 放水型ヘッド等の放水部の性能

加圧された水を有効放水範囲内に有効に放水することができること。

4. 可動式ヘッドの有効放水範囲

可動式ヘッドの放水部を稼動させることにより**放水範囲を変える場合の有効放水範囲**は，相互に重複していること。

5.　放水型ヘッド等の感知部の構造及び性能

①　感知部が走査型のものにあっては，次によること。

走査型
　検知部（火災により生ずる炎を検知する部分）が上下左右に自動的に作動するもの

　一つの監視視野は，高天井となる部分における床面で発生した火災を有効に検知できる範囲であること。

監視視野
　検知部を任意の位置に固定した場合における火災により生ずる炎を検知することができる範囲

・監視視野は，相互に重複していること。
・初期の監視状態から作動し，一連の監視後において初期の監視状態に復するまでの時間は，60秒以内であること。

6.　放水型ヘッド等の設置基準

①　放水区域は，高天井となる部分における床面を固定式ヘッド（または可動式ヘッド）の放水により有効に包含し，かつ，当該部分の火災を有効に消火できるように設けること。
②　放水区域は，ヘッド（固定式の場合は「一つ又は複数の固定式ヘッド」）の有効放水範囲に包含されるように設けること。
③　放水区域は，警戒区域を包含するように設けること。
④　ヘッドの周囲には，当該ヘッドの散水の障害となるような物品等が設けられ又は置かれていないこと。

　＜固定式ヘッドのみの基準＞
　①　一つの放水区域は，その面積が100m² 以上となるように設けること。ただし，高天井となる部分の面積が200m² 未満である場合にあっては，一つの放水区域の面積を100m² 未満とすることができること。
　②　二つ以上の放水区域を設けるときは，火災を有効に消火できるよ

うに隣接する放水区域が相互に重複するようにすること。

7. 放水型ヘッド等の感知部の設置基準

① 警戒区域は，高天井となる部分の床面の火災を有効に感知できるように設けること。

② 隣接する警戒区域は，相互に重複するように設けること。

③ 感知部は，当該感知部の種別に応じ，火災を有効に感知できるように設けること。

④ 感知部は，感知障害が生じないように設けること。

⑤ 感知部が走査型のものの場合，警戒区域は監視視野に包含されるように設けること。

8. 放水型ヘッド等の感知部及び放水部の連動等について

① 放水型ヘッド等の感知部が火災を感知した旨の信号を発した場合には，火災が発生した警戒区域を受信部に表示するとともに，当該警戒区域に対応する放水区域に放水を自動的に開始することができるものであること。

② 自動火災報知設備と連動するものにあっては，当該自動火災報知設備からの火災信号を受信した場合には，火災が発生した警戒区域を受信部に表示するとともに，当該警戒区域に対応する放水区域に放水を自動的に開始することができるものであること。

③ 放水区域の選択及び放水操作は，手動でも行えること。

(3) 一斉開放弁 (一斉開放弁の技術上の規格を定める省令)

一斉開放弁の主な規格については，次のように定められています。

1. 一斉開放弁の構造 (第2条)

① 弁体は，常時閉止の状態にあり，起動装置の作動により開放すること。

② 弁体を開放した後に通水が中断した場合においても，再び通水できること。

③ 堆積物により機能に支障を生じないこと。

④ 管との接続部は，管と容易に接続できること。

⑤　加圧水又は加圧泡水溶液（以下「加圧水等」という。）の通過する部
　　分は，滑らかに仕上げられていること。

⑥　本体及びその部品は，保守点検及び取替えが容易にできること。

⑦　弁座面は，機能に有害な影響を及ぼす傷がないこと。

2.　材質（第 3 条）

①　さびの発生するおそれのある部分は，有効な防錆処理を施したもので
　　あること。

②　ゴム，合成樹脂等は，容易に変質しないものであること。

3.　機能等（第 5 条）

①　一斉開放弁は，起動装置を作動させた場合，15 秒（内径が 200mm
　　を超えるものにあっては，60 秒）以内に開放するものでなければなら
　　ない。〔出た！〕

②　一斉開放弁は，流速毎秒 4.5m（内径が 80mm 以下のものにあって
　　は，毎秒 6m）の加圧水等を 30 分間通水した場合，機能に支障を生じ
　　ないものでなければならない。

4.　表示（第 6 条）

一斉開放弁には，次に掲げる事項をその見やすい箇所に容易に消えないよ
うに表示すること。

①　種別及び型式番号

②　製造者名又は商標

③　製造年

④　製造番号

⑤　内径，呼び及び一次側の使用圧力範囲

⑥　直管に相当する長さで表した圧力損失値

⑦　流水方向を示す矢印

⑧　取付け方向

⑨　弁開放用制御部の使用圧力範囲
　　（制御動力に一次側の圧力と異なる圧力を使用するものに限る。）

⑩　制御動力に用いる流体の種類
　　（制御動力に加圧水等以外の流体の圧力を使用するものに限る。）

⑪　制御動力の種類

　（制御動力に圧力を使用しないものに限る。）

(4)　**流水検知装置**（流水検知装置の技術上の規格を定める省令）

　流水検知装置の規格については，次のように定められています。

1.　用語の意義（第2条）

流水検知装置	湿式流水検知装置,乾式流水検知装置及び予作動式流水検知装置をいい,本体内の流水現象を自動的に検知して信号又は警報を発する装置をいう。
湿式流水検知装置	一次側（本体への流入側で弁体までの部分）及び二次側（本体からの流出側で弁体からの部分）に加圧水又は加圧泡水溶液（以下「加圧水等」という。）を満たした状態にあり，閉鎖型スプリンクラーヘッド又は一斉開放弁その他の弁が開放した場合，二次側の圧力低下により弁体が開き，加圧水等が二次側へ流出する装置をいう。
乾式流水検知装置	一次側に加圧水等を，二次側に加圧空気を満たした状態にあり，閉鎖型スプリンクラーヘッド等が開放した場合，二次側の圧力低下により弁体が開き，加圧水等が二次側へ流出する装置をいう。
予作動式流水検知装置	一次側に加圧水等を，二次側に空気を満たした状態にあり，火災報知設備の感知器，火災感知用ヘッドその他の感知のための機器（以下「感知部」という。）が作動した場合，弁体が開き，加圧水等が二次側へ流出する装置をいう。
使用圧力範囲	流水検知装置の機能に支障を生じない一次側の圧力の範囲をいう。

圧力設定値	二次側に圧力の設定を必要とする流水検知装置において，使用圧力範囲における一次側の圧力に対応する二次側の圧力の設定値をいう。

2. 湿式流水検知装置の構造（第3条）

　流水検知装置の構造は，この湿式流水検知装置の構造が基本となっており，乾式，予作動式は，これに個別の構造が加わるだけです（ただし，①は除く）。

① 　加圧送水装置を起動させるものにあっては，**逆止弁構造**を有すること。
② 　堆積物により機能に支障を生じないこと。
③ 　管との接続部は，管と容易に接続できること。
④ 　加圧水等の通過する部分は，滑らかに仕上げられていること。
⑤ 　本体及びその部品は，保守点検及び取替えが容易にできること。
⑥ 　弁座面は，機能に有害な影響を及ぼすきずがないこと。
⑦ 　スイッチ類は，防滴のための有効な措置が講じられていること。
⑧ 　感度調整装置は，露出して設けられていないこと。

3. 乾式および予作動式流水検知装置の構造（第3条）

　2. 湿式流水検知装置の構造 の規定 に次の規定が加わります（抜粋）。

　※（ただし，①は除く→乾式と予作動式は逆止弁構造でなくて良い。）出た！

① 　二次側に加圧空気を補充できること。
　（注：予作動式の場合は，「二次側に圧力の設定を必要とするものに限り加圧空気を補充できること。」となります。）
② 　弁体を開放することなく信号又は警報の機能を点検できる装置を有すること。
③ 　一次側と二次側とが中間室で分離されているものにあっては，中間室に溜る水を外部に自動的に排水する装置を有すること。
④ 　開放した弁体は，水撃，逆流等により再閉止しない装置を有すること（作動圧力比（＝弁体の開放直前の一次側の圧力を二次側の圧力で除した値をいう。）が1.5以下のものを除く）。（注：この④は乾式のみの規定です）

4. 表示（第11条）

流水検知装置には，次に掲げる事項を見やすい箇所に容易に消えないように表示すること（①〜⑧は一斉開放弁に同じ⇒P 352）。

・湿式，乾式又は予作動式の別
① 種別及び型式番号
② 製造者名又は商標
③ 製造年
④ 製造番号
⑤ 内径，呼び及び使用圧力範囲
⑥ 直管に相当する長さで表した圧力損失値
⑦ 流水方向を示す矢印
⑧ 取付け方向

⑨ 二次側に圧力の設定を必要とするものにあっては，圧力設定値
⑩ 湿式流水検知装置にあっては，<u>最低</u>使用圧力における不作動水量
（下線部⇒「最高」ではないので注意）
⑪ 構成部品の組み合わせ

問題にチャレンジ！

（第5編　規格）

屋内消火栓設備

<消防用ホース　→P.340 >

【問題1】

　法令上，消防用ホースの説明として，次のうち誤っているものはどれか。
(1)　平ホースとは，ジャケットにゴムまたは合成樹脂の内張りを施した消防用ホース（濡れホース，保形ホース及び大容量泡放水砲用ホースを除く。）をいう。
(2)　使用圧とは，折れ曲がった部分のない状態における消防用ホースに通水した場合の常用最高使用水圧（単位：MPa）をいう。
(3)　濡れホースとは，水流によりホース全体が均一に濡れる消防用ホースをいう。
(4)　保形ホースとは，放水時に，ホースの断面が円形に保たれる消防用ホースをいう。

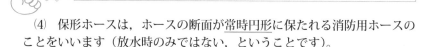

　(4)　保形ホースは，ホースの断面が<u>常時円形</u>に保たれる消防用ホースのことをいいます（放水時のみではない，ということです）。

【問題2】

　屋内消火栓設備のホースに表示すべき事項として，次のうち誤っているものはどれか。
(1)　ホースの重量
(2)　製造者名または商標
(3)　濡れホースにあっては，「濡れホース」
(4)　届出番号

　P341の　**3. 表示**　より，(1)のホースの重量は，ホースに表示すべき事項には含まれていません。

解　答

　解答は次ページの下欄にあります。

【問題3】

平ホースの基準について，次のうち規格省令に定められていないものはどれか。

(1) まっすぐにした状態で使用圧を加えた場合におけるホースの伸びが，水圧 0.1 MPa の状態におけるホースの長さを基準として 10 %以下のものでなければならない。

(2) 平ホースの内張りは，ゴム又は合成樹脂の厚さが 0.2 mm 以上あること。

(3) 平ホースの長さは，乾燥させた状態で 10 m，15 m，20 m 又は 30 m とし，表示された長さの 130 %の長さまでの範囲内のものであること。

(4) 被覆のあるジャケットにあっては，全体にわたり均等に織られ，編まれ，又は巻かれていること。

(1) P 342 の **2** より，正しい。

(2) P 342 の **3の①**より，正しい。

(3) P 342 の **5** より，「表示された長さからその長さの 110 %の長さまでのものでなければならない。」となっています（一部例外あり）。

(4) P 341 の **2の④**より，正しい。

【問題4】

平ホースの基準について，次のうち規格省令に定められていないものはどれか。

(1) 平ホースのよじれは，左方向のものであること。

(2) 平ホースの内張りについては，表面にしわ等の不均一な部分がなく，水流の摩擦損失が少ないものであること。

(3) 平ホースの被覆及び塗装は，しわ等の不均一な部分がないものでなければならない。

(4) 被覆のないジャケットにあっては，全体にわたり均等に，かつ，しっかりと織られていること。

解　答

【問題1】…(4)　　　　　　　　【問題2】…(1)

(1) P 343 の 7 より，平ホースのよじれは**右方向**です（消防用ホースには，ホースのよじれが判別できるよう，縦色線または縦線が入っている）。

(2) P 342 の 3 の②より，正しい。

(3) P 342 の 4 より，正しい。

(4) P 341 の 2 の③より，正しい。

【問題 5 】

消防用ホースに使用する差込式の結合金具の技術上の規格を定める省令について，次のうち誤っているものはどれか。

(1) 差込式結合金具とは，消防用ホースを差込みの方法により他のホース，動力消防ポンプ等と結合するために，ホースの端部に装着する差し口又は受け口の金具をいう。

(2) 差し口は，差し金具，ホース装着部，押し輪等により構成される。

(3) 受け口は，受け金具，装着部，つめ，つめばね，パッキン等により構成される。

(4) 装着部は，装着したホースが離脱しやすい構造であること。

(1)～(3) P 343，(3)の 1. 用語の意義 参照。

(4) 装着部は，堅固なものであり，装着したホースが「離脱しにくい構造であること。」となっています（⇒P 343， 2. 一般構造 の②）。

解 答

【問題 3 】…(3)   【問題 4 】…(1)

スプリンクラー設備

<閉鎖型スプリンクラーヘッド →P.346＞

【問題6】

閉鎖型スプリンクラーヘッドの用語の定義について，次のうち規格省令上誤っているものはどれか。

(1) 標準型ヘッドとは，加圧された水をヘッドの軸心を中心とした半円上に均一に分散させ，壁面部分へ散水するヘッドをいう。

(2) 標示温度とは，ヘッドが作動する温度としてあらかじめヘッドに表示された温度をいう。

(3) 水道連結型ヘッドとは，小区画型ヘッドのうち，配管が水道の用に供する水管に連結されたスプリンクラー設備に使用されるヘッドをいう。

(4) 側壁型ヘッドとは，加圧された水をヘッドの軸心を中心とした半円上に均一に分散するヘッドをいう。

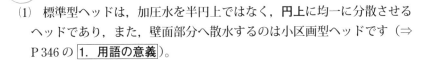

(1) 標準型ヘッドは，加圧水を半円上ではなく，円上に均一に分散させるヘッドであり，また，壁面部分へ散水するのは小区画型ヘッドです（⇒ P.346の 1. 用語の意義）。

【問題7】

閉鎖型スプリンクラーヘッドの用語の定義について，次のうち規格省令上誤っているものはどれか。

(1) ヒュージブルリンクとは，ガラス球の中に液体等を封入した感熱体をいう。

(2) デフレクターとは，放水口から流出する水流を細分させる作用を行えるものをいう。

(3) フレームとは，ヘッドの取付部とデフレクターを結ぶ部分をいう。

(4) 感熱体とは，火熱により一定温度に達するとヘッドを作動させるために破壊又は変形を生ずるものをいう。

解　答

【問題5】…(4)

ガラス球の中に液体等を封入した感熱体はグラスバルブであり，ヒュージ ブルリンクの方は，「易融性金属により融着され，又は易融性物質により組 み立てられた感熱体」をいいます。（P 346 の 1. 用語の意義 参照）

【問題8】

　閉鎖型スプリンクラーヘッドの構造について，次のうち規格省令上誤って いるものはどれか。

(1)　配管への取付け等の取り扱いに際し，機能に影響を及ぼす損傷又はく るいを生じないこと。

(2)　作動時に分解するすべての部分は，散水をさえぎらないよう分解し， 投げ出されること。

(3)　組み立てられたスプリンクラーヘッドの各部にかかる荷重の調整がで きる装置を講じたものであること。

(4)　ほこり等の浮遊物により機能に異常を生じないこと。

　（P 347, 2. ヘッドの構造 参照）

(3)　組み立てられたヘッドの各部にかかる荷重については，「再調整がで きない措置を講じたものであること。」となっているので，誤りです。

【問題9】

　閉鎖型スプリンクラーヘッドに表示すべき事項として，次のうち規格省令 に定められていないものはどれか。

(1)　製造者名又は商標

(2)　製造年

(3)　製造番号

(4)　取付け方向

解　答

【問題6】…(1)　　　　　　　　　　　　　　【問題7】…(1)

製造番号は表示すべき事項には含まれていません（⇒P 347 の 3. 参照）。

＜類題＞

閉鎖型スプリンクラーヘッドの標示温度の色による区分について，規格省令上無色となっているものは，次のうちどれか。

	標示温度の区分
(1)	60℃ 未満のもの
(2)	60℃ 以上 75℃ 未満のもの
(3)	75℃ 以上 121℃ 未満のもの
(4)	121℃ 以上 162℃ 未満のもの

（類題の解説）

P 347, 3. ヘッドの表示 の表を参照

＜放水型スプリンクラーヘッド　→P.348 ＞

【問題 10】

放水型ヘッドを用いるスプリンクラー設備の用語の意義について，次のうち消防庁告示上誤っているものはどれか。

(1) 可動式ヘッドとは，放水型ヘッド等の放水部のうち，当該ヘッド等の放水部を制御し，放水範囲を変えることができるものをいう。

(2) 放水範囲とは，所要の散水量を放水することができる範囲をいう。

(3) 放水区域とは，消火をするために一つ又は複数の放水型ヘッド等の放水部により同時に放水することができる区域をいう。

(4) 感知部とは，火災を感知するための部分であって，放水部と一体となっているもの又は放水部と分離しているものをいう。

(2) 問題文の記述は**有効放水範囲**に関する説明であり，放水範囲は，「**一つの放水型ヘッド等の放水部により放水することができる範囲**」をいいます（⇒P 348, 1. 用語の意義 の⑤）。

解　答

【問題 8 】…(3)　　　　　　　　【問題 9 】…(3)

【問題11】

放水型ヘッドを用いるスプリンクラー設備について，次のうち消防庁告示上誤っているものはどれか。

(1)　固定式ヘッドを用いる場合，2つ以上の放水区域を設けるときは，火災を有効に消火できるように隣接する放水区域が相互に重複するようにすること。

(2)　固定式ヘッドを用いる場合，一つの放水区域の面積を50m²以上となるように設けること。

(3)　可動式ヘッドの放水区域は，高天井となる部分における床面を固定式ヘッドの放水により有効に包含し，かつ，当該部分の火災を有効に消火できるように設けること。

(4)　可動式ヘッドの放水区域は，警戒区域を包含するように設けること。

(1)　正しい（⇒P 350 下段＜固定式ヘッドのみの基準＞の②）

(2)　固定式ヘッドの一つの放水区域は，原則として，**100 m² 以上となるように設ける**必要があります（⇒P 350 下段＜固定式ヘッドのみの基準＞の①）。

(3),(4)　固定式，可動式共通の基準です（⇒P 350，6 の①と③）。

【問題12】　出た！

スプリンクラー設備に用いる放水型ヘッド等の感知器の設置について，次のうち消防庁告示上誤っているものはどれか。

(1)　警戒区域は，高天井となる部分の床面の火災を有効に感知できるように設けること。

(2)　隣接する警戒区域は，相互に重複しないように設けること。

(3)　感知部は，当該感知部の種別に応じ，火災を有効に感知できるように設けること。

(4)　感知部が走査型のものの場合，警戒区域は監視視野に包含されるように設けること。

解　答

〈類題〉…(2)　　　　　　　　　　　【問題10】…(2)

(2) 隣接する警戒区域は，相互に重複するように設ける必要があります（⇒P351, 7. 放水型ヘッド等の感知部の設置基準 の②）。

＜一斉開放弁　→P.351 ＞

【問題13】

一斉開放弁の材質と機能について，次のうち規格省令に定められている事項として誤っているものはどれか。

(1) 弁体は，常時閉止の状態にあり，起動装置の作動により開放すること。

(2) 弁体を開放した後に通水が中断した場合においても，再び通水できること。

(3) 本体及びその部品は堅固で，部品の取替えの必要のない構造であること。

(4) ゴム，合成樹脂等は，容易に変質しないものであること。

（P351〜352，(3)一斉開放弁の1〜2参照）

(3) 本体及びその部品は，「保守点検及び**取替えが容易**にできること。」となっています。

【問題14】 出た！

一斉開放弁の材質と機能について，次のうち規格省令に定められている事項として誤っているものはどれか。

(1) 内径が200mm以下の一斉開放弁にあっては，起動装置を作動させた場合，15秒以内に開放するものでなければならない。

(2) 内径が200mmを超える一斉開放弁にあっては，起動装置を作動させた場合，60秒以内に開放するものでなければならない。

(3) 内径が80mm以下の一斉開放弁は，流速6.0m／sの加圧水等を30分間通水した場合，機能に支障を生じないものであること。

(4) 内径が80mmを超える一斉開放弁は，流速6.0m／sの加圧水等を1時間通水した場合，機能に支障を生じないものであること。

解答

【問題11】…(2)　　　　　　　【問題12】…(2)

（P 352, 3. 機能等 参照）

⑷ 内径が 80 mm を超える一斉開放弁の流速は **4.5m／s** であり，また，通水時間については，内径が 80 mm 以下と同じ **30 分間**です。

【問題 15】

一斉開放弁に表示すべき事項として，次のうち誤っているものはどれか。

⑴ 構成部品の組み合わせ

⑵ 製造者名又は商標

⑶ 取付け方向

⑷ 内径，呼び及び一次側の使用圧力範囲

（P 352 の 4. 表示 参照）

⑴の構成部品の組み合わせは，流水検知装置に表示すべき事項です。

＜流水検知装置 →P.353＞

【問題 16】

湿式流水検知装置の構造及び機能について，次のうち規格省令上誤っているものはどれか。

⑴ 加圧送水装置を起動させるものにあっては，逆止弁構造を有するものであること。

⑵ 本体及びその部品は，容易に取替えができないような措置を講じてあること。

⑶ スイッチ類は防滴のための有効な措置が講じられていること。

⑷ 管との接続部は管と容易に接続できること。

（P 354 の 2. 湿式流水検知装置の構造 参照）

⑵ 上記の⑤より，「本体及びその部品は，保守点検及び**取替えが容易に**

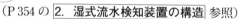

解 答

【問題 13】…⑶ 　　　　　　　　【問題 14】…⑷

できること。」となっています。

【問題 17】

乾式流水検知装置の構造について，次のうち規格省令上誤っているものはどれか。

(1) 感度調整装置は，露出して設けられていないこと。

(2) 一次側に加圧空気を補充できること。

(3) 一次側と二次側とが中間室で分離されているものにあっては，中間室に溜る水を外部に自動的に排水する装置を有すること。

(4) 弁体を開放することなく信号又は警報の機能を点検できる装置を有すること。

（P 354 の　3.　乾式および予作動式流水検知装置の構造　参照）

(2) 加圧空気は一次側ではなく，二次側（ヘッド側）に補充します。

【問題 18】

予作動流水検知装置の構造について，次のうち正しいものはいくつあるか。

A 本体及びその部品は，保守点検及び取替えが容易に行えること。

B 加圧送水装置を起動させるものにあっては，逆止弁構造を有すること。

C 堆積物により機能に支障を生じないこと。

D 二次側に加圧空気を補充できること。

E 加圧水等の通過する部分は，滑らかに仕上げられていること。

(1) 1つ　　　(2) 2つ　　　(3) 3つ　　　(4) 4つ

（P 354 の　3.　乾式および予作動式流水検知装置の構造　参照）

予作動式の場合に気をつけなければならないのは，原則として，湿式と乾式の規定によりますが，湿式，乾式それぞれ1つずつ例外があるということです。

それがBとDで，Bの規定は予作動式には不要で，また，Dの規定は，

解　答

【問題 15】 …(1)　　　　　　　　　　　【問題 16】 …(2)

「二次側に圧力の設定を必要とするものにあっては，加圧空気を補充できるものであること。」と条件付きになっています（注：二次側にはあくまでも空気が満たされており，「空気または水で満たされており」とあれば誤りなので，注意してください）。

　従って，このBとD以外のA，C，Eの3つが正しいということになります。

第6編

消防関係法令

・・・・・・・・・・・・・・・・・・・・・・・・・・・

法令の構成

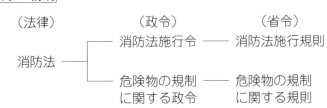

（政令や省令は消防法の内容を更に具体的な細則として定めたものです。）

第1章 共通部分

● ●

1．用語

特定防火対象物や無窓階についての説明や特定防火対象物に該当する防火対象物はどれか，という出題がよくあります。

2．基準法令の適用除外

用途変更時の適用除外とともに比較的よく出題されており，そ及適用される条件などをよく覚えておく必要があります。

3．消防用設備等を設置した際の届出，検査

届出，検査の必要な防火対象物や届出を行う者，届出期間などがポイントです。

4．定期点検

比較的よく出題されており，消防設備士等が点検する防火対象物や点検の頻度が最重要ポイントです。

5．検定制度

これも比較的よく出題されており，検定の定義や表示の有無と販売の可否がポイントです。

6．消防設備士

免状に関する出題が頻繁にあります。従って，免状の書替えや再交付の申請先などについて把握するとともに，講習についても頻繁に出題されているので，講習の実施者や期間などを把握しておく必要があります。また，「工事整備対象設備等の着工届出義務」についても，頻繁に出題されているので，届出を行う者や届出先，届出期間などをよく把握しておく必要があります。

1 用語

　用語については，本試験にもよく出題されているので，確実に覚える必要がありますが，その他，ほかの法令上の規定を理解する際にも必要になってくるので，ここでその意味をよく把握しておいてください。

(1)　防火対象物と消防対象物

　この両者は色アミ部分以外は同じ文言なので，注意するようにして下さい。

　① 防火対象物
　　山林または舟車[*1]，船きょ[*2]若しくはふ頭に繋留された船舶，建築物その他の工作物<u>若しくはこれらに属する物をいう</u>。
　　　　　（*1 舟車：船舶（一部除く）や車両のこと　　*2 舟きょ：ドックのこと）

　② 消防対象物
　　山林または舟車，船きょ若しくはふ頭に繋留された船舶，建築物その他の工作物<u>または物件をいう</u>。

　①と②は下線部分のみ異なるので，「**物件**」という堅苦しい用語が付いている方が「**消防対象物**」という具合に思い出せばよいでしょう。

(2)　特定防火対象物

　「消防法施行令で定められた多数の者が出入りする防火対象物」のことで，P 381，表6-3の百貨店や劇場など，太字で書いてある防火対象物などが該当し，このような不特定多数の者が出入りする防火対象物の場合，火災が発生した場合に，より人命が危険にさらされたり，延焼が拡大する恐れが大きいため，このように指定されているわけです。

　なお，大勢の人が出入りしても，次の建物は特定防火対象物ではないので，注意してください。

　5項ロ（共同住宅など），7項（学校など），8項（図書館など）。

　　　　（注：本文中で「特防」と表記している場合は，特定防火対象物の略称です）

(3)　特定1階段等防火対象物

　避難がしにくい**地下階または3階以上の階に特定用途部分があり，屋内階段が一つしかない建物**のことをいいます。これは，屋内階段が一つしかない場合，火災時にはその屋内階段が煙突となって延焼経路となるので，その階段を使って避難ができなくなる危険性が高くなるため，そのような建物を**面積に関係なく**特定1階段等防火対象物として指定したわけです。

　なお，煙突になって延焼経路となるのは屋内階段の場合なので，たとえ階段が1つであっても，屋外階段や特別避難階段*の場合は，この特定1階段等防火対象物には該当しません。

（*特別避難階段：火や煙が入らないようにした避難階段）

(4)　複合用途防火対象物

　消防法施行令別表第1の⑴から⒂までの用途のうち，異なる2つ以上の用途を含む防火対象物，いわゆる「雑居ビル」のことをいいます。この雑居ビルに1つでも特定用途部分（特定防火対象物の用途）が存在すれば，ビル全体が**特定防火対象物**（16項イ）となるので注意して下さい。

(5)　関係者

防火対象物または消防対象物の**所有者**，**管理者**または**占有者**をいいます。

(6)　無窓階

　建築物の地上階のうち，**避難上または消火活動上有効な開口部が一定の基準に達しない階**のことをいいます（注：単に窓の無い階のことではなく，窓があっても一定の基準に満たなければ無窓階となります）。

(7)　特殊消防用設備等

　通常用いられる消防用設備等に代えて同等以上の性能を有する新しい技術を用いた特殊な消防用設備等のこと。

消防同意など

(1)　消防の組織について

　消防法には消防長や消防署長，あるいは消防吏員や消防職員，消防団員などの名称が出てきて少々まぎらわしいので，消防機関やその構成員などの相互関係を，次の図でよく把握しておいてください。

```
（機関）　　　（機関の長）　　　　　（機関の構成員）
消防本部────　消防長 ────────消防吏員や消防職員
消防署────────消防署長────────消防吏員や消防職員
消防団────────消防団長────────消防団員
```

※　消防本部は，市町村の管内にある消防署を統括する組織で，消防団は一般市民からなる組織です。

(2)　立入り検査　（消防法第4条）

　消防機関による立入り検査の概要は，次の通りです。

表6-1

命令を発する者	消防長（消防本部を置かない場合は市町村長)，消防署長
立入り検査を行う者	消防職員
時間	制限はありません。
事前通告	不要です。
証票の提示	関係者の請求があった場合のみ提示します。

（3）　消防の同意　（消防法第7条）

　建築物の工事に着手する場合，次の図のように，建築主から建築主事（または特定行政庁，以下同じ）に確認申請を出し，建築主事が消防長などの同意を経て建築主に確認済証を交付します。

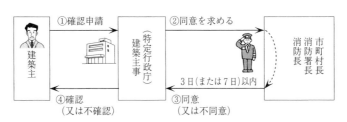

図6-1　消防同意の流れ

（③の同意の期限は，一般建築物が3日，その他の建築物が7日以内に同意または不同意を建築主事に通知する必要があります。）

消防同意など

防火管理者（消防法第8条）

　一定の防火対象物の管理について権原※を有する者は，一定の資格を有する者のうちから防火管理者を選任して，防火管理上必要な業務を行うことを義務づけています。

※権原：ある行為を行うことを正当化する法律上の根拠のこと。

(1)　防火管理者を置かなければならない防火対象物

　令別表第1に掲げる防火対象物のうち，次の収容人員（防火対象物に出入りし，勤務し，または居住する者の数）の場合に防火管理者を置く必要があります。

| 特定防火対象物 | 30人以上 |
| 非特定防火対象物 | 50人以上 |

（＊同じ敷地内に管理権原を有するものが同一の防火対象物が二つ以上ある場合は，それらを一つの防火対象物とみなして収容人員を合計します。）

(2)　防火管理者の業務の内容

　防火管理者が行う業務の内容については，次のとおりになっています。
①　消防計画に基づく消火，通報および避難訓練の実施
②　火気の使用または取扱いに関する監督
③　消防計画の作成
④　消防機関への消防計画の届出
⑤　消防の用に供する設備，消防用水又は消火活動上必要な施設の点検及び整備（工事は含まない！）
⑥　その他，防火管理上必要な業務
　　　　　　（※下線部は次の「こうして覚えよう」に使う部分です。）

こうして覚えよう！ ＜防火管理者の業務内容＞

防火管理者の仕事は
　①　　②　　③④　　⑤
　火　か　け　て　見る
避難　火気　計画　点検

こと

（これはナベか何かを火にかけて，それを防火
管理者が監視して見ている，という図を想像し
ながら覚えればよいと思います）

防火管理者

(3)　統括防火管理者 (消防法第 8 条の 2)

　雑居ビルなどでは管理権原者，いわゆるテナントが複数存在することになりますが，そのような場合は，万一に備えてあらかじめ統括防火管理者を選任して，消防長または消防署長に届け出る必要があります。

　　　　　（①～⑤の下線部は、［こうして覚えよう］に使う部分です）

① 　高さ **31** m を超える建築物

　（＝ 高層建築物 ⇒ 消防長又は消防署長の指定は不要）

② 　特定防火対象物（特定用途を含む複合用途防火対象物を含む）

　　地階を除く階数が **3** 以上で，かつ，収容人員が ＊**30 人以上**のもの。

　　（＊⇒ 6 項ロ（要介護老人ホーム等），6 項ロの用途部分が在する複合用途防火対象物の場合は 10 人以上）

③ 　特定用途部分を含まない複合用途防火対象物

　　地階を除く階数が **5** 以上で，かつ，収容人員が **50** 人以上のもの。

④ 　準地下街

⑤ 　地下街（ただし，消防長または消防署長が指定したものに限る。）

　　⇒ 　指定が必要なのはこの地下街だけです。

　　　従って，指定のない地下街には統括防火管理者を選任する必要はありません。

こうして覚えよう！　＜統括防火管理者が必要な場合＞

	④	②	①	③
トンカツ屋の	**ジュン**	**さんは**	**最　後に**	
統括防火管理者	準地下街	3 と 30	31m	5 と 50

/⑤
地下の指定席へと走った
地下街
（トンカツ屋のジュンさんが満員のホールで空席を探す
　うちに，ついに地下の指定席へと走った，という意味です）

　なお、統括防火管理者には、テナントごとに選任された防火管理者に対して必要な措置を講じるよう**指示する権限**が与えられており、また、建物全体の防火防災管理を推進するため、次のような業務を行う必要があります。

① 全体についての消防計画の作成
② 全体についての消防計画に基づく避難訓練などの実施
③ 廊下，階段等の共用部分の管理

(4)　防火対象物の定期点検制度 (消防法第8条の2の2)

　一定の防火対象物の管理権原者は，**防火対象物点検資格者**に防火管理上の業務や消防用設備等，その他火災予防上必要な事項について定期的に点検させ，**消防長または消防署長**に報告する必要があります。

　なお，この場合注意しなければならないのは，この定期点検は，設置状況や維持の内容などのチェックを行う**ソフト面**に関する点検であるのに対し，消防用設備等の定期点検（P387）は，機器そのものをチェックする**ハード面**に関する点検なので，両者の違いをよく把握しておいて下さい。

1.　防火対象物点検資格者について

　防火管理者，消防設備士，消防設備点検資格者の場合は，**3年以上の実務経験**を有し，かつ，**登録講習機関**の行う講習を終了した者。

2.　防火対象物点検資格者に点検させる必要がある防火対象物

・特定防火対象物（準地下街は除く）で収容人員が300人以上のもの
・特定1階段等防火対象物

3.　点検および報告期間

　1年に1回

4.　報告先

　消防長または消防署長

5.　点検基準に適合している場合

　利用者に当該防火対象物が消防法令に適合しているという情報を提供するために，**点検済証**を交付することができます。

④ 危険物施設に関する規定

（1）　危険物施設の警報設備

　指定数量の**10倍以上**の危険物を貯蔵し，または取り扱う危険物製造所等（移動タンク貯蔵所を除く）には，次のような警報設備が**1種類以上**必要となります。

① 　自動火災報知設備
② 　拡声装置
③ 　非常ベル装置
④ 　消防機関へ通報できる電話
⑤ 　警鐘

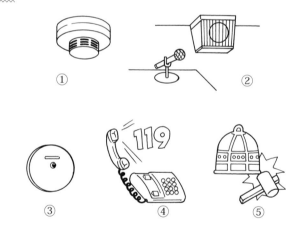

①　　　　　　　　　②

③　　　　　　④　　　　　　⑤

（警報の）　字　書く　秘　書　K
　　　　　　自　拡　　非　消　警

5 消防用設備等の設置，維持に関する規定

（消防法第17条）

(1)　消防用設備等の種類 （消防法施行令第7条）

表6-2　消防用設備等の種類

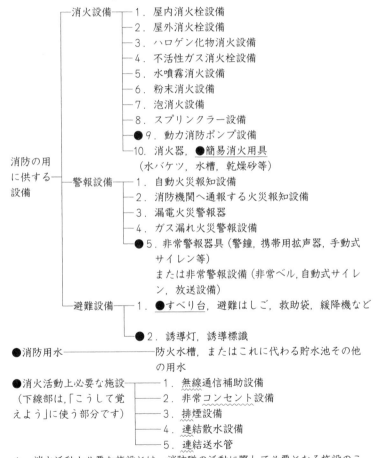

消防の用に供する設備
- 消火設備
  - 1. 屋内消火栓設備
  - 2. 屋外消火栓設備
  - 3. ハロゲン化物消火設備
  - 4. 不活性ガス消火栓設備
  - 5. 水噴霧消火設備
  - 6. 粉末消火設備
  - 7. 泡消火設備
  - 8. スプリンクラー設備
  - ●9. 動力消防ポンプ設備
  - 10. 消火器，●簡易消火用具
    （水バケツ，水槽，乾燥砂等）
- 警報設備
  - 1. 自動火災報知設備
  - 2. 消防機関へ通報する火災報知設備
  - 3. 漏電火災警報器
  - 4. ガス漏れ火災警報設備
  - ●5. 非常警報器具（警鐘，携帯用拡声器，手動式サイレン等）
    または非常警報設備（非常ベル，自動式サイレン，放送設備）
- 避難設備
  - 1. ●すべり台，避難はしご，救助袋，緩降機など
  - ●2. 誘導灯，誘導標識

●消防用水――――――防火水槽，またはこれに代わる貯水池その他の用水

●消火活動上必要な施設
（下線部は，「こうして覚えよう」に使う部分です）
- 1. 無線通信補助設備
- 2. 非常コンセント設備
- 3. 排煙設備
- 4. 連結散水設備
- 5. 連結送水管

＊　消火活動上必要な施設とは，消防隊の活動に際して必要となる施設のことをいいます。

　●印の付いたもの（注：下線のあるものはその設備のみが対象です）は消防設備士でなくても工事や整備などが行える設備等です（P393 消防設備士の業務独占参照）。

こうして覚えよう！ ＜消防用設備等の種類＞

1. 消防の用に供する設備

   要は 火 け し
   用　避難 警報 消火

2. 消火活動上必要な施設

   消火活動は 向 こう 　の 晴 れた
   　　　無線 コンセント　排煙 連結

   所でやっている

　(1)では消防用設備等を設置すべき防火対象物ということで防火対象物の方について説明しましたが，ここでは設置する方の消防用設備等について説明したいと思います。

　その消防用設備等ですが，大別すると表 6-2 のように，「消防の用に供する設備」「消防用水」「消火活動上必要な施設」に分類され，「消防の用に供する設備」は，さらに消火設備，警報設備，避難設備に分かれています。

（2）　消防用設備等を設置すべき防火対象物

　次ページの表 6-3 参照。

表6－3　消防用設備等の設置義務がある防火対象物

注）　　は特定防火対象物

項		防火対象物
(1)	イ	劇場・映画館・演芸場又は観覧場
	ロ	公会堂，集会場等
(2)	イ	キャバレー・カフェ・ナイトクラブ・その他これらに類するもの
	ロ	遊技場またはダンスホール
	ハ	性風俗営業店舗等
	ニ	カラオケボックス，インターネットカフェ，マンガ喫茶等
(3)	イ	待合・料理店・その他これらに類するもの
	ロ	飲食店
(4)		百貨店・マーケット・その他の物品販売業を営む店舗または展示場
(5)	イ	旅館・ホテル・宿泊所・その他これらに類するもの
	ロ	寄宿舎・下宿または共同住宅
(6)	イ	病院・診療所または助産所
	ロ	老人短期入所施設，養護老人ホーム，有料老人ホーム（要介護）等
	ハ	有料老人ホーム（要介護除く），保育所等
	ニ	幼稚園，特別支援学校
(7)		小学校・中学校・高等学校・中等教育学校・高等専門学校・大学・専修学校・各種学校・その他これらに類するもの
(8)		図書館・博物館・美術館・その他これらに類するもの
(9)	イ	公衆浴場のうち蒸気浴場・熱気浴場・その他これらに類するもの
	ロ	イに掲げる公衆浴場以外の公衆浴場
(10)		車両の停車場または船舶若しくは航空機の発着場（旅客の乗降または待合い用に供する建築物に限る）
(11)		神社・寺院・教会・その他これらに類するもの
(12)	イ	工場または作業場
	ロ	映画スタジオまたはテレビスタジオ
(13)	イ	自動車車庫，駐車場
	ロ	格納庫（飛行機，ヘリコプター）
(14)		倉庫
(15)		前各項に該当しない事業場（事業所など）
(16)	イ	複合用途防火対象物（一部が特定防火対象物）
	ロ	イに掲げる複合用途防火対象物以外の複合用途防火対象物
(16-2)		地下街
(16-3)		準地下街
(17)		重要文化財等
(18)		延長50m以上のアーケード
(19)		市町村長の指定する山林
(20)		総務省令で定める舟車

(3)　消防用設備等の設置及び維持の技術上の基準

1.　消防用設備等の設置単位

　消防用設備等の設置単位は，特段の規定がない限り棟単位に基準を適用するのが原則です。しかし，次のような例外もあります。

① 「開口部のない耐火構造の床または壁」で区画されている場合

　⇒　その区画された部分は，それぞれ別の防火対象物とみなします。

　　　従って，たとえ全体としては1棟の防火対象物であっても，その様な区画があれば，その区画された防火対象物ごとに基準が適用されることになります。

　　　たとえば，図の(a)は1棟の防火対象物ですが，その防火対象物を(b)のように開口部のない耐火構造の壁で区画してしまうと，200㎡と300㎡の別々の防火対象物となる，というわけです。

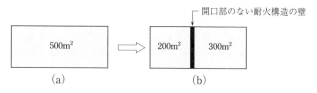

図6-2　1棟の防火対象物を区画した場合

② 複合用途防火対象物の場合

　　　複合用途防火対象物の場合は，同じ用途部分を1つの防火対象物とみなして基準を適用します。

　　　たとえば，1階と2階がマーケットで3階から5階までが共同住宅の場合，1階と2階で1つの防火対象物，3階から5階までで1つの防火対象物とみなして床面積を計算し，基準を適用します。

共同住宅	5F
共同住宅	4F
共同住宅	3F
マーケット	2F
マーケット	1F

図6-3　複合用途防火対象物の場合

　下記の設備の基準を適用する場合は，各用途部分ではなく，1棟を単位として基準を適用します。

・スプリンクラー設備　　・避難器具　　　　・自動火災報知設備　　・誘導灯
・ガス漏れ火災警報設備　・漏電火災警報器　・非常警報設備

③　地下街の場合

　地下街の場合，いくつかの用途に供されていても全体を1つの地下街（1つの防火対象物）として基準を適用します。

④　特定防火対象物の地階で地下街と一体を成すものとして，消防長又は消防署長が指定したもの

　ある特定の設備の基準を適用する場合は，地下街の一部とみなされます。

＊（・スプリンクラー設備　　・非常警報器設備　　・自動火災報知設備
　　・ガス漏れ火災警報設備）

⑤　渡り廊下などで防火対象物を接続した場合の取り扱い

　原則として1棟として取り扱います。ただし，一定の防火措置を講じた場合は，別棟として取り扱うことができます。

⑥　同一敷地内にある2以上の防火対象物（16項および**耐火構造，準耐火構造を除く**）で，外壁間の中心線からの水平距離が**1階は3m以下，2階以上は5m以下**で近接する場合は1棟とみなされます（施行令第19条の2⇒下線部出題例あり）。

2.　附加条例　（消防法第17条第2項）

　市町村は，消防用設備等の技術上の基準について，その地方の気候又は風土の特殊性により，政令又はこれに基づく命令の規定によっては防火の目的を充分に達し難いと認めるときは，当該政令又はこれに基づく命令の規定と異なる規定をその**条例**によって設けることができます。

政令や命令の規定と異なる規定　⇒　市町村条例によって設けることができる。

　ただし，基準を緩和する規定は設けることは出来ないので，注意して下さい。

3.　既存の防火対象物に対する基準法令の適用除外

（消防法第17条の2）

　この規定は非常によく出題されている重要ポイントなので，その内容をよく把握しておく必要があります。

　さて，この規定をわかりやすく言うと，ある建築物（防火対象物）を建てたあとに法律が変わった場合，その法律をさかのぼって（＝そ及して）適用するかしないか，ということに関する規定です。

変わったあとの法律を「現行の基準法令」と言い，変わる前の法律を「従前の基準法令」という言い方をします。

① そ及適用の必要がある場合

次の防火対象物は，常に現行の基準法令に適合させる必要があります。

- ・　特定防火対象物
- ・　特定防火対象物以外の防火対象物で，次の条件に当てはまるもの。

≪条件≫

1. 改正前の基準法令に適合していない場合。

⇒　この場合，わざわざ改正前の基準に適合させる必要はなく，改正後の基準に適合させます。

2. 現行の基準法令に適合するに至った場合

（⇒自主設置の消防用設備等が法令の改正により基準法令に適合してしまった場合）

3. 基準法令の改正後に次のような工事を行った場合

○　床面積1000 m² 以上，または

従前の延べ面積の2分の1以上の増改築

○　大規模な修繕若しくは模様替えの工事

（ただし，主要構造部である壁について行う場合に限ります。）

床面積1000 m² 以上，または 従前の延べ面積の2分の1以上の増改築	⇒　そ及適用の必要あり

4. 次の消防用設備等については，常に現行の基準に適合させる必要があります。（下線部は，「こうして覚えよう」に使う部分です）

○　漏電火災警報器
○　避難器具
○　消火器または簡易消火用具
○　自動火災報知設備（特定防火対象物と重要文化財等のみ）
○　ガス漏れ火災警報設備（特防と法で定める温泉採取設備）
○　誘導灯または誘導標識
○　非常警報器具または非常警報設備

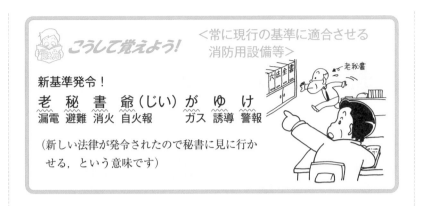

②　そ及適用しなくてもよい場合（⇒ 現状のままでよいもの）
　　　①以外の防火対象物。
　　⇒　これは，既存の防火対象物（現に存在するかまたは新築や増築等の
　　　工事中である防火対象物のこと）の場合，従前の基準法令に適合させ
　　　て建築や工事を行っており，これを現行の基準法令に適合させようと
　　　すると防火対象物の構造自体に手を加える必要が出てくるし，また経
　　　済的負担も大きくなるからです。

4．用途変更の場合における基準法令の適用除外

　用途変更の場合も 3．既存の防火対象物に対する基準法令の適用除外 と
同様に取り扱います。つまり，「原則として従前の用途（変更前の用途）で
の基準に適合していればよい」とされていますが，①の防火対象物は，新し
い用途における基準に適合させる必要があります。

> ＜用途変更の場合における基準法令の適用除外＞
> 　3．の（既存の防火対象物に対する）基準法令
> を用途変更に置き換える。

(4) 消防用設備等を設置した際の届出, 検査(消防法第17条の3の2)

1. 消防用設備等を設置した時, 届け出て検査を受けなければならない防火対象物 (消防法施行令第35条)

表6-4 (表6-6と比較しよう)

(a)特定防火対象物	延べ面積が300m² 以上のもの
(b)非特定防火対象物	延べ面積が300m² 以上で, かつ, 消防長または消防署長が指定したもの
(c)・2項ニ (カラオケボックス等) ・5項イ (旅館, ホテル等) ・6項イ (病院, 診療所等) で入院施設のあるもの ・6項ロ (要介護の老人ホーム, 老人短期入所施設等) ・6項ハ (要介護除く老人ホーム, 保育所等) で宿泊施設のあるもの ・上記の用途部分を含む複合用途防火対象物, 地下街, 準地下街 ・特定1階段等防火対象物	すべて

2. 設置しても届け出て検査を受けなくてもよい消防用設備

簡易消火用具および非常警報器具

3. 届け出を行う者

防火対象物の関係者 (所有者, 管理者または占有者)

4. 届け出先

消防長 (消防本部のない市町村はその市町村長) または消防署長

5. 届け出期間

工事完了後4日以内

【関連】

設置した際の届出, 検査については, 上記のとおりですが, その設置を実際に行う甲種消防設備士は, その設置工事の着工届を工事の着工10日前までに行う必要があります。

(詳細はP396 (3) の 3. 消防用設備等の着工届出義務 参照

（5）　消防用設備等の定期点検 （消防法第17条の3の3）

防火対象物の関係者は，消防用設備等または特殊消防用設備等について定期的に一定の資格者（または関係者自身）に点検を行わせ，その結果を消防機関に報告する**義務**があります。

1. 点検の種類および点検の期間

表6-5

点検の種類	点検の期間	点検の内容
機器点検	6か月に1回	外観や機能などの点検
総合点検	1年に1回	総合的な機能の確認

2. 点検を行う者

①　消防設備士または消防設備点検資格者が点検するもの

表6-6（表6-4と比較しよう）

(a)	特定防火対象物	延べ面積が1000m² 以上のもの
(b)	その他の防火対象物	延べ面積が1000m² 以上で，かつ，消防長または消防署長が指定したもの
(c)	特定1階段等防火対象物	すべて

⇒　これらの大規模な防火対象物は，火災時に，より人命危険が高いので有資格者に点検させるわけです。

（注）　この場合でも点検結果の報告は**防火対象物の関係者**が行います。

（表6-9参照）

②　防火対象物の関係者が点検を行うもの

⇒　上記以外の防火対象物

3. 消防設備士が点検を行うことができる消防用設備等の種類

　その免状の種類に応じて，消防庁長官が告示により定める種類の消防用設備等について，点検を行うことができます。

4. 点検結果の報告

　① **報告期間**

表6-7

特定防火対象物	1年に1回
その他の防火対象物	3年に1回

　② **報告先**

　　消防長（消防本部のない市町村はその市町村長）または消防署長

　③ **報告を行う者**

　　防火対象物の関係者

　さて，ここまで説明してきた（4）と（5）をまとめると，下記の表のようになります。

表6-8　届け出および報告のまとめ

	届出を行う者	届け出先	期限
消防用設備等を設置した時	防火対象物の関係者	消防長等	工事完了後4日以内
工事の着工届	甲種消防設備士	消防長等	工事着工10日前まで
消防用設備等の点検結果の報告	（報告を行う者）防火対象物の関係者	（報告先）消防長等	（報告期間） ・特防：1年に1回 ・その他：3年に1回

(6)　消防用設備等の設置維持命令

（消防法第 17 条の 4）

　消防長または消防署長は，消防用設備等または特殊消防用設備等が技術基準に従って設置され，または設置されていないと認めるときは，当該**防火対象物の関係者で権原を有する者**に対し，設備等技術基準に従って設置すべきこと，またはその維持のため必要な措置をなすべきことを命じることができます。

表 6−9　設置維持命令

命令する者	消防長又は消防署長
命令を受ける者	防火対象物の関係者で権原を有する者
維持命令に違反した場合	罰則が適用される

⑥ 検定制度 (消防法第21条の2)

　検定制度は，消防用機械器具等（ただし，検定の対象となっている品目のみ）が火災時に確実にその機能を発揮するということを国が検定して保証する制度であり，これに合格した旨の表示がしてあるものでなければ販売したり販売の目的で陳列，あるいは**設置等（変更や修理など）の請負工事に使用**することが禁止されています。

　その検定には，型式承認と型式適合検定の2段階があります。

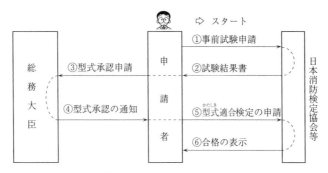

図6-4　検定の手続き

(1)　型式承認

1．承認の方法

　検定の対象となっている消防用機械器具等の形状等が（総務省令で定める）技術上の規格に適合しているかをそのサンプルや書類から確認して承認をします。

2．承認をする人

　⇒　総務大臣

　ただし，承認を受けるためには，あらかじめ**日本消防検定協会**が行う試験を受ける必要があります（その試験結果書と型式承認申請書を総務大臣に提出します。図6-4の①②③）。

(2)　型式適合検定 （図6-4の⑤⑥）

検定制度

1.　検定の方法

　製品化した消防用機械器具等の形状等が型式承認を受けた際の形状等と同一であるかを個々に検定を行います。

2.　検定を行う者

　日本消防検定協会（または法人であって総務大臣の登録を受けたもの）

3.　合格の表示

　合格をした消防用機械器具等には，日本消防検定協会（または法人であって総務大臣の登録を受けたもの）が刻印やラベルの貼り付け等の表示を行います。

図6-5　検定合格表示

（消火薬剤等は「合格の印」となっているので間違わないように）

(3)　検定の対象となっている品目について

1.　検定の対象となっている品目

　⇒　次頁の表参照。

2.　検定対象品目であっても検定が不要な場合

　①　輸出されるもの（ただし，総務大臣の承認を受けたもの）

　　　　　　　　　　　（注）　輸入品の場合は検定が必要です

　②　船舶安全法の検査または試験に合格したもの

　③　航空法の検査または試験に合格したもの

表6-10　検定対象の消防用機械器具等

1．消火器
2．消火器用消火薬剤（二酸化炭素を除く）
3．泡消火薬剤（水溶性液体用のものを除く）
4．感知器または発信機（火災報知設備用）
5．中継器（火災報知設備またはガス漏れ火災警報設備用）
6．受信機（火災報知設備またはガス漏れ火災警報設備用）
7．住宅用防災警報器
8．閉鎖型スプリンクラーヘッド
9．流水検知装置
10．一斉開放弁（大口径のものを除く）
11．金属製避難はしご
12．緩降機

> これらの器具の材質,成分及び性能は「総務省で定める技術上の規格」で定められているので,覚えておこう！

 消防設備士制度 (消防法第17条の5など)

(1)　消防設備士の業務独占 (注：点検は整備に準ずるものとします)

　表6-11に掲げる消防用設備等または特殊消防用設備等（以下「工事整備対象設備等」という）の工事や整備は，専門的知識を有する消防設備士でなければ行うことができません（「**電源**や**水源**の**配管部分**の工事」および「任意に設置した消防用設備等」は対象とはなりません）。

表6-11　消防設備士の業務独占となる工事整備対象設備等

(注：⑰はパッケージ型消火設備，パッケージ型自動消火設備を表します)

区分	消防用設備等の種類（太枠内は甲種，乙種とも）
特類	特殊消防用設備等
第1類	屋内消火栓設備，屋外消火栓設備，水噴霧消火栓設備，スプリンクラー設備，⑰
第2類	泡消火設備，⑰
第3類	ハロゲン消火設備，粉末消火設備，不活性ガス消火設備，⑰
第4類	自動火災報知設備，消防機関へ通報する火災報知設備，ガス漏れ火災警報設備
第5類	金属製避難はしご（固定式に限る），救助袋，緩降機
第6類	消火器（単に設置する場合は工事に含まれない）
第7類	漏電火災警報器

(注：太枠内の設備は「**工事着工届**」が必要な設備で，出題例があるので注意して下さい。)

○　乙種消防設備士
　⇒　消防設備士免状に指定された種類の消防用設備等の整備のみを行うことができる。
○　甲種消防設備士
　⇒　消防設備士免状に指定された種類の消防設備等の整備，工事を行うことができる。
　具体的には，

表6-12

乙種消防設備士	第1類から第7類の整備のみ
甲種消防設備士	第1類から第5類の工事と整備

※　ただし，下に示す軽微な整備（屋内消火栓設備の表示灯の交換など総務省令で定めるもの）などは消防設備士でなくても行うことができます（令第36条の2）

　◆　業務独占の対象外のもの
　（消防設備士でなくても工事や整備などが行える場合）
　1.　軽微な整備（総務省令で定めるもの）
　2.　電源部分や水源の配管部分の工事
　3.　任意に設置した消防用設備等
　4.　表6-2（P379）の●印の付いた設備等

（2）　消防設備士免状

1. 免状の種類　（消防法第17条の6の1）

①　甲種消防設備士

　　特類および1類から5類までに分類されており，工事と整備の両方を行うことができます。

②　乙種消防設備士

　　1類から7類まで分類されており，整備のみ行うことができます。

| 甲種 | ⇒　工事と整備 | 乙種 | ⇒　整備のみ |

2. 免状の交付　（消防法第17条の7の1）

　都道府県が行う消防設備士試験に合格したものに対し，都道府県知事が交付します。

免状を交付する者　⇒　知事

3. 免状の記載事項

　1. 免状の交付年月日及び交付番号　　2. 氏名および生年月日

　　3．本籍地の属する都道府県　　　　4．免状の種類

（その他，総務省令で定める事項⇒現住所は関係ないので，注意！）

4．免状の効力　（消防法第 17 条の 7 の 2）

　免状の効力は，その交付を受けた都道府県内に限らず全国どこでも有効です。

5．免状の書換え　（消防法施行令第 36 条の 5）

　免状の記載事項に変更が生じた場合には，免状を交付した都道府県知事または**居住地**若しくは**勤務地**を管轄する都道府県知事に書換えを申請します。

 免状の書換え　⇒　居住地または勤務地を管轄する知事

6．免状の再交付　（消防法施行令第 36 条の 6）

　免状を亡失*，滅失，汚損，破損したなど，何らかの原因で免状の再交付を申請する場合は，免状の交付または書換えをした都道府県知事に再交付を申請をします（申請義務はない）。　　　　　　　　　（*：失い亡くすこと）

7．免状の不交付

　消防設備士試験に合格しても，次のような場合は都道府県知事が免状を交付しないことがあります。

　　1．消防設備士免状の返納を命ぜられた日から **1 年**を経過しない者
　　2．消防法令に違反して罰金以上の刑に処せられた者で，その執行が終わり，
　　　または執行を受けることがなくなった日から起算して **2 年**を経過しない者

8．免状の返納命令

　消防設備士が法令の規定に違反した場合は，**都道府県知事**が免状の返納を命じることができます。なお，返納命令に違反した場合は，罰金や拘留に処せられることがあります。

(3)　消防設備士の責務など

1．消防設備士の責務　（消防法第 17 条の 12）

　消防設備士は，その責務を誠実に行い，消防用設備等の質の向上に努めな

ければなりません。

2. 免状の携帯義務 （消防法第 17 条の 13)

　業務に従事する時は，消防設備士免状を携帯しなければなりません。

3. 消防用設備等の着工届義務 （消防法第 17 条の 14)

　甲種消防設備士は，消防設備士でなければ行ってはならない消防用設備等の工事をしようとする時は，その工事に着手しようとする日の **10 日前**までに**消防長**（消防本部のない市町村はその市町村長）または**消防署長**に届け出なければならないことになっています。

〈着工届〉
① 届け出を行う者：甲種消防設備士
② 届け出先：消防長（消防本部のない市町村はその市町村長）
　　　　　　または消防署長
③ 届け出期間：工事着工 10 日前まで

4. 講習の受講義務 （消防法第 17 条の 10)

　業務に従事しているか否かを問わず，すべての消防設備士は，次の時期に**都道府県知事**が行う講習を受講する必要があります。

免状の交付を	受けた日以後における最初の 4 月 1 日から	2 年以内
講習を		5 年以内

　なお，消防設備士の業務上の違反となる主な行為については，次のようなものがあるので，覚えておこう！
　1. 講習の受講義務違反
　2. 免状の携帯義務違反
　3. 設置工事着手届出（着工届出）違反 など

問題にチャレンジ！

（第6編　消防関係法令・1）

共通部分

<用語　→P.370>

【問題1】

消防法に規定する用語について，次のうち正しいものはどれか。

(1)　防火対象物とは，山林または舟車，船きょ若しくはふ頭に繋留された船舶，建築物その他の工作物または物件をいう。

(2)　防火対象物の関係者と言う場合の関係者に，防火対象物を占有している者は含まれない。

(3)　特定防火対象物とは，消防法施行令で定められた多数の者が出入りする防火対象物をいう。

(4)　無窓階とは，排煙上有効な開口部が一定の基準に達しない階のことである。

(1)　防火対象物とは「山林または舟車，船きょ若しくはふ頭に繋留された船舶，建築物その他の工作物若しくはこれらに属するもの」をいい，本肢は消防対象物の説明です。

(2)　防火対象物の関係者は，「防火対象物または消防対象物の所有者，管理者または占有者」のことをいうので，占有している者も含まれます。

(3)　病院やデパートなど，不特定多数の者が出入りする防火対象物を特定防火対象物というので，正しい。なお，名称に「特定」とありますが，出入りする者は「不特定多数の者」なので注意してください。

(4)　無窓階とは，「避難上又は消火活動上有効な開口部が一定の基準に達しない階」のことをいいます。

解　答

解答は次ページの下欄にあります。

【問題2】

消防法令上，次のうち，特定防火対象物に該当するものはどれか。

(1)　図書館　　　　　　(2)　映画館

(3)　共同住宅　　　　　(4)　小学校

映画館は，令別表第1第1項イ（P381参照）の特定防火対象物です。

【問題3】

消防法令上，特定防火対象物に該当するものは，次のうちどれか。

(1)　寄宿舎及び下宿　　　　　　(2)　遊技場，ダンスホール

(3)　工場及び冷凍倉庫を含む作業場　　(4)　図書館，博物館及び美術館

令別表第1（P381）より，遊技場，ダンスホールは2項ロの特定防火対象物であり，それ以外は非特定防火対象物です。

【問題4】

消防法令上，特定防火対象物に該当しないものは，次のうちどれか。

(1)　病院及び診療所

(2)　幼稚園

(3)　介護を必要とする有料老人ホーム

(4)　テレビスタジオ

(1)の病院及び診療所は6項イの，(2)の幼稚園は6項ハ，(3)の介護を必要とする有料老人ホームは6項ロの，いずれも特定防火対象物ですが，(4)のテレビスタジオは，映画スタジオと同じく，12項ロの非特定防火対象物です。

解　答

【問題1】…(3)

＜消防同意など　→P.372＞

【問題５】

　消防機関による立入り検査について，次のうち正しいものはどれか。
　(1)　命令を発する者は，市町村長等である。
　(2)　消防機関が立入り検査をする際は，事前通告をする必要がある。
　(3)　立入り検査が行える時間は，原則として日の出から日没までである。
　(4)　防火対象物内で火災の発生のおそれのある行為や，階段や廊下などに
　　　危険物や大量の物が置いてある場合，その場で行為の禁止や物件の除去
　　　の命令をすることができる。

　(1)　命令を発する者は，**消防長**（消防本部を置かない市町村にあっては市
　　　町村長），又は**消防署長**です。
　(2)　事前通告は不要です（⇒　抜きうち検査が可能）。
　(3)　時間の制限はありません。

【問題６】

　建築物を新築する際の確認申請について，次のうち誤っているものはどれか。
　(1)　同意を行う者は，消防長（消防本部を置かない市町村にあっては市町
　　　村長），又は消防署長である。
　(2)　建築主が直接，消防長（消防本部を置かない市町村にあっては市町村
　　　長），又は消防署長に同意を求めることはできない。
　(3)　確認申請は建築主事等に対して行うが，建築主事等がその確認を行う
　　　には，予め消防長等の消防同意を得ておく必要がある。
　(4)　消防本部を置かない市町村の長は，一般建築物についての消防同意を
　　　求められた場合，７日以内に同意または不同意を建築主事（または特定
　　　行政庁）に通知する必要がある。

　(4)　一般建築物については３日，その他が７日以内です。

解　答

【問題２】…(2)　　　　　【問題３】…(2)　　　　　【問題４】…(4)

＜防火管理者　→P.374＞

【問題7】

防火管理について，次の文中の（ ）内に当てはまる消防法令に定められている語句として，正しい組み合わせはどれか。

「（ア）は，消防の用に供する設備，消防用水若しくは消火活動上必要な施設の（イ）及び整備又は火気の使用若しくは取扱いに関する監督を行うときは，火元責任者その他の防火管理の業務に従事する者に対し，必要な指示を与えなければならない。

	（ア）	（イ）
(1)	防火管理者	点検
(2)	防火管理者	工事
(3)	管理について権原を有する者	点検
(4)	甲種消防設備士	工事

令第4条第3項の条文をそのまま問題にしたもので，「防火管理者は，消防の用に供する設備，消防用水若しくは消火活動上必要な施設の点検及び整備又は火気の使用若しくは取扱いに関する監督を行うときは，火元責任者その他の防火管理の業務に従事する者に対し，必要な指示を与えなければならない。」となります。

なお，第4条には，その他，「防火管理者は，規則第3条で定めるところにより，消防計画を作成し，これに基づいて消火，通報及び避難の訓練を実施しなければならない。」「特定防火対象物の防火管理者は，消火訓練及び避難訓練を年2回以上実施し，消火訓練及び避難訓練を実施する場合には，あらかじめ，その旨を消防機関に通報しなければならない。」などの規定もあります。

解　答

【問題5】…(4)　　　　　　　　　　【問題6】…(4)

【問題8】

　次の防火対象物のうち，防火管理者を選任する必要がない防火対象物はどれか。

- (1)　収容人員が55名の図書館
- (2)　収容人員が40名の料理店
- (3)　同じ敷地内に所有者が同じで，収容人員が30名の寄宿舎と収容人員が50名のアパートがある場合
- (4)　同じ敷地内に所有者が同じで，収容人員が10名のカフェと収容人員が18名の飲食店がある場合

　防火管理者を置かなければならない防火対象物は，令別表第1に掲げる防火対象物のうち，特定防火対象物の場合が**30人以上**，その他の防火対象物の場合が**50人以上**の場合です。

- (1)　選任が必要。

　　図書館は非特定防火対象物なので，50人以上の場合に選任する必要があります。

- (2)　選任が必要。

　　料理店は，特定防火対象物なので，30人以上の場合に選任する必要があります。

- (3)(4)　同じ敷地内に管理権原を有する者が同一の防火対象物が2つ以上ある場合は，それらを一つの防火対象物とみなして収容人員を合計します。

　従って，(3)は，寄宿舎，アパートとも非特定防火対象物なので，収容人員が50人以上なら選任する必要があります。

　計算すると，30＋50＝80名となるので，選任する必要があります。

　一方，(4)の場合は，カフェ，飲食店ともに特定防火対象物であり，収容人員は，10名＋18名＝28名と30名未満になるので，選任する必要はありません。

解答

【問題7】…(1)

【問題9】

　管理について権原が分かれている（＝複数の管理権原者がいる）次の防火対象物のうち，統括防火管理者を選任する必要があるものはどれか。

　(1)　地下街で，消防長または消防署長の指定のないもの。

　(2)　高さが55mの事務所ビルで，消防長または消防署長の指定のないもの。

　(3)　駐車場と共同住宅からなる複合用途防火対象物で，収容人員が110人で，かつ，地階を除く階数が4のもの。

　(4)　料理店と映画館からなる複合用途防火対象物で，収容人員が550人で，かつ，地階を除く階数が2のもの。

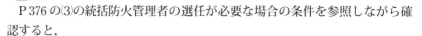

　P376の(3)の統括防火管理者の選任が必要な場合の条件を参照しながら確認すると，

　(1)　指定がない地下街なので，置く必要はありません。

　(2)　用途に関係なく，高さが**31m**を超える建築物には統括防火管理者を選任する必要があるので，これが正解です。

　(3)　駐車場と共同住宅なので，③の特定用途部分を含まない複合用途防火対象物ということになり，その場合，地階を除く階数が**5以上**で統括防火管理者を選任する必要があるので，4ではその必要はありません。

　(4)　料理店と映画館は特定用途部分なので，②の条件となりますが，その場合，地階を除く階数が**3以上**である必要があるので，2では統括防火管理者を選任する必要はありません。

【問題10】

防火対象物点検資格者について，次のうち正しいものはどれか。

　(1)　管理権原者も，登録講習機関の行う講習を受ければ点検を自ら行うことができる。

　(2)　防火管理者は点検を行うことはできない。

　(3)　消防設備士の場合，必要とされる実務経験は1年以上である。

　(4)　消防設備点検資格者の場合，3年以上の実務経験があり，かつ，登録

講習機関の行う講習を終了しなければならない。

　⑴　管理権原者というだけでは，防火対象物点検資格者にはなれません。
　⑵　防火管理者も実務経験があり，登録講習機関の行う講習を終了すれば
　　点検を行うことができます。
　⑶　他の資格者と同じく，**3年**です。
　⑷　正しい。

＜消防用設備等の設置，維持に関する規定　　→P.379＞

【問題 11 】

　消防法令に定められている用語の定義又は説明として，次のうち誤ってい
るものはどれか。
　⑴　消防の用に供する設備………消火設備，警報設備及び避難設備をいう。
　⑵　消火活動上必要な施設………排煙設備，連結散水設備，連結送水管，
　　　　　　　　　　　　　　　　　非常コンセント設備及び屋外消火栓設備
　　　　　　　　　　　　　　　　　をいう。
　⑶　防火対象物の関係者…………防火対象物の所有者，管理者又は占有者
　　　　　　　　　　　　　　　　　をいう。
　⑷　複合用途防火対象物…………政令で定める 2 以上の用途に供される防
　　　　　　　　　　　　　　　　　火対象物をいう。

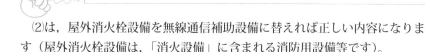

　⑵は，屋外消火栓設備を無線通信補助設備に替えれば正しい内容になりま
す（屋外消火栓設備は，「消火設備」に含まれる消防用設備等です）。

【問題 12 】

　消防法令上，「消火設備」に含まれるものは，次のうちどれか。
　⑴　連結送水管　　　　　　　⑵　防火水槽
　⑶　動力消防ポンプ設備　　　⑷　連結散水設備

| 解　答 |
【問題 9 】…⑵

(1)の連結送水管と(4)の連結散水設備は，**消火活動上必要な施設**であり，(2)の防火水槽は，**消防用水**です。
（なお，その他の「消火設備」に含まれる消防用設備等については，P 379の表6-2参照。）

【問題 13】

　消防用設備等を設置しなければならない防火対象物に関する説明として，次のうち消防法令上正しいものはどれか。
　(1)　複合用途防火対象物では，各階ごとを一(ひとつ)の防火対象物とみなして消防用設備等を設置しなければならない。
　(2)　複合用途防火対象物では，常にそれぞれの用途区分ごとに消防用設備等を設置しなければならない。
　(3)　複合用途防火対象物では，主たる用途区分に適応する消防用設備等を設置しなければならない。
　(4)　複合用途防火対象物でも，ある種の消防用設備等を設置すれば，一(ひとつ)の防火対象物とみなされる場合がある。

　複合用途防火対象物に消防用設備等を設置する場合は，原則として**各用途部分を1つの防火対象物とみなして基準を適用**します。従って，(1)の「各階ごと」というのは誤りで，また，(3)の「（複合用途防火対象物の）主たる用途区分」というのも誤りです。
　また，この規定には**例外**があり，ある特定の設備（P 382の「参考」参照）を設置する場合は，**全体を1つの防火対象物とみなします**。
　従って，(2)の「常にそれぞれの用途区分ごと」というのは誤りで（⇒　原則として用途区分ごとに設置する必要があるが，例外もあるので「常に」の部分が誤り），(4)が正解となります。

【問題14】

消防用設備等を設置する場合の防火対象物の数の算定方法として，次のうち消防法令上正しいものはどれか。

(1) 同一敷地内にある2以上の防火対象物は，原則として一（ひとつ）の防火対象物とみなされる。

(2) 開口部のない耐火構造の床又は壁で区画されているときは，その区画された部分はそれぞれ別の防火対象物とみなされる。

(3) 耐火構造の床又は壁で区画され，開口部に特定防火設備である防火戸が設けられているときは，その区画された部分はそれぞれ別の防火対象物とみなされる。

(4) 耐火構造の床又は壁で区画され，かつ，開口部にドレンチャー設備が設けられているときは，その区画された部分はそれぞれ別の防火対象物とみなされる。

消防用設備等の設置単位は，特段の規定がない限り<u>棟単位に基準を適用する</u>のが原則ですが，次のような例外もあります。

① 開口部のない耐火構造の床または壁で区画されている場合
② 複合用途防火対象物
③ 地下街
④ 地下街と接続する特定防火対象物の地階で消防長又は消防署長が指定した場合（ただし，特定の設備のみ）
⑤ 渡り廊下などで防火対象物を接続した場合

以上の場合，その区画された部分は，それぞれ**別の防火対象物**とみなします。そこで，まず，(1)ですが，同一敷地内に2以上の防火対象物があっても，上の条件の⑤のように，渡り廊下などで防火対象物を接続する場合を除き，原則としては別々の防火対象物とみなされるので，誤りです。

(3)は，たとえ特定防火設備である防火戸が設けられていても，開口部があれば別の防火対象物とは見なされず，また，(4)も，ドレンチャー設備が設け

解　答

【問題13】…(4)

られていても開口部があれば，別の防火対象物とは見なされないので，誤り
です。

　なお，「店舗の出入り口部分と共同住宅の玄関入り口部分は共用である
が，その他の部分は耐火構造で完全に区画されている場合」のような出題例
もありますが，店舗の出入り口部分と共同住宅の玄関入り口部分が共用なの
で，完全に区画されている状態とはならず，(3)や(4)と同様，別の防火対象と
は見なされません。

【問題15】

　消防法第17条第2項に規定されている附加条例について，次のうち正し
いものはどれか。

(1)　市町村の附加条例によって，政令で定める消防用設備等の一部を設置
　　しなくてもよいという特例基準を定めることができる。

(2)　市町村の附加条例によって，政令で定める防火対象物以外の防火対象
　　物に対して消防用設備等の設置を義務付けることができる。

(3)　市町村の附加条例によって，消防用設備等の設置及び維持に関する技
　　術上の基準について政令で定める基準を緩和することができる。

(4)　市町村の附加条例によって，消防用設備等の設置及び維持に関する技
　　術上の基準について政令で定める基準を強化することができる。

　消防法第17条第2項に規定されている附加条例とは，国で定めた基準と
は別に，その地方の気候または風土の特殊性を加味して定めることができる
市町村条例のことで，基準を**強化する**規定を定めることはできても，<u>緩和す
る規定は設けることはできません</u>。

　従って，(3)は誤りで(4)が正しい，ということになります。

　(1)，(2)については，市町村の附加条例によって，政令で定める基準を強化
する規定を定めることはできますが，政令で定める基準とは別の基準を定め
ることはできないので，誤りです。

解　答

【問題14】…(2)

【問題 16 】

　消防用設備等の技術上の基準の改正と，その適用について，次のうち消防法令上正しいものはどれか。

　(1)　現に新築中又は増改築工事中の防火対象物の場合は，すべて新しい基準に適合する消防用設備等を設置しなければならない。

　(2)　現に新築中の特定防火対象物の場合は，従前の規定に適合していれば改正基準を適用する必要はない。

　(3)　既存の防火対象物に設置されている消防用設備等が，設置されたときの基準に違反している場合は，設置したときの基準に適合するよう設置しなければならない。

　(4)　原則として既存の防火対象物に設置されている消防用設備等には適用しなくてよいが，政令で定める一部の消防用設備等の場合は例外とされている。

　(1)　新築中や増改築工事中の防火対象物は，既存の防火対象物（現に存在する防火対象物）の扱いを受けます。従って，既存の防火対象物の場合は，原則としては**従前の基準に適合していればよい**，とされているので，誤りです。

　(2)　特定防火対象物の場合は，常に改正基準（現行の基準）に適用させる必要があるので，誤りです。

　(3)　既存の防火対象物に設置されている消防用設備等が，設置されたときの基準に違反している場合は，「設置したときの基準」ではなく，「改正後の基準」に適合するよう設置しなければならないので，誤りです。

　(4)　問題文の前半は，(1)の解説より正しく，また，一定の消防用設備等（P384《条件》の 4）はその例外とされているので，問題文の後半も正しい。

解　答

【問題 15 】…(4)

【問題17】

　既存の防火対象物を消防用設備等の技術上の基準が改正された後に増築又は改築した場合，消防用設備等を改正後の基準に適合させなければならない増築又は改築の規模として，次のうち消防法令上正しいものはどれか。

(1)　延べ面積が1800m² の工場を2500m² に増築した場合

(2)　延べ面積が2200m² の事務所のうち 900m² を増築した場合

(3)　延べ面積が2100m² の共同住宅のうち 800m² を改築した場合

(4)　延べ面積が2000m² の倉庫を3300m² に増築した場合

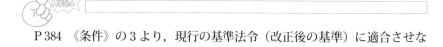

　P384　《条件》の3より，現行の基準法令（改正後の基準）に適合させなければならない「増改築」は，

　　（ア）　床面積**1000m²** 以上

　　（イ）　従前の延べ面積の**2分の1以上**

のどちらかの条件を満たしている場合です。

順に検討すると，

(1)　増築した床面積は，2500 − 1800 = 700m² なので（ア）の条件は×で，また，従前の延べ面積1800m² の2分の1以上でもないので，（イ）の条件も×です。

(2)　増築した床面積は900m² なので，（ア）の条件は×で，また，900m² は従前の延べ面積2200m² の2分の1以上でもないので，（イ）の条件も×です。

(3)　改築した床面積は800m² なので，（ア）の条件は×で，また，800m² は従前の延べ面積2100m² の2分の1以上でもないので，（イ）の条件も×です。

(4)　増築した床面積は3300 − 2000 = 1300m² なので，（ア）の条件が○なので，これが正解です。なお，1300m² は，従前の延べ面積2000m² の2分の1以上でもあるので，こちらの条件でも○です。

解　答

【問題16】…(4)

【問題18】

　消防用設備等の設置に関する基準が改正された場合，原則として既存の防火対象物には適用されないが，消防法令上，改正後の規定に適合させなければならない消防用設備等として，次のうち正しいものはどれか。

(1)　図書館に設置されている連結散水設備

(2)　工場に設置されている二酸化炭素を放射する不活性ガス消火設備

(3)　ラック式倉庫に設置されているスプリンクラー設備

(4)　展示場に設置されている自動火災報知設備

　常に改正後（現行）の基準に適合させなければならない消防用設備等は，P 384《条件》の4の消防用設備等であり，(1)〜(4)で該当するのは，(4)の自動火災報知設備ということになります。なお，展示場は，百貨店やマーケットと同じく令別表第1第4項の**特定防火対象物**（特防）であり，この点からも改正後の規定に適合させる必要があります。

【問題19】

　既存の防火対象物の用途変更と消防用設備等（消火器，避難器具その他政令で定めるものを除く。）の技術基準の関係について，次のうち消防法令上正しいものはどれか。

(1)　用途が変更された場合，いかなる用途の防火対象物であっても用途変更後の用途に係る技術基準に従って設置する必要がある。

(2)　消防用設備等が，変更前の用途に係る技術基準に違反していた場合は，変更後の用途に係る技術基準に従い設置しなければならない。

(3)　用途が変更されて特定防火対象物になった場合，変更前の用途に係る技術基準に従って設置されていれば，変更後の用途に係る技術基準に従って設置する必要はない。

(4)　用途が変更された後に，主要構造部である壁について過半の修繕を施した場合であっても，用途変更前の用途に係る技術基準に従って設置されていれば，変更後の用途に係る技術基準に従って設置する必要はない。

　解　答

【問題17】…(4)

用途変更の場合における基準法令の適用除外も，通常の基準法令の適用除外と同様に考えます。つまり，「法令の変更」を「用途の変更」に置き換えればよいだけです。

(1)　用途が変更された場合は，原則はあくまでも，用途変更<u>前</u>の用途に係る技術基準に従って設置すればよいのであって，用途変更<u>後</u>の用途に係る技術基準に従って設置する必要があるのは，あくまでも例外です。

　　従って，すべて「用途変更後の用途に係る技術基準に従って設置する必要がある。」というのは，誤りです。

(2)　変更<u>前</u>の用途に係る技術基準に違反していた場合は，変更後の用途に係る技術基準に従い設置しなければならないので，正しい。

(3)　用途が変更されて**特定防火対象物**になった場合は，そ及適用されるので，変更<u>後</u>の用途に係る技術基準に従って設置する必要があり，誤りです。

(4)　用途が変更された後に，主要構造部である**壁**について**過半**の修繕を施した場合は，変更<u>後</u>の用途に係る技術基準に従って設置する必要があるので，誤りです。

＜消防用設備等を設置した際の届出，検査　→P.386＞

【問題20】

　防火対象物に消防用設備等を技術上の基準に従って設置したときの届出及び検査について，次のうち消防法令上誤っているものはどれか。

(1)　特定防火対象物で延べ面積が300m² 以上のものは，原則として届け出て検査を受けなければならない。

(2)　特定防火対象物以外の防火対象物であっても面積が300m² 以上で消防長又は消防署長が指定したものは届け出て検査を受けなければならない。

(3)　消防用設備等の設置届出書には消防用設備等に関係図書と消防用設備等試験結果報告書を添えなければならない。

(4)　消防用設備等の設置工事が完了したときは，この工事を施工した消防設備士が工事が完了した日から4日以内に，その旨を消防長又は消防署

<u>解　答</u>

【問題18】…(4)　　　　　　　　　【問題19】…(2)

長に届け出て検査を受けなければならない。

(4)　消防用設備等を設置した際の届出は，**防火対象物の関係者**が行います。「工事が完了した日から 4 日以内」というのは，正しい。

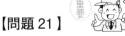

【問題 21 】

防火対象物の消防用設備等が設置等技術基準に従って維持されていない場合，必要な措置を行うよう命令できる者と命令を受ける者の組み合わせとして，次のうち消防法令上正しいものはどれか。

	(A)　命令する者	(B)　命令を受ける者
(1)	消防長又は消防署長	防火対象物の関係者で権原を有する者
(2)	市町村長	工事を行った消防設備士
(3)	都道府県知事	防火対象物の関係者で権原を有する者
(4)	市町村長	防火管理者

消防長または消防署長（⇒ A）は，消防用設備等または特殊消防用設備等が技術基準に従って設置され，または設置されていないと認めるときは，当**該防火対象物の関係者で権原を有する者**（⇒ B）に対し，設備等技術基準に従って設置すべきこと，またはその維持のため必要な措置をなすべきことを命じることができます。

なお，**設置命令に違反した場合は「罰金又は<u>懲役</u>」，維持**命令に違反した場合は，「罰金又は<u>拘留</u>」に処せられることがあります。

解　答

【問題 20 】…(4)

＜定期点検　→P.387＞

【問題22】

　消防用設備等を消防設備士又は消防設備点検資格者に定期点検させ，その結果を消防長又は消防署長に報告しなければならない防火対象物は，次のうちどれか。

　⑴　特定防火対象物で延べ面積が300m² 以上のもの

　⑵　特定防火対象物で延べ面積が500m² 以上のもの

　⑶　特定防火対象物以外の防火対象物で延べ面積が300m² 以上で，かつ，消防長又は消防署長が指定したもの

　⑷　特定防火対象物以外の防火対象物で延べ面積が1000m² 以上で，かつ，消防長又は消防署長が指定したもの

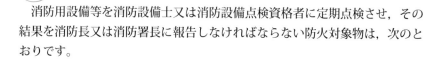

　消防用設備等を消防設備士又は消防設備点検資格者に定期点検させ，その結果を消防長又は消防署長に報告しなければならない防火対象物は，次のとおりです。

⒜　特定防火対象物	延べ面積が**1000m² 以上**のもの
⒝　その他の防火対象物	延べ面積が**1000m² 以上**で，かつ，消防長または消防署長が指定したもの
⒞　特定1階段等防火対象物	すべて

（上記以外の防火対象物は**防火対象物の関係者**が点検を行います）

　従って，⒝より，⑷が正解です。

　なお，⑴の300m² というのは，消防用設備等を設置した際に届け出て検査を受けなければならない防火対象物の延べ面積です。

<hr />

　解　答

【問題21】…⑴

【問題23】

　消防用設備等又は特殊消防用設備等の定期点検を消防設備士又は消防設備点検資格者にさせなければならない防火対象物として，次のうち消防法令上正しいものはどれか。

　ただし，消防長又は消防署長が指定するものを除くものとする。

⑴　百貨店で，延べ面積が700m² のもの

⑵　映画館で，延べ面積が900m² のもの

⑶　店舗で，延べ面積が1000m² のもの

⑷　駐車場で，延べ面積が2200m² のもの

　前問の問題を具体的な防火対象物で出題した形の問題です。

　さて，⑴～⑶は特定防火対象物ですが，⑴と⑵は1000m² 未満なので，**防火対象物の関係者が点検を行います。**

　しかし，⑶は**1000m² 以上**となるので，消防設備士又は消防設備点検資格者が点検を行う必要があります。

　また，⑷の駐車場は，非特定防火設備なので，**防火対象物の関係者が点検を行います。**

【問題24】

　消防用設備等又は特殊消防用設備等の定期点検の結果について，消防長又は消防署長への報告期間として，次のうち消防法令上正しいものはどれか。

⑴　倉庫……………………………6か月に1回

⑵　老人短期入所施設…………1年に1回

⑶　図書館………………………1年に1回

⑷　ホテル………………………6か月に1回

　定期点検の結果については，「特定防火対象物が1年に1回」，「その他の

━━━　解　答　━━━

【問題22】…⑷

防火対象物が3年に1回」となっています。

　従って，⑴の倉庫と⑶の図書館は「その他の防火対象物」であり，3年に1回なので，誤りです。

　また，⑵の老人短期入所施設と⑷のホテルは「特定防火対象物」であり，1年に1回なので，⑵が正解で，⑷が誤りとなります。

　なお，点検の報告期間については解説の通りですが，点検の時期については，「機器点検が6か月に1回」，「総合点検が1年に1回」なので，注意してください。

＜検定　→P.390＞

【問題 25】

　消防の用に供する機械器具等の検定について，次のうち消防法令上誤っているものはいくつあるか。

　A　型式承認とは，検定対象機械器具等の型式に係る形状等が総務省令で定める検定対象機械器具等に係る技術上の規格に適合している旨の承認をいう。

　B　型式適合検定とは，個々の検定対象器具等の形状等が型式承認を受けた検定対象機械器具等の型式に係る形状等と同一であるかどうかについて行う検定をいう。

　C　消防の用に供する機械器具等の品質管理制度には，「検定」，「自己認証制度」，「性能評定制度」，「総務大臣の認定制度」等があり，全て日本消防検定協会が検査を行う。

　D　総務大臣は，型式承認を受けた検定対象機械器具等が，規格の改正等によりその効力を失わせたときは，その旨を公示するとともに，当該型式承認を受けた者に通知しなければならない。

　E　規格の改正等により型式承認の効力が失われた検定対象機械器具等でも，防火対象物にすでに設置されているものにあっては，型式適合検定合格の効力は失わない。

　⑴　1つ　　⑵　2つ　　⑶　3つ　　⑷　4つ

解 答	
【問題 23】…⑶	【問題 24】…⑵

A，B　正しい。

C　検定の場合，Dにあるように，総務大臣も行うので，誤りです。

D　正しい。

E　誤り。

　　規格の改正等により型式承認の効力が失われた検定対象機械器具等については，Dのように公示や通知がされ，その結果，防火対象物にすでに設置されているものについては，<u>型式適合検定合格の効力が失われます</u>（法第21条の5より）。

従って，誤っているのは，C，Eの2つとなります。

【問題 26 】

　検定対象機械器具等の検定について，次のうち消防法令上誤っているものはいくつあるか。

A　日本消防検定協会又は法人であって総務大臣の登録を受けたものは，型式適合検定に合格した検定対象器具等にその旨の表示をしなければならない。

B　型式適合検定を受けようとする者は，まず総務大臣に申請しなければならない。

C　型式承認を受けた旨の表示があれば，型式適合検定に合格した旨の表示がなくても販売の目的で陳列し，また，工事又は整備に使用できる。

D　検定対象機械器具等の形式に係る材質，成分及び性能は，日本工業規格で定められている。

E　みだりに型式適合検定合格の表示をしたり，紛らわしい表示を付した場合には罰則の適用がある。

⑴　1つ　　⑵　2つ　　⑶　3つ　　⑷　4つ

A　○

解　答

【問題 25 】…⑵

　　なお，「法人であって総務大臣の登録を受けたもの」とは，登録検定
　機関のことです。

B　×

　　型式承認は総務大臣に申請しますが，型式適合検定の場合は，**日本消**
防検定協会（または**登録検定機関**）に申請する必要があります。

C　×

　　型式承認と型式適合検定との関係については，それぞれ単独で効力が
　発生するのではなく，型式承認を受け，型式適合検定に合格した旨の表
　示がなければ販売，または販売の目的で陳列したり，あるいは，工事ま
　たは整備に使用することはできません。

D　×

　　材質，成分及び性能については，**総務省令で定める検定対象機械器具**
等に係る技術上の規格で定められています。

E　○

従って，誤っているのは，B，C，Dの3つとなります。

<消防設備士の業務独占　→P.393>

【問題27】

　消防設備士が行う**工事又は整備**について，次のうち消防法令上正しいもの
はどれか。

　⑴　乙種第3類の消防設備士は，二酸化炭素消火設備の設置工事を行うこ
　　とができる。
　⑵　乙種第5類の消防設備士は，緩降機の整備を行うことができる。
　⑶　甲種第1類の消防設備士は，泡消火設備の整備を行うことができる。
　⑷　甲種第4類の消防設備士は，漏電火災警報器の整備を行うことができる。

　まず，乙種消防設備士は，消防設備士免状に指定された種類の消防用設備
等の整備のみを行うことができ，甲種消防設備士は，消防設備士免状に指定
された種類の消防設備等の整備と工事を行うことができます。

　解　答
【問題26】…⑶

　具体的には，甲種消防設備士は，「特類と第1類から第5類の工事と整備」，乙種消防設備士は，「第1類から第7類の整備のみ」を行うことができます（⇒P393，表6-11参照）。

　従って，

⑴　乙種第3類の消防設備士は，**二酸化炭素消火設備**の整備は行うことができますが，設置工事を行うことはできないので，誤りです。

⑵　乙種第5類の消防設備士は，**緩降機**の整備を行うことができるので，正しい。

⑶　泡消火設備の整備は，**第2類**の消防設備士でないと行うことができないので，誤りです。

⑷　漏電火災警報器の整備を行うことができるのは，**第7類**の消防設備なので，誤りです。

【問題28】

　消防設備士が行うことができる工事又は整備について，次のうち消防法令上誤っているものはいくつあるか。

　A　甲種特類消防設備士免状の交付を受けている者は，消防用設備等のすべて及び特殊消用設備等について，整備を行うことができる。

　B　甲種第4類消防設備士免状の交付を受けている者は，危険物製造所に設置する自動的に作動する火災報知設備の工事を行うことができる。

　C　乙種第1類消防設備士免状の交付を受けている者は，屋外消火栓設備の開閉弁の整備を行うことができる。

　D　乙種第5類消防設備士免状の交付を受けている者は，緩降機本体及びその取り付け具の整備を行うことができる。

　E　屋内消火栓設備の水源の工事は，消防設備士でなければならない工事である。

⑴　1つ　　⑵　2つ　　⑶　3つ　　⑷　4つ

　A　誤り。

　　甲種特類消防設備士が行えるのは，特殊消防用設備等の工事と整備で

あって，消防用設備等のすべてについて整備を行うことはできません。

B〜D　正しい。P393の表6-11参照。

E　誤り。

屋内消火栓設備の水源の工事は，消防設備士でなくても行える工事です。
従って，誤っているのは，A，Eの2つになります。

【問題29】

消防設備士でなければ工事又は整備を行うことができないと定められている消防用設備等の組み合わせとして，次のうち消防法令上誤っているものはどれか。

 (1)　不活性ガス消火設備，動力消防ポンプ設備，泡消火設備

 (2)　屋内消火栓設備，パッケージ型消火設備，粉末消火設備

 (3)　自動火災報知設備，ガス漏れ火災警報設備，漏電火災警報器

 (4)　救助袋，緩降機，消火器

P379の表6-2より，(1)の動力消防ポンプ設備は消防設備士でなくても工事や整備が行えるので，これが誤りです。

＜消防設備士免状　→P.394＞

【問題30】

消防設備士免状に関して，次のうち消防法令上誤っているものはどれか。

 (1)　免状の記載事項に変更が生じた場合は，免状を交付した都道府県知事，又は居住地若しくは勤務地を管轄する都道府県知事に書換えを申請する。

 (2)　消防設備士免状の交付を受けた都道府県以外で業務に従事するときは，業務地を管轄する都道府県知事に免状の書替えを申請しなければならない。

 (3)　消防設備士免状の返納命令に違反した者は，罰金又は拘留に処せられることがある。

解　答

【問題28】…(2)

(4)　消防設備士免状の返納を命ずることができるのは，当該免状を交付した都道府県知事である。

(2)　消防設備士免状は全国どこでも有効であり，交付を受けた都道府県以外でもそのまま業務に従事することができるので，誤りです。

【問題31】

　消防設備士免状に関して，次のうち正しいものはいくつあるか。

A　免状の再交付を申請する場合は，居住地または勤務地を管轄する都道府県知事に申請する。

B　消防設備士免状を亡失した者は，亡失した日から10日以内に免状の再交付を申請しなければ，自動的にその免状は失効する。

C　消防設備士免状の記載事項に変更を生じた場合，免状の交付を受けた都道府県知事以外に免状の書替えを申請することはできない。

D　消防設備士試験に合格した者は，居住地または勤務地を管轄する都道府県知事に対し，免状交付申請を行う。

E　消防設備士免状の返納を命ぜられた日から1年を経過しない者にあっては，新たに試験に合格しても免状を交付されないことがある。

(1)　1つ　　(2)　2つ　　(3)　3つ　　(4)　4つ

A　×

　免状の再交付は，「居住地または勤務地」ではなく，**免状を交付または書換えをした都道府県知事**に申請しなければならないので，誤りです。

B　×

　再交付は「〜しなければならない。」というような義務ではないので，誤りです。ただし，再交付を受けたあと，亡失した免状を発見した場合は，その日から**10日以内**に再交付を受けた都道府県知事に提出しなければならない，という義務はあります。

C　×

解　答

【問題29】…(1)

　　　前問の(1)より，免状の書替えの申請先は，免状の交付を受けた都道府
　　県知事のほか，「**居住地**若しくは**勤務地**を管轄する都道府県知事」にも
　　申請することができるので，誤りです。
　　D　×
　　　　消防設備士試験に合格した者に対して免状の交付を行う者は，当該試
　　験を実施した都道府県知事なので，誤りです。
　　E　○
　　　　従って，正しいのはEの1つのみとなります。

【問題 32】

消防法令上，免状の記載事項として次のうち定められていないものはどれか。

(1)　免状の交付年月日及び交付番号　　(2)　現住所

(3)　過去 10 年以内に撮影した写真　　(4)　氏名及び生年月日

現住所ではなく，**本籍の属する都道府県**です。

【問題 33】

**工事整備対象設備等の工事又は整備に関する講習について，次のうち消防
法令上誤っているものはどれか。**

(1)　消防設備士免状の交付を受けている者すべてが受けなければならない
　　講習である。

(2)　定められた期間内に受講しなかった者は，消防設備士免状の返納を命
　　ぜられることがある。

(3)　消防設備士免状の交付を受けた日以後における最初の 4 月 1 日から 3
　　年以内に受講しなければならない。

(4)　講習を実施するのは，都道府県知事である。

講習は，消防設備士免状の交付を受けた日以後における最初の 4 月 1 日か

ら2年以内に受講する必要があります。

なお，その後は講習を受けた日以後における最初の4月1日から5年以内に受講する必要があります。

【問題34】

都道府県知事（総務大臣が指定する市町村長その他の機関を含む。）が行う工事整備対象設備等の工事又は整備に関する講習について，次のうち消防法令上誤っているものはどれか。

(1) 講習は，消防法第17条の10の規定に基づいて行われる。
(2) 講習の科目については，講習を実施する都道府県知事が定める。
(3) 消防設備士免状の種類及び指定区分に応じて行わなれる。
(4) 消防設備士免状の交付を受けた日以後における最初の4月1日から2年以内，その後は講習を受けた日以後における最初の4月1日から5年以内ごとに受講しなければならない。

(2) このような規定はありません。

【問題35】

工事整備対象設備等の工事又は整備に関する講習について，次のうち消防法令上正しいものはどれか。

(1) 工事整備対象設備等の工事又は整備に従事していない消防設備士でも受講義務がある。
(2) 消防設備士免状の種類に応じて第1種から第5種までに区分して行われる。
(3) 講習は，消防長又は消防署長が1年に1回以上実施するものである。
(4) 規定された期間内に受講しなければ，消防設備士免状は自動的に失効する。

解　答

【問題32】…(2)　　　　　　　　　【問題33】…(3)

(1)　正しい。

(2)　第1種から第5種は消火設備の区分であり，消防設備士の場合は，1類〜3類までは「消火設備」，4類と7類は「警報設備」，5類と6類は「避難器具・消火器」として，まとめて実施されます。

(3)　消防長又は消防署長ではなく，**都道府県知事**です。

(4)　免状の返納命令の対象とはなりますが，自動的に失効することはありません。

【問題36】

消防設備士の義務について，次のうち消防法令上誤っているものはどれか。

(1)　消防設備士は，都道府県知事（総務大臣が指定する市町村長その他の機関を含む。）が行う工事整備対象設備等の工事又は整備に関する講習を受けなければならない。

(2)　消防設備士は，その職務を誠実に行い，工事整備対象設備等の質の向上に努めなければならない。

(3)　指定講習機関が行う工事整備対象設備等の工事又は整備に関する講習を受けようとする者は，政令で定める額の手数料を当該指定講習機関に納めなければならない。

(4)　甲種消防設備士は，政令で定める工事をしようとするときは，10日前までに，市町村長等に届出をしなければならない。

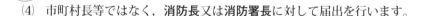

(4)　市町村長等ではなく，**消防長又は消防署長**に対して届出を行います。

第2章　類別部分

1，屋内消火栓設備，屋外消火栓設備

　　屋内消火栓設備，屋外消火栓設備の**設置義務が生じる延べ面積**や**防火対象物の種類**は当然ですが，**屋内消火栓設備に設置しなければならない非常電源**の出題が多いので，**防火対象物の種類や延べ面積と非常電源の組み合わ**せなどを確実に把握しておく必要があります。

　また，両設備とも**水源**の出題もよくあるので，こちらも注意が必要です。

2，スプリンクラー設備

　　スプリンクラー設備の**設置義務が生じる延べ面積**や**防火対象物の種類**のほか，**スプリンクラーヘッドの設置を省略できない部分**などもよく出題されています。

　また，**スプリンクラーヘッドの設置基準**もよく出題されているので，天井等からの距離のほか，防火対象物の部分等からの「一つのスプリンクラーヘッドまでの水平距離なども確実に把握しておく必要があります。

　なお，水源の出題もたまにあるので，注意が必要です。

3，水噴霧消火設備

　　水噴霧消火設備については，駐車の用に供される部分と道路の用に供される部分の排水設備の基準がよく出題されているので，**排水溝の設置間隔や勾配**などの数値をよく把握しておく必要があります。

屋内消火栓設備

（1）　屋内消火栓設備の設置基準

まず，屋内消火栓設備は，次の延べ面積以上のときに設置義務が生じます。

表6-13　屋内消火栓設備の設置義務が生じる面積[*1]　（⇒面積の小さい順）

防火対象物		一般 （延べ面積）	地階，無窓階，4階以上の 階にある場合（床面積）
（16の2） 項	地下街	**150** (300) 〔450〕	
（1）項	イ　映画館グループ ロ　集会場グループ	**500** (1000) 〔1500〕	**100** (200) 〔300〕
一般の防火対象物		**700** (1400)[*2] 〔2100〕[*2]	**150** (300) 〔450〕
（11）項 （15）項	神社グループ その他の事業場 （事務所や郵便局，銀行等）	**1000** (2000) 〔3000〕	**200** (400) 〔600〕

（単位：m² 以上）

*1：P428 の表6-16 参照

*2：6項イの**病院，診療所**および6項ロの**養護老人ホーム**など，自力
　で避難するのが困難な者が入所する施設等は，次項の「**2倍読
　み，3倍読み**した際の数値」と『**1000m²**＋「**防火上有効な措置が
　講じられた構造を有する部分**（手術室，レントゲン室など）」』の
　うち，いずれか小さい数値の面積となります。

注1：(16) 項の複合用途防火対象物は，(1) ～ (15) 項の各用途部分ごとに，それぞれ
　　の基準に従って，設置します。

注2：指定可燃物（可燃性液体類を除く）を貯蔵または取扱う施設については，指定数量
　　（危政令別表第4）の**750倍以上**を貯蔵，取扱う場合に設置義務が生じます。

─ **＜備考＞** ─

1. 表の（　）内は，「主要構造部を**耐火構造**とし内装制限*しない建築物（または**準耐火構造**とし<u>内装制限した建築物）</u>」の場合で延べ面積を**2倍**にすることができます（俗に**2倍読み**といい，それだけ緩和されることになる ⇒ 不燃性が高くなるため）。
2. 表の〔　〕内は，同じく「主要構造部を**耐火構造**とし<u>内装制限した建築物</u>」で，延べ面積を**3倍**にまで拡大されます（俗に**3倍読み**という）。

> ※　内装制限とは，
> 内装を不燃化したもので，具体的には，「<u>壁，天井（天井がない場合は屋根）の室内に面する部分（回り縁，窓台等は除く）の仕上げを難燃材料でした防火対象物</u>」のことをいいます。

表6-14　（表6-13のまとめ）（地下街は省略）

延べ面積による場合		地階, 無窓階, 4階以上にある場合
映画館, 集会場等	500m² 以上	100m² 以上
一般	700m² 以上	150m² 以上
神社, 事務所等	1000m² 以上	200m² 以上

 *こうして覚えよう！*

映画のチケットは，…………（表6-13の「一般」の欄）
　　一般の人 **700円**
　　映画館の人は割引で **500円**（1コイン）
　　神社の神主と事務員は倍の **1000円**に値上がる。

映画館が地下にあると，……（表6-13の「地階～」の欄）
　　一般の人は **150円**に値下げ
　　映画館の人は割引で **100円**（1コイン）
　　神社の神主と事務員は，倍の **200円**に値上がる。
　（映画館＝1コインが基準，神主と事務員は倍，一般の人は約1.5倍になる）

3. 屋内消火栓設備を設置しなくてもよい場合

①　次の消火設備を設置した場合は，その有効範囲内の部分について設置を省略できます（各名称の「消火設備」は省略）。

> スプリンクラー，水噴霧，泡，不活性ガス，ハロゲン化物，
> 粉末，屋外消火栓，動力消防ポンプの各設備

②表6-13にない次の防火対象物には設置する必要がありません。
  （13）項　イ　：**車庫グループ**
      ロ　：特殊格納庫（飛行機の格納庫など）
  （16の3）項　：準地下街
   （17）項　：文化財
   （18）項　：アーケード

③　パッケージ型消火設備を設置した場合
  （パッケージ型消火設備については，P254参照）
  パッケージ型消火設備が設置可能な防火対象物は，次のようになっており，その場合，屋内消火栓設備を省略することができます。

表6-15

	耐火	耐火以外
Ⅰ型	地階を除く階数が6以下で延べ面積が3000m² 以下	地階を除く階数が3以下で延べ面積が2000m² 以下
Ⅱ型	地階を除く階数が4以下で延べ面積が1500m² 以下	地階を除く階数が2以下で延べ面積が1000m² 以下

（注：上記の条件であっても，地階，無窓階または火災のとき煙が著しく滞留するおそれのある場所にはパッケージ型消火設備を設置することはできません。）

(2)　消火栓の設置基準

　消火栓の設置基準については，第 3 編の機械に関する部分（P 194 や P 203）でも触れましたが，この法令の分野でも出題される可能性があります。

　ここでは，（消火栓が）設置可能な防火対象物のみの説明とし，他の設置基準については，第 3 編の機械に関する部分を参照してください（数値などの詳細については，P 204 の表 3-10 を参照）。

○　消火栓と設置可能な防火対象物

　次の防火対象物は，1 号消火栓のみ設置可能（⇒ 2 号消火栓を設置できない防火対象物）です。

> ・工場または作業場（12 項イ）
> ・倉庫（14 項）
> ・指定数量の 750 倍以上の指定可燃物（可燃性液体類を除く）を貯蔵，取扱う施設

これら以外は，1 号消火栓，2 号消火栓とも設置可能です。

(3)　屋内消火栓設備の非常電源

第 4 編の電気に関する部分（P 307）参照。

> ＜非常電源のポイント＞
>
> ①　非常電源の種類
> 　非常電源専用受電設備，蓄電池設備，自家発電設備および燃料電池設備の 4 種類（⇒キュービクル式受電設備は不可なので要注意！）
> ②　設置不可の防火対象物 「出た！」
> 　非常電源専用受電設備は，延べ面積が 1000m² 以上の特定防火対象物には使用することができない。

表6-16　屋内消火栓設備の設置義務がある防火対象物

（単位：m² 以上）

防火対象物の別（令別表一）		一般（延べ面積）	地階, 無窓階, 4階以上の階（床面積）	指定可燃物施設
(1)	イ 劇場, 映画館, 演芸場, 観覧場	500	100	指定数量（危政令別表第4）の750倍以上
	ロ 公会堂, 集会場			
(2)	イ キャバレー, カフェ, ナイトクラブ等	700	150	
	ロ 遊技場, ダンスホール			
	ハ 性風俗営業店舗等			
	ニ カラオケボックス等			
(3)	イ 待合, 料理店の類			
	ロ 飲食店			
(4)	百貨店, マーケットその他の物品販売業を営む店舗または展示場			
(5)	イ 旅館, ホテル, 宿泊所等			
	ロ 寄宿舎, 下宿, 共同住宅			
(6)	イ 病院, 診療所, 助産所			
	ロ 老人短期入所施設, 養護老人ホーム, 有料老人ホーム（要介護）等			
	ハ 老人デイサービスセンター, 老人福社センター, 有料老人ホーム（要介護除く）等			
	ニ 幼稚園または特別支援学校			
(7)	小, 中, 高等学校, 高等専門学校, 大学, 専修学校等			
(8)	図書館, 博物館, 美術館等			
(9)	イ 蒸気浴場, 熱気浴場等			
	ロ イ以外の公衆浴場			
(10)	車両の停車場, 船舶または航空機の発着場等			
(11)	神社, 寺院, 教会等	1000	200	
(12)	イ 工場または作業場	700	150	
	ロ 映画スタジオ, テレビスタジオ等			
(13)	イ 自動車車庫または駐車場	－	－	
	ロ 飛行機または回転翼航空機の格納庫			
(14)	倉庫	700	150	
(15)	前各項に該当しない事業場（事務所等）	1000	200	
(16)	イ 複合用途防火対象物のうちその一部が特定防火対象物の用途に供されているもの	用途部分ごとに基準を適用		
	ロ イ以外の複合用途防火対象物			
(16-2)	地下街	150		
(16-3)	準地下街	－	－	
(17)	重要文化財等	－		

（注：18項のアーケードは省略）

屋外消火栓設備

　屋外消火栓設備は，消火範囲が 1 階と 2 階なので，次のように 1 階と 2 階の床面積の合計によって設置義務を判断します（⇒地階や 3 階以上の階の床面積は関係がない）。

(1)　屋外消火栓設備を設置しなければならない防火対象物

1.　屋外消火栓設備を設置しなければならない防火対象物

建築物の種類	1 階と 2 階の床面積の合計
①　耐火建築物	9000 m² 以上
②　準耐火建築物	6000 m² 以上
①②以外の建築物（木造など）	3000 m² 以上

（注：地下街，準地下街には，設置義務はありません。）

2.　木造などで 1 棟と見なされる場合

　木造など，耐火建築物，準耐火建築物以外の建築物で，同じ敷地内に隣接して建っている建築物の場合，延焼の危険性があるので次の条件のときに 1 棟と見なされ，それぞれの 1 階および 2 階の床面積を合計して設置義務を判断します。

＜耐火，準耐火建築物以外の建築物で 1 棟と見なされる建築物＞

階数	建築物の 1 階の外壁間の中心線からの水平距離
1 階	3 m 以下
2 階	5 m 以下

(2)　屋外消火栓設備を設置しなくてもよい部分

　次の消火設備が技術上の基準に従って設置されている場合，その有効範囲内の部分については屋外消火栓設備を設置しないことができます。
「スプリンクラー設備，水噴霧消火設備，泡消火設備，不活性ガス消火設備，ハロゲン化物消火設備，粉末消火設備，動力消防ポンプ設備」
　要するに，P 379 の消火設備のうち，1，2，10（屋内消火栓設備，屋外消火栓設備，消火器，簡易消火用具）を除く消火設備があれば，屋外消火栓設備を省略できる，ということです。

③ スプリンクラー設備

(1) スプリンクラー設備の設置基準

1. スプリンクラー設備を設置しなければならない場合

(a) 特定防火対象物に設置する場合

スプリンクラー設備は，原則として**特定防火対象物**に設置します。ただし，下表に示すように，少々複雑なので，①から⑤に分けて説明していきます（詳細はP432①〜⑥参照）。

表6-17 特定防火対象物で設置義務が生じる場合 (注：(延) 以外は床面積)

① 11階建て以上 (ビルに特防がある場合)	全階に設置 (注：地階は除く)	
② 4〜10階以下	1500m^2 以上[*1] (2項，4項は 1000m^2 以上)	
③ 一般的な場合 (注：6項イの一部 と6項ロ以外, 平屋建の場合は設 置義務が生じない)	原則	(延) 6000m^2 以上 (複合用途防火対象物の場合は, 特定用途部分が 3000m^2 以上の場 合, その特定用途がある階すべて に設置義務が生じる。)
	4項（百貨店等） 6項イの病院[*2]のみ	(延) 3000m^2 以上
	6項ロの特定施設	原則全て
④ 地下・無窓階	地下街	(延) 1000m^2 以上（6項ロは全て）
	準地下街	(延) 1000m^2 以上で特定用途が 500m^2 以上
	特防の地階, 無窓階	1000m^2 以上
⑤ （1）項 （劇場，映画館等） の舞台部分	一般	500m^2 以上
	地階, 無窓階, 4 階以上にある場合	300m^2 以上

（＊1 スプリンクラー代替区画部分は除く）

*2 : （次の「避難のために患者の介助が必要な病院，有床診療所」については，**延べ面積にかかわらず**設置義務が生じます。）
 ① 内科・整形外科・リハビリテーション科等
 ② 一定の療養病床または一般病床を有するもの（病院のみ）
 ③ 4 人以上の有床診療所（診療所のみ）

(b)　非特定防火対象物に設置する場合

非特定防火対象物でも，次のような場合には，設置義務が生じます。

表 6-18　非特定防火対象物で設置義務が生じる場合

① 11 階以上 （ビルに特防がない場合）	11 階以上に設置
② ラック式倉庫 （注：右の条件なら平屋建でも設置義務が生じます）	天井高が **10m** を超え，かつ，延べ面積が **700m²** 以上（この場合は，屋内消火栓設備と同じく，主要構造部の構造により，2 倍読み，3 倍読みの適用あり⇒P 425 の 1，2）
③ 指定可燃物（可燃性液体類を除く）を貯蔵，取扱う施設	指定数量（危政令別表第 4）の 1000 倍以上を貯蔵，取扱う場合（⇒P 424，表 6-13 の注意書き，屋内消火栓設備の場合は 750 倍以上）

こうして覚えよう!　表 6-17 の覚え方

 1.　**4〜10 F 部分**　（表 6-17 の②に該当）
  <u>死海</u>の<u>イチゴ</u>が，<u>デパート</u>の<u>カフェ</u>で <u>1000 円</u>で売っていた。
  4 階〜　1500m²　4 項　2 項　1000m²

 2.　**一般**　（表 6-17 の③に該当）
  <u>一般人</u>の<u>群れ</u>は，<u>百貨店</u>　の　<u>病院</u>　に　<u>殺到</u>した。
  6000m²　4 項　6 項イ　3000m²

 3.　**地下街，準地下街，特定防火対象物の地階，無窓階**
  （表 6-17 の④に該当）
  1000m² 以上と覚え，準地下街のみ特定用途が 500m² 以上必要，と覚える。

 4.　**舞　台　部　分　⇒　ゴ　ミ**
  500　300

以上，スプリンクラー設備の設置基準の要約を示しましたが，次に，その詳細についてそれぞれ説明していきます。

＜スプリンクラー設備を設置しなければならない場合＞
（表6-17の解説）

まず，P 436 の表6-19 を見てもわかる通り，スプリンクラー設備は基本的に特定防火対象物に設置します。したがって，5 項ロの寄宿舎や7 項の学校などは空白になっていますが，11 階以上やラック式倉庫などの場合のみ設置義務が生じます。また，「平屋建」は原則としてスプリンクラー設備の設置義務はありませんが，6 項イの**避難時に介助が必要な病院**と有床診療所および6 項ロの**老人短期入所施設等**など一部のものは，平屋建を含む全ての場合に設置義務があります。このことを念頭において，以下を参照してください。

① 11 F 以上の部分

まず 11 階以上の階には，特定，非特定や床面積に関係なく，すべてに設置義務が生じます（表6-18 の①参照）。

また，地階を除く階数が 11 以上のビルに特定防火対象物があれば，すべての階に設置義務が生じます（表6-17 の①の部分）。

たとえば，このビルが地下 3 階，地上 15 階で，特定用途を含まない複合用途防火対象物だとした場合，すなわち，令別表第 1(16)項ロの防火対象物だとした場合，その 11 階以上のみに設置義務が生じます（表6-18 の①が適用される）。

これが，たとえば料理店やホテルなどの特定用途がある複合用途防火対象物の場合，すなわち，令別表第 1(16)項イの防火対象物の場合には，11 階以上に限らず，地下 3 階，地上 15 階のすべての階に設置義務が生じる，というわけです（表6-17 の①が適用）。

② 4 F～10 F の部分

特定防火対象物で，そのフロアの床面積が**1500m² 以上**の場合に設置義務が生じますが，(2)項のキャバレー，遊技場，性風俗関連店舗等と(4)項の百貨店等は**1000m² 以上**で設置義務が生じます（⇒厳しくなる）。

③ 一般の場合（2 の（注）は複雑なので，参考程度に。）

1. 原則：平屋建以外の特定防火対象物で延べ面積が**6,000m² 以上**の場合に設置義務が生じます。

2. 6 項イの**避難時に介助が必要な病院**と有床診療所および 6 項ロ（**老人短期入所施設等**）は，平屋建を含む全ての場合に設置義務があります（⇒平屋建でも設置義務が生じる）。

　また，6 項ロのうち，救護施設などで避難時に介助が必要なら**275m² 以上で設置義務生じます**）

3. ⑷項の**百貨店グループ**と⑹項イのグループのうち，避難時に介助不要の**病院**と有床診療所，有床助産所は床面積**3,000m² 以上**で設置義務が生じます。

　また，**複合用途防火対象物**で，特定用途部分の床面積の合計が**3,000m² 以上**あれば，（その部分だけではなく）その特定用途がある階すべてに設置義務が生じます。

④　**地下街，準地下街，地階，無窓階**

　地下街は，延べ面積が**1000m² 以上**（6 項ロの特定施設はすべて），**準地下街**は延べ面積が**1000m² 以上**で特定用途が**500m² 以上**の場合に設置義務が生じます。

　また，**特定防火対象物の地階，無窓階**の場合も床面積が**1000m² 以上**の場合に設置義務が生じます。

⑥　**舞台部分**

　舞台部分については，⑴項の劇場などが対象となりますが，劇場が**1〜3 F** にある場合は，表の一般の防火対象物に該当するので，**6000m² 以上**で設置義務が生じます。

　従って，本来なら 6000m² 未満なら設置義務は生じないのですが，舞台部分の床面積が**500m² 以上**あれば，その舞台部分のみに設置義務が生じる，というわけです。

　また，劇場が**地階，無窓階**にあれば，表 6-17 の④の「特防の地階，無窓階」に該当するので，本来なら床面積が**1000m² 以上**でないと設置義務が生じませんが，舞台部分の床面積が**300m² 以上**あれば，1000m² 未満であっても，その舞台部分のみに設置義務が生じる，というわけです（4〜10 F 部分も同様です）。

2. スプリンクラー設備を設置しなくてもよい場合

① 一定の消火設備を設置した場合

次の消火設備を設置した場合は，その有効範囲内の部分について設置を省略できます（各名称の「消火設備」は省略）。

水噴霧，泡，不活性ガス，ハロゲン化物，粉末の各設備

（注：屋内消火栓設備と比べて，**スプリンクラー設備，屋外消火栓
設備と動力消防ポンプ**が抜けています⇒P 426 の 3 の①）

---

② スプリンクラー代替区画部分（13 条区画）

この防火区画には火災の延焼を防止する効果があるので，一部※を除き設置基準面積には算入しません（⇒除外して面積計算する）。

※ （2）項，（4）項，（5）項ロ，地階，無窓階などは，この代替区画
　があっても設置基準面積に算入する

＜スプリンクラー代替区画とは＞

スプリンクラー設備を設置しなくてよい部分で，かつ，スプリンクラー設備の設置，不設置の判断をする際の床面積に，原則として算入しなくてよい部分。

---

③ ラック式倉庫および 11 階以上を除く非特定防火対象物

3. スプリンクラーヘッドが不要な部分（抜粋）

　この部分は，スプリンクラー設備そのものは必要であるが，<u>火災危険が少ない</u>（⇒1，2），または，その場所にヘッドを設置すると<u>二次的な被害が出たり</u>（⇒4，5，6），あるいは，<u>あまり効果が期待できない</u>などの理由で（⇒3，7，8），ヘッドが不要とされている場所です（規則第13条）。

---

1. 階段，浴室，便所その他これに類する場所（(2)項，(4)項，(16)項の2の階段は，避難階段，特別避難階段に限る）
2. エレベーター機械室，機械換気設備の機械室
3. エレベーターの昇降路，リネンシュート，パイプシャフト
4. 通信機器室，電子計算機器室等
5. 発電機室，変圧器等の電気設備が設置されている場所
6. 手術室，分娩室，内視鏡検査室，人口血液透析室，麻酔室，重症患者集中治療看護室
7. 直接外気に開放されている廊下その他外部の気流が流通する場所

　　　　　　　その他

8. 劇場等固式式のいす席を設ける部分で，スプリンクラーヘッドの取り付け面の高さが8m以上である場所
9. 主要構造部を耐火構造とした(16)項イの防火対象物で，特定用途部分と非特定用途部分が防火区画された場合の非特定用途部分（5項ロは除く）。
　　ただし，地階，無窓階，11階以上の階には適用されません。
10. (2)項（キャバレー等）(4)項（百貨店等）にスプリンクラー代替区画がある場合は，前ページの②より，スプリンクラー設備の<u>設置基準面積には算入する必要がありますが，ヘッドは不要になります</u>。ただし，主要構造部を**耐火構造**としたものに限り，また，**地階，無窓階**には適用されず，ヘッドの省略はできません。

表6-19　スプリンクラー設備が必要な防火対象物

面積は床面積です。ただし,延べ床面積の場合は,延べ面積と表示してあります。(単位:m² 以上)

防火対象物の列 (令別表一) (17項・重要文化財等, 18項・アーケードは省略)			一般 (*は平屋建を除く)	地階, 無窓階	4階以上 10階以下	11階以上
(1)	イ	劇場, 映画館等	・6000　　　　* ・舞台部分が 　500m² 以上	・1000 ・舞台部分が 　300m² 以上	・1500 ・舞台部分が 　300m² 以上	全階に設置 (スプリン クラー代 替区画を 除く)
	ロ	公会堂, 集会場				
(2)	イ	キャバレー, ナイトクラブ等	*	1000	1000	
	ロ	遊技場, ダンスホール	6000			
	ハ	性風俗営業店舗等				
	ニ	カラオケボックス等				
(3)	イ	待合, 料理店の類	6000		1500	
	ロ	飲食店				
(4)		百貨店, マーケット, 店舗等	3000　　*		1000	
(5)	イ	旅館, ホテル, 宿泊所等	6000　　*	———	1500 ←	
	ロ	寄宿舎, 下宿, 共同住宅	———	———	———	11階以上
(6)	イ	①避難介助必要病院, 有床診療所	全部(※1)	全部(※1)	全部(※1)	全階に設置
		②病院, 有床診療所(①除く)	3000　　*	1000	1500	
		③無床診療所, 助産所	6000　　*			
	ロ	老人短期入所施設, 有料老人ホーム(要介護)等	全部(※1)	全部(※1)	全部(※1)	
	ハ	老人デイサービスセンター, 有料老人ホーム(要介護除く)等	6000　　*	1000	1500	
	ニ	幼稚園または特別支援学校				
(7)		小, 中, 高等学校, 高等専門学校, 大学, 専修学校等	———	———	———	11階以上
(8)		図書館, 博物館, 美術館等				
(9)	イ	蒸気浴場, 熱気浴場等	6000　　*	1000	1500	全階に設置
	ロ	イ以外の公衆浴場				
(10)		車両の停車場, 船舶, 航空機の発着場等	———	———	———	11階以上
(11)		神社, 寺院, 教会等				
(12)	イ	工場または作業場				
	ロ	映画スタジオ, テレビスタジオ				
(13)	イ	自動車車庫または駐車場				
	ロ	飛行機または回転翼航空機の格納庫				
(14)		倉庫	天井高10m超で延べ面積700以上のラック倉庫			
(15)		前頁以外の事業場(事務所等)	———			
(16)	イ	特定用途が存在する複合用途防火対象物	特定用途が3000	1000	特定用途が1500 (2項4項は1000)	全階に設置
	ロ	イ以外の複合用途防火対象物	———	———	———	11階以上
(16-2)		地下街	延べ面積1000(※2)		———	———
(16-3)		準地下街	延べ面積1000かつ特定用途が500			

(※1) 火災時に延焼を抑制する構造を有するものは除く(一部例外有り)⇒設置義務なし
また, 一部のものは, 避難時に介助が必要なら275 m² 以上で設置義務生じる。(⇒緩和されている)
(※2) 6項ロの用途部分があれば全て(法で定める構造のものは除く)

(2)　スプリンクラーヘッドの設置基準

1.　スプリンクラーヘッドの選択基準

防火対象物に対するスプリンクラーヘッドの選択基準は次の通りです。

表6-20　　※（複）は複合用途防火対象物の略

ヘッドの種別		設置対象場所	
閉鎖型ヘッド	**標準型ヘッド**（感度種別が1種で有効散水半径が2.3m以上,（高感度型は2.6m以上）のもの）	**一般の防火対象物**　地下街, 準地下街　指定可燃物の貯蔵, 取扱所　ラック式倉庫（高感度型は除く）	
	小区画ヘッド, 側壁型ヘッド（感度種別が1種のものに限る）	(5)項（**ホテル**など）, (6)項（病院, 老人福祉施設など）の宿泊室等（病室, 娯楽室など）（注：（複）に存する場合も含む）　側壁型は, このほかに**廊下**, **通路**も可能	
開放型ヘッド		劇場の舞台部	
放水型ヘッド（＊：通路, 階段等は除く⇒天井が6m超でも設けなくてよい）		高天井部分	・(4)項（**百貨店**など）＊, 地下街の店舗, 準地下街, 指定可燃物を貯蔵, 取扱う部分：**6m超**　・その他の部分　：**10m超**

これを逆に防火対象物の方からまとめると, 次のようになります。

表6-21

設置対象場所	ヘッドの種別
①　(5)項（ホテルなど）, (6)項（病院, 老人福祉施設など）の宿泊室等（病室, 娯楽室など）	標準型ヘッド　小区画ヘッド
②　①の防火対象物のうち廊下, **通路**など	標準型ヘッド　側壁型ヘッド
③　劇場の舞台部	開放型ヘッド
④　高天井部分	放水型ヘッド
⑤　その他, 一般の防火対象物	標準型ヘッド（側壁型, 小区画ヘッドを除く）

　従って，よく出題されている「ホテルの客室部分」のヘッドの種別を判断するときは，**標準型ヘッドか小区画ヘッド**（一般的には小区画ヘッドが用いられている），という具合に判断すればよいわけです。

2. スプリンクラーヘッドの設置基準

　スプリンクラーヘッドの設置基準そのものについては，第 3 編　**機械に関する部分の❽**設置基準（P 235）を参照してください（ヘッド間の水平距離の表は P 239）。

水噴霧消火設備

この水噴霧消火設備が使用できる防火対象物は，**道路**，**駐車場**および**指定可燃物**関係などに限られています。

(1) 水噴霧消火設備の設置基準

この水噴霧消火設備については，前項**2**のスプリンクラー設備のような「〜にはスプリンクラー設備を設置しなければならない。」と限定するような規定ではなく，消防法施行令第13条には，「次の表に掲げる防火対象物又はその部分には，**水噴霧消火設備**，泡消火設備，不活性ガス消火設備，ハロゲン化物消火設備又は粉末消火設備のうち，それぞれに掲げるもののいずれかを設置するものとする。」という規定になっています。

つまり，上記に該当する他の消火設備が設置されていれば，**水噴霧消火設備は設置しなくてよい**，ということです。

さて，これらのいずれかの消火設備を設置しなければならない床面積は，次のようになっています。

1. 駐車の用に供する部分

（注：屋上部分を含み，駐車するすべての車両が同時に屋外に出ることができる構造の階は除きます）

表6-22

屋上にある場合	300m² 以上
2階以上または地階にある場合	200m² 以上
1階にある場合	500m² 以上

＜ その他 ＞

昇降機等の機械装置により車両を駐車させる構造のもので，収容台数が10以上のもの（⇒要するに，収容台数が10以上の立体駐車場のこと）にも設置する必要があります。

こうして覚えよう！ ＜駐車の用に供する部分
（表6-23）の覚え方＞

屋上 から みんな2階 に 逃 げて 1階へ GO!
　屋上　⇒ 300　　　 2階 ⇒ 200　　　 1階 ⇒ 500

2. その他の部分

① 防火対象物の**道路の用に供する部分**（前ページ（1）で示した下線部5つの消火設備のうち，ハロゲン化物消火設備は除く）

表6-23

屋上にある場合	600m² 以上
その他の部分	400m² 以上

② **指定可燃物**を危政令別表第4で定める数量（＝指定数量）の**1000倍以上**貯蔵し，または取り扱う施設（前ページ（1）の下線部5つの消火設備のうちハロゲン化物消火設備，粉末消火設備は除く）

　ただし，スプリンクラー設備を設置した場合はその有効範囲内の部分については設置を省略することができます（可燃性液体類を扱う施設は除く）。

　　　　ここで延べ面積と床面積の違いを説明しておこう。
　　　P424の表6-13には「一般」が延べ面積，「地階，無窓階，4階以上」が床面積となっておるじゃろう。
　　　延べ面積は延べ床面積ともいい，各階の床面積を合計した面積のことをいうのに対して，床面積は，各階ごとの面積（壁等で囲まれた部分の面積）をいうんじゃ。この両者の違いをよく把握しておくんじゃよ。
　　　なお，ついでながら，パッケージ型消火設備じゃが，出題は少ないんじゃが，表6-15にある設置可能な防火対象物についてはたまに出題されている，ということだけは付け加えておこう。

問題にチャレンジ！
（第6編　消防関係法令・2）

類別部分

<屋内消火栓　→P.424>

【問題1】

　消防法令上，屋内消火栓設備を設置しなくてもよい防火対象物は，次のうちどれか。ただし，いずれの防火対象物にも無窓階はないものとし，階数は3以下とする。

(1)　延べ面積が500m² の木造の工場　　(2)　延べ面積が700m² の木造の学校

(3)　延べ面積が850m² の木造の病院　　(4)　延べ面積が500m² の木造の映画館

　構造がすべて一般（非耐火）なので，P 424，表6-13の(1)項の欄より，(4)の映画館は**500m²** 以上で設置義務が生じ，それ以外の(1)〜(3)は「一般の防火対象物」となり，**700m²** 以上で設置義務が生じます。

　従って，(1)の工場も700m² 以上で設置義務が生じるので，500m² では設置しなくてもよいことになります。

【問題2】

　消防法令上，屋内消火栓設備を設置しなくてもよい防火対象物は，次のうちどれか。ただし，いずれの防火対象物にも地階，無窓階はないものとする。

(1)　木造地上3階建ての教会で，延べ面積が890m² のもの

(2)　木造地上2階建ての公会堂で，延べ面積が790m² のもの

(3)　主要構造部を耐火構造とした地上3階建ての養護老人ホームで，延べ面積が1900m² のもの

(4)　主要構造部を耐火構造とした地上2階建てのマーケットで，延べ面積が2300m² のもの

解　答
解答は次ページの下欄にあります。

(1)　P 424, 表 6-13 より，教会は⑾項の防火対象物なので，木造の場合は延べ面積が **1000m² 以上**で設置義務が生じ，890m² では設置しなくてもよいことになります。

(2)　公会堂の場合は，劇場や映画館などと同じく，⑴項の防火対象物になるので，木造の場合，延べ面積が **500m² 以上**で設置義務が生じます。
　　　従って，延べ面積が 790m² では設置する必要があります。

(3)　6項ロの養護老人ホームは一般の防火対象物ですが，3 倍読みした 2100 ㎡ と「1000 ㎡＋<u>防火上有効な措置が講じられた構造を有する部分</u>」のうち，いずれか小さい数値が適用されます（P 424 表の下の＊2）。
　　　この場合，養護老人ホームには上記下線部に該当する手術室等はないので 1000 ㎡となり，結局，こちらが小さい方の数値となるので，延べ面積 **1000m² 以上**で設置義務が生じます。
　　　従って，延べ面積が 1900 ㎡では，設置する必要があります。

(4)　マーケットも「一般の防火対象物」に該当するので（4 項），主要構造部を耐火構造とした場合は，延べ面積が **1400m² 以上**（内装制限をした場合は2100m² 以上）で設置義務が生じます。
　　　従って，2300m² では，設置する必要があります。

【問題3】

消防法令上，**屋内消火栓設備を設置しなければならない防火対象物またはその部分は，次のうちどれか。**

(1)　延べ面積が1200m² の平家建で，主要構造部を耐火構造とした自動車の車庫

(2)　延べ面積が2500m² で，主要構造部を耐火構造とした準地下街

(3)　消防機関へ通報する火災報知設備が基準法令に従って設置されている防火対象物の，その有効範囲内の部分

(4)　Ⅰ型のパッケージ型消火設備を，耐火建築物で地階を除く階数が6以下であり，かつ，延べ面積が3000m² 以下の防火対象物に設置した場合。ただし，地階，無窓階又は火災のとき煙が著しく滞留するおそれのある場所を除くものとする。

解　答

【問題1】…(1)　　　　　　　　　　　　【問題2】…(1)

(1)(2)　P 426, 3 の②より，車庫や準地下街には設置義務はありません。

(3)　消防機関へ通報する火災報知設備は，P 426, 3 の①の「設置を省略
することができる消火設備」には含まれていないので，設置を省略する
ことはできません。

(4)　P 426 の表 6-15 参照。

【問題 4 】

学校に屋内消火栓設備（1号消火栓）を設置する場合，最小限必要な水源
水量は次のうちどれか。ただし，設置個数が最も多い階における屋内消火栓
の設置個数は 3 とする。

(1)　2.4m³　　(2)　3.6m³　　(3)　5.2m³　　(4)　7.8m³

水源の水量を Q，消火栓の設置個数を n とすると，1号消火栓の水源水
量を算出する式は，次のようになります（⇒P 188, [3. 水源水量] 参照）。

$$Q = 2.6 \times n \quad (m^3)$$

この場合，設置個数 n は，消火栓の設置個数が最も多い階の個数で計算
しますが，その数が 2 を超える場合は 2 にします。

従って，2.6×2 = 5.2 〔m³〕となります。

【問題 5 】

屋内消火栓設備を設置する場合，消防法施行令第 11 条第 3 項第 2 号の基
準に定める 2 号消火栓を設置することができる防火対象物又はその部分
は，いくつあるか。

A　工場

B　市役所

C　作業場

D　マーケットと共同住宅の複合用途防火対象物

E　指定数量の 900 倍を貯蔵，取扱う指定可燃物貯蔵所

| 解　答 |

【問題 3 】…(3)

(1)　1つ　　(2)　2つ　　(3)　3つ　　(4)　4つ　　(5)　5つ

2号消火栓を設置することができない防火対象物又はその部分は，P 427の(2)より，次のとおりです。

---

①　(12)項イ　：工場グループ
②　(14)項　　：倉庫
③　指定数量の750倍以上の指定可燃物（可燃性液体類を除く）を貯蔵，取扱う危険物施設

A：　①より，2号消火栓は設置できません。

B：　市役所（15項）は，上記のグループに入っていないので，2号消火栓を設置することができます。

C：　作業場はAの工場とともに(12)項イの工場グループなので，2号消火栓は設置できません。

D：　上記のグループに入っていないので，2号消火栓を設置することができます。

E：　③より，2号消火栓は設置できません。

　　従って，2号消火栓を設置することができる防火対象物又はその部分は，BとDの2つとなります。

【問題6】

消防法令上，屋内消火栓設備の非常電源として，次のうち誤っているものはどれか。

(1)　蓄電池設備

(2)　キュービクル式受電設備

(3)　非常電源専用受電設備

(4)　自家発電設備

解　答

【問題4】…(3)

非常電源の種類は，**非常電源専用受電設備，蓄電池設備，自家発電設備**および**燃料電池設備**の4種類なので，(2)のキュービクル式受電設備の部分が誤りです。

【問題7】

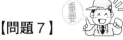

消防法令上，**屋内消火栓設備の非常電源**として，**非常電源専用受電設備**が認められない防火対象物は，次のうちどれか。

(1)　延べ面積が 990m² の劇場

(2)　延べ面積が 1000m² の病院

(3)　延べ面積が 1100m² の寄宿舎

(4)　延べ面積が 3000m² の図書館

非常電源のうち，蓄電池設備，自家発電設備，燃料電池設備は防火対象物の種類や延べ面積の規制を受けませんが，**非常電源専用受電設備**は，延べ面積が **1000m² 以上の特定防火対象物**には使用することができません。

<スプリンクラー設備　→P.430>

【問題8】

消防法令上，**スプリンクラー設備**の設置を要しない防火対象物は，次のうちどれか。ただし，地階，無窓階はないものとし，床面積は総務省令で定める部分を除いた数値とする。

(1)　平屋建ての飲食店で，床面積の合計が 6000m² のもの

(2)　2階建ての旅館で，床面積の合計が 6000m² のもの

(3)　3階建ての百貨店で，床面積の合計が 6000m² のもの

(4)　4階建ての遊戯場で，床面積の合計が 6000m² のもの

解　答

【問題5】…(2)　　　　　　　　　【問題6】…(2)

(1)　階数から，「一般的な場合」に該当するので，P 430，表 6-17 の「一般的な場合」で判断します。防火対象物の種類と床面積からいくと，特定防火対象物で 6000m² 以上なので，設置義務が生じますが，表の（注）にあるように「平屋建」は除くので，設置義務は生じません。

(2)　階数から，「一般的な場合」に該当し，旅館は特定防火対象物なので，**6000m² 以上**で設置義務が生じます。

(3)　階数から，「一般的な場合」に該当し，百貨店は令別表第 1(4)項の防火対象物なので，表 6-17 より，**3000m² 以上**で設置義務が生じます。

(4)　4〜10 階部分に該当し，かつ，遊戯場は(2)項の防火対象物なので，表 6-17 より，**1000m² 以上**で設置義務が生じます。

なお，問題文のただし書きにある「総務省令で定める部分」とは，スプリンクラー代替区画部分のことです。

【問題9】

　劇場の舞台部で，消防法令上，スプリンクラー設備の設置義務のないものは，次のうちどれか。

(1)　地階にある床面積が 300m² の舞台部

(2)　1 階にある床面積が 300m² の舞台部

(3)　4 階にある床面積が 300m² の舞台部

(4)　7 階にある床面積が 300m² の舞台部

　劇場（(1)項）の舞台部分は，①　原則は **500m² 以上**，②　**地階，無窓階，4 階以上にある場合は 300m² 以上**の場合に設置義務が生じます。

(1)　②に該当し，300m² 以上で設置義務が生じるので，設置する必要があります。

(2)　①に該当し，500m² 以上でないと設置義務が生じないので，設置する必要はありません。

(3)　②に該当し，300m² 以上で設置義務が生じるので，設置する必要があ

ります。

(4)　②に該当し，300m² 以上で設置義務が生じるので，設置する必要があります。

【問題10】

　防火対象物の部分と，当該天井の各部分から一つのスプリンクラーヘッドまでの最大水平距離の組み合わせとして，次のうち消防法令に適合しているものはどれか。ただし，いずれも高感度型ヘッドを使用しない場合とする。

防火対象物の部分	一つのスプリンクラーヘッドまでの最大水平距離（m）
(1)　耐火建築物の映画館	2.5
(2)　耐火建築物の病院の病室	2.3
(3)　劇場の舞台部	2.1
(4)　地下街にある調理室の部分	1.9

P 437，表6-21 を参照しつつ，解説していきます。

(1)　耐火建築物の映画館は，⑤その他，一般の防火対象物に該当するので，**標準型ヘッド**を用いる必要があります。標準型ヘッド（耐火構造）の水平距離は，P 239，表3-14 より，**2.3m 以下**なので，2.5m では適合していません。

(2)　病院の病室は①に該当するので，**標準型ヘッドか小区画型ヘッド**を用いる必要があります。標準型ヘッド（耐火構造）の水平距離は **2.3m 以下**，小区画型ヘッドは **2.6m 以下**なので，適合しています。

(3)　劇場の舞台部は，③に該当するので，**開放型ヘッド**を用いる必要があります。開放型ヘッドの水平距離は **1.7m 以下**なので，適合していません。

(4)　地下街にある調理室の部分は，⑤その他，一般の防火対象物に該当するので，**標準型ヘッド**を用いる必要があります。

　従って，標準型の地下街，準地下街における厨房等は **1.7m 以下**とする必要があるので，適合していません。

解　答

【問題9】…(2)

【問題11】

スプリンクラー設備を設置しなければならない防火対象物で, 消防法令上, いかなる条件を附してもスプリンクラーヘッドの設置を省略できない部分は, 次のうちどれか。

(1) 変圧器が設置されている場所　　(2) 重症患者集中治療看護室

(3) 通信機器室　　　　　　　　　(4) 外気が流通しないホール

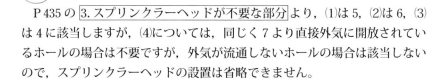

P 435 の 3.スプリンクラーヘッドが不要な部分 より, (1)は 5, (2)は 6, (3)は 4 に該当しますが, (4)については, 同じく 7 より直接外気に開放されているホールの場合は不要ですが, 外気が流通しないホールの場合は該当しないので, スプリンクラーヘッドの設置は省略できません。

【問題12】

放水型スプリンクラーヘッドの設置基準に関する次の文章の (　) 内に当てはまる数値として, 次のうち正しいものはどれか。

「天井高が一般の防火対象物の場合は(A), 百貨店, マーケット, 展示場などの令別表第 1(4)項の防火対象物の場合は(B)を超えれば, 放水型スプリンクラーヘッドを設置しなければならない。」

	(A)	(B)
(1)	8m	10m
(2)	6m	10m
(3)	10m	6m
(4)	10m	8m

放水型スプリンクラーヘッドは, 一般の防火対象物の場合にあっては, 床面から天井までの高さが**10m** を超える場合に設置義務が生じ, **百貨店**, **マーケット**, **展示場**などの令別表第 1(4)項の防火対象物にあっては, **6m** を超える場合に設置義務が生じます (⇒P 437, 表 6-20 参照)。

解　答

【問題10】…(2)

【類題】

次の文中の(A), (B)に当てはまる数値を答えよ。

「ラック式倉庫の場合，天井高が(A)m を超え，かつ，延べ面積が(B)㎡以上の場合にスプリンクラー設備の設置義務が生じる」

＜水噴霧消火設備　→P.439＞

【問題13】

消火法令上，消火設備の設置が義務付けられる防火対象物又はその部分のうち，水噴霧消火設備が適応しないものは，次のうちどれか。

⑴　駐車場の2階部分
⑵　ぼろを貯蔵する倉庫
⑶　屋上の回転翼航空機発着場
⑷　可燃性のゴムくずを貯蔵する倉庫

　水噴霧消火設備を含む消火設備の設置が義務づけられている防火対象物は，P 439 の 1 と 2 の防火対象物であり，⑶の屋上の回転翼航空機発着場，すなわち，ヘリポートは含まれていません。

　なお，⑵の「ぼろ」と⑷の「可燃性のゴムくず」ですが，P 440 の②にある指定可燃物に該当し，指定数量の 1000 倍以上を貯蔵し，または取り扱う場合に，水噴霧消火設備を含む消火設備の設置が義務づけられています。

　その水噴霧消火設備が適応する指定可燃物については，危政令別表第 4 で次のように定められています。

＜指定可燃物(火災が発生した場合に拡大が速く消火が困難なもの)＞

綿花類，木毛及びかんなくず，ぼろ，紙くず，木くず，木造加工品，糸類，わら類，再生資源燃料，合成樹脂類，石炭，木炭，可燃性固体類，可燃性液体など　　　　　　　　　(下線部は出題例があります。)

| 解　答 |

【問題11】…⑷　　　　　　　　　　　【問題12】…⑶

【問題 14】

消防法令上，消火設備の設置が義務づけられる次の防火対象物の部分のうち，その火災の消火に水噴霧消火設備が適応するものは，いくつあるか。

A 自動車修理の用に供される部分

B 地階にある駐車の用に供される部分

C 通信機器室

D 指定可燃物のうち合成樹脂類の貯蔵所

E 昇降機等の機械装置により車両を駐車させる構造のもので，収容台数が 11 台のもの

⑴ なし　　⑵ 1つ　　⑶ 2つ　　⑷ 3つ

A： 適応しない。

　　自動車修理の用に供される部分は，P 439 の 1，2 いずれにも該当しないので，適応しません。

B： 適応する。

　　駐車の用に供される部分は，P 439 の 1 に該当するので，適応します。

C： 適応しない。

　　通信機器室は，P 439 の 1，2 いずれにも該当しないので，適応しません。

D： 適応する。

　　指定可燃物のうち合成樹脂類は，危政令別表第 4 で定める指定可燃物なので，適応します。

E： 適応する。

　　収容台数が 10 以上の立体駐車場は，P 439 の 1 に該当するので，適応します。

従って，水噴霧消火設備が適応するものは，B，D，E の 3 つとなります。

第7編

鑑別等試験の
頻出出題例と対策

> ### はじめに
> 　鑑別試験対策は，演習形式での学習が最も効果的なので，この編につきましては，問題と解答形式で構成しております。

● ●

　鑑別等試験では5問が出題されます。
　その内容は，次のような問題が出題される傾向にあります。

(1) 写真鑑別

　写真を示して，その名称，用途，機能，設置目的などを問う問題で，本書の第1章，写真鑑別は，テキストであると同時に，それらの問題型式に対応できる形をとっています。

(2) イラストによる出題

　(1)の写真鑑別の機器などをイラストにしてその名称や構造などを答えさせたり，設備（スプリンクラー設備が多い）の一部をイラストにして，機能などを答えさせる出題などがあります。

1　写真鑑別

(1)　共通に用いるもの

1. バルブ等

【問題1】　次の機器の名称を答え，（2）は設問にも答えよ。

（1）	（2）　☆
	 設問1 どのような場合に設置するか。 設問2 機能を答えよ。

解答

| （1）
（名称）加圧送水装置

（参考）上記は別のアングルからの写真 | （2）
（名称）フート弁

設問1
　水源がポンプより低い位置にある場合に用いる。

設問2
　吸水管の先端に取り付け，吸水管内の水が水源に逆流するのを防ぐ（逆止弁構造になっている）。 |

【問題2】　次の機器の名称を答え，設問にも答えよ。

（1）

（2）

設問

特徴を答えよ。

設問

特徴を答えよ。

解答

（1）
（名称）仕切弁（ゲート弁）

特徴
・　摩擦損失が少ない。
・　外ねじ式と内ねじ式がある。

（2）
（名称）玉形弁（グローブ弁）

特徴
・　一般に弁箱が丸みを帯びている。
・　弁箱内の流路がS字状になっているので摩擦損失が大きい。
・　外ねじ式と内ねじ式がある。

【問題3】　次の機器の名称を答え，設問にも答えよ。

（1）☆☆ 	（2） 
設問　次の①〜③を答えよ。 　① 設置する場所　② 特徴 　③ aとbのいずれが 1 次側か。	設問　バタフライバルブと比べた 　場合の特徴を答えよ。

解答

（1）	（2）
（名称）スイング形逆止弁 　　　　（チャッキ弁）	（名称）ボールバルブ
設問 　① 水平方向と垂直方向（下から 　　上）の配管に用いる。 　② 一方向のみに流すバルブで， 　　一次側（上流側）から二次側 　　（下流側）に向けて矢印の鋳込 　　み印がある。 　③ b	設問 　流れに対する障害が少ないので， 流量を大きくすることができる。 　（バタフライバルブは，P 176 参 照。）
その他の留意事項 　本体右上部分にはスイング弁を支 持するボルトがあり，（図の矢印部 分の内部）その膨らみのある形から スイング形と判断する。	

2. 管継手等

① 配管を屈曲および支持するときに用いるもの

【問題 4】 次の機器の名称を答えよ。

(1) ☆☆

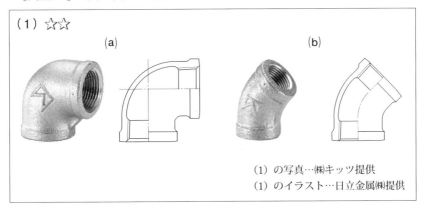

(a)　　　　　　　　　　　　　　　　　　(b)

(1) の写真…㈱キッツ提供
(1) のイラスト…日立金属㈱提供

(2) 出た!

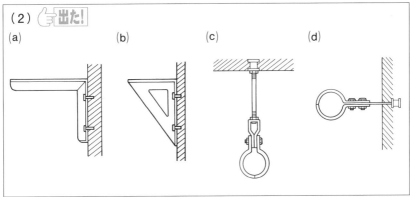

(a)　　　　(b)　　　　(c)　　　　(d)

解答

(1) 配管を屈曲するときに用いるもの
　(a) 90°エルボ　　　　　(b) 45°エルボ

(2) 配管を支持するときに用いるもの
　(a) L型ブラケット　　　(b) 三角ブラケット（A型ブラケット）
　(c) タンバックル付吊り金具　(d) 立管用埋込足付バンド

② 配管を分岐するときに用いるもの

【問題5】 次の機器の名称を答えよ。

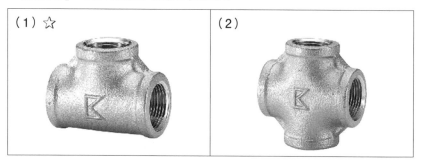

（1）☆ （2）

解答

（1） （名称）T（ティーまたはチーズ）	（2） （名称）クロス

③ 直管部を接合するときに用いるもの

【問題6】 次の機器の名称を答えよ。

（1） （2） （3）出た!

※問題6の（3）の写真：㈱三栄水栓製作所提供

解答

（1） （名称）ソケット	（2） （名称）ユニオン	（3） （名称）ニップル

④　口径が異なる管を接続するときに用いるもの

【問題 7 】　次の機器の名称を答えよ。

(1)　(2)　(3)

(4)　(5)

※上記（1）～（3）の写真：日立金属㈱提供

解答

(1) （名称）径違いソケット （レジューサ）	(2) （名称）径違いエルボ	(3) （名称）径違いストリートエルボ
(4) （名称）径違い T	(5) （名称）ブッシング （管径を小さくしたい時に用いる）	

＜類題＞

　問題 5 から問題 7 のうちで，直線軸の両端に「おねじ」が切ってある管継手はどれか（解答は 459 ページの下。）

⑤　配管の端末に用いるもの

【問題 8 】　次の機器の名称を答えよ。

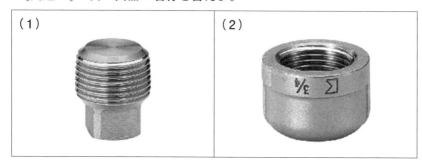

（1）

（2）

解答

（1） （名称）プラグ	（2） （名称）キャップ

（ともに配管の端末において管端をふさぐものです）

⑥　フランジ付の配管等に用いるもの

【問題 9 】　次の機器の名称を答えよ。

☆

解答

（名称）フランジ

(2)　屋内消火栓設備に用いるもの

【問題10】　次の機器の名称と特徴を答えよ。

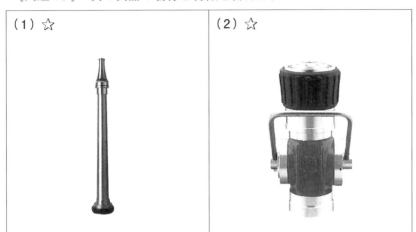

（1）☆

（2）☆

解答

（1）
（名称）棒状ノズル

（特徴）
　棒状放水により，遠方まで放水が可能。

（2）
（名称）可変噴霧ノズル

（特徴）
　水を噴霧状にすることにより，冷却効果が大きくなる。

P 457 の＜類題＞の答：
　　　問題6の⑶（ニップル）

【問題11】　次の機器の名称と，機能および点検時に留意すべき事項を答えよ。

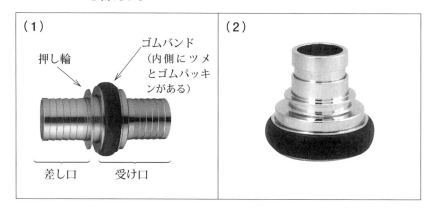

（1）

ゴムバンド
（内側にツメ
とゴムパッキ
ンがある）

押し輪

差し口　　受け口

（2）

解答

（1） （名称）差込式結合金具	（2） （名称）差込式結合金具の受け口
〔機能および点検時に留意すべき事項〕・・・(1)～(2)共通 ① 差し口を受け口に押し込むことによりツメが噛みこみ，ホース相互やホースとノズル，または消火栓開閉弁と結合することができ，また，差し口の押し輪を押すと外すことができる。 ② 点検時の留意事項： ・変形，損傷，著しい腐食等がなく，確実，かつ，容易に着脱できること。 ・受け口のゴムパッキンが脱落，損傷していないこと。	

【問題12】 次の機器の名称と，その機器の各部分の名称を答えよ。
なお，Aについては，その部分に表記しなければならないものも答えなさい。

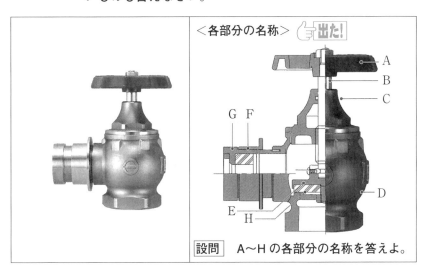

<各部分の名称> 出た！

A
B
C
G F
D
E
H

設問 A〜Hの各部分の名称を答えよ。

解答

（名称）消火栓開閉弁

（各部分の名称）
　A：ハンドル
　表記しなければならないもの：開閉方向（「開」と「閉」あるいは，「O」と「S」）
　B：弁棒
　C：ふた
　D：弁箱
　E：弁体（ディスク）
　F：押し輪
　G：差し金具
　H：弁パッキン

【問題 13】　屋内に設置する次の機器及び収納されているホースの名称を答えよ。

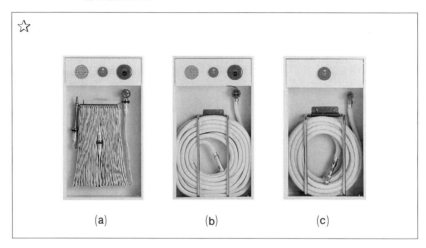

(a)　　　　　　　(b)　　　　　　　(c)

解答

（名称）屋内消火栓（全体）

　　　　　（(a)は1号消火栓，(b)は易操作性1号消火栓，(c)は2号消火栓。）

（ホースの名称）

　　　(a)　平ホース　　　(b)　保形ホース　　　(c)　保形ホース

　　　ここで，リミットスイッチについて説明しておこう。

　　　リミットスイッチというのは，易操作性1号消火栓と2号消火栓の開閉弁やノズルホルダー（ノズルを固定する器具）に設けられているもので，これらの消火栓の場合，1人で操作をしなければならないので，開閉弁を開くか，あるいは，ホースをノズルホルダーから外すだけでポンプを起動させるスイッチが入るようなしくみになっているんじゃ。

　　　鑑別で，リミットスイッチの部分を矢印で示して，その**設置理由**（⇒下線部）を問う出題例があるので，注意するんじゃよ。

(3)　屋外消火栓設備に用いるもの

【問題14】　次の機器の名称および機器点検時に注意すべき事項を答えよ。

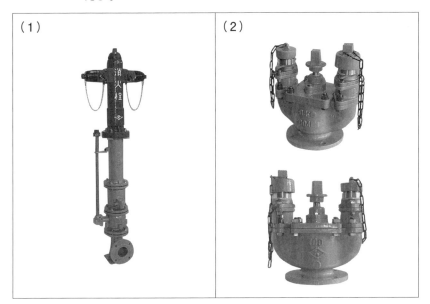

| (1) | (2) |

解答

| (1)
（名称）地上式消火栓（双口型） | (2)
（名称）地下式消火栓（双口型） |

〔機器点検時に注意すべき事項〕・・・（1）～（2）共通

(＊**太字部分**は出題例あり)

1. 設置場所：
   水平距離（P 203 の 40 m 以下）の確認
2. **周囲の状況，操作性：**
   操作は容易で障害となるものがない場所に設けてあること。
3. 開閉弁の位置：
   地盤面から高さ **1.5 m 以下**（地下式は深さ **0.6 m 以内**）の確認
4. 地下式のホース接続口の位置：
   地盤面から深さ **0.3 m 以内**であることの確認など

【問題15】　次の機器の名称と機能を答えよ。

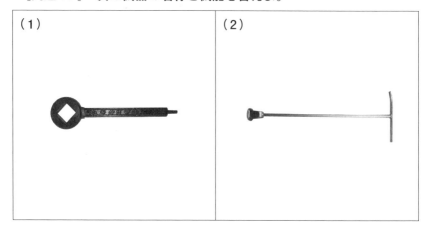

解答

（1）	（2）
（名称）	（名称）
消火栓開閉器	地下式消火栓用キーハンドル
（機能）	（機能）
地上式消火栓の開閉弁を開閉する。	地下式消火栓の開閉弁を開閉する。

　なお，参考までに，地下式消火栓ボックス用ふたは下の写真のような外観になっています。

（円形のものもある）

【問題 16 】 次の機器の名称を答え，（2）は設問にも答えよ。

（1）

（2）

設問

設置場所を答えよ。

解答

（1）
（名称）器具格納式消火栓

（2）
（名称）ホース格納箱

設問

屋外消火栓から歩行距離が**5m以内**，または屋外消火栓に面する建築物の外壁の見やすい箇所に設けられていること。

（備考）上記太字部分（5m以内）は出題例あり

(4)　スプリンクラー設備に用いるもの

（ドレンチャーヘッド，水噴霧ヘッド含む）

1. ヘッド関係

【問題 17 】　次の機器の名称を答え，設問にも答えよ。

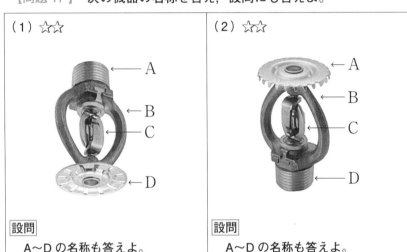

（1）☆☆	（2）☆☆
A ← B ← C ← D ←	← A ← B ← C ← D
設問 A〜D の名称も答えよ。	設問 A〜D の名称も答えよ。

解答

（1）	（2）
（名称） 　閉鎖型スプリンクラーヘッド 　（フレーム型で下向型）	（名称） 　閉鎖型スプリンクラーヘッド 　（フレーム型で上向型）
設問 　A：取付部 　B：フレーム 　C：感熱体 　D：デフレクター	設問 　A：デフレクター 　B：フレーム 　C：感熱体 　D：取付部

【問題18】　次の機器の名称を答えよ。

| （1） | （2）
　　　　　　　　　　A
　　　　　　　　　　　B
設問
A，Bの名称も答えよ。 |

解答

| （1）
（名称）
　閉鎖型スプリンクラーヘッド
（フラッシュ型で下向型） | （2）
（名称）
　閉鎖型スプリンクラーヘッド
（マルチ型で下向型）
設問
　A：放水口
　B：感熱体 |

【問題 19】 次の機器の名称を答えよ。

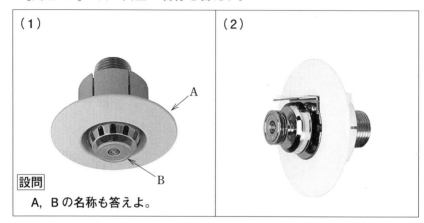

(1)

A

B

設問

A，B の名称も答えよ。

(2)

解答

(1) (名称) 　小区画型スプリンクラーヘッド 　　　　　　　（フラッシュ型） 設問 　A：シーリングプレート 　　（取付部が見えないようにす 　　るための目隠し） 　B：感熱体	(2) (名称) 　側壁型スプリンクラーヘッド 　　　　　　　（フラッシュ型）

【問題20】　次の機器の名称を答えよ。

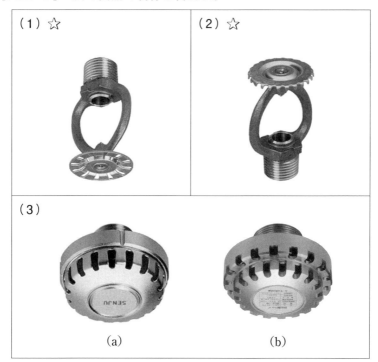

（1）☆

（2）☆

（3）

（a）　　　　　　　　　　（b）

解答

（1）	（2）
（名称）	（名称）
開放型スプリンクラーヘッド 　　　　（フレーム型で下向型）	開放型スプリンクラーヘッド 　　　　（フレーム型で上向型）
（3） （名称） 　（a）開放型スプリンクラーヘッド（マルチ型） 　（b）放水型スプリンクラーヘッド（固定式） 　　　　（注：放水型の可動式ヘッドは P 215 の図 3–44 参照）	

【問題21】　次の機器の名称を答えよ。

（1）

（2）

（3）

A　　　　　B　　　　　C　　　　　D

解答

（1） （名称） 　ドレンチャーヘッド（前方放射）	（2） （名称） 　ドレンチャーヘッド（下方放射）
（3） （名称） 　水噴霧ヘッド 　（A〜Cは，内部スパイラル型，Dは外部デフレクター型）	

2. その他，ヘッド関連

【問題 22 】　次の機器の名称を答え，設問にも答えよ。

（1）	（2） ☆

設問　使用目的を答えよ。	設問　次の①〜②を答えよ。 ① 使用目的 ② aとbのいずれが 1 次側か。

解答

（1）

（名称）

閉鎖型スプリンクラーヘッド用保護具（ヘッドガード）

設問

ヘッドが損傷しないように保護をする。

（1）

（名称）

ストレーナ

設問

① 配管内のゴミ等を除去し，水噴霧ヘッド等の目詰まりを防止する。

② a

その他の留意事項

網目（または円孔）径はヘッドや通水路の $\frac{1}{2}$ 以下とし，網目（円孔）面積は配管断面積の 4 倍以上であること。

3. 流水検知装置

【問題23】　次の機器の名称と設置目的を答えよ。
　　　　　　なお，(2) については，A〜E の名称も答えよ。

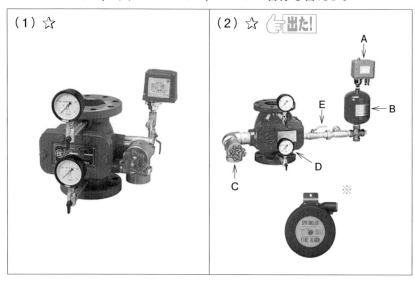

(1) ☆

(2) ☆ 👉出た！

A
E
B
C
D
※

SPRINKLER
FIRE ALARM

解答

(1)	(2)
(名称) 　自動警報弁型湿式流水検知装置 　(発信部に圧力スイッチを用いた 　もの)	(名称) 　自動警報弁型湿式流水検知装置 　(発信部にリターディングチャン 　バーを用いたもの) A：圧力スイッチ B：リターディングチャンバー C：排水バルブ D：圧力計（一次側）E：信号停止弁

〔設置目的〕・・・(1) 〜 (2) 共通
　スプリンクラーヘッドや補助散水栓の開放による配管内の流水，または
圧力の変動を検知して，受信部に警報信号を発信する。

（※ウォーターモーターゴングと呼ばれる音響警報装置）

4. 一斉開放弁

【問題 24】 次の写真の機器の名称と，どのような設備に写真の弁を
用いるかを答えよ。また，矢印部分の名称を答えよ。

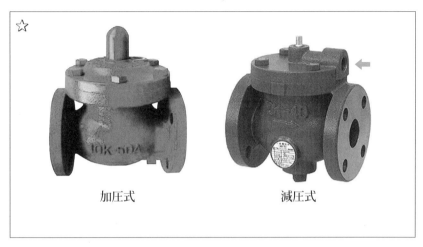

加圧式　　　　　　　減圧式

解答

（名称）
　一斉開放弁

（どのような設備に用いるか）
● 開放型スプリンクラー設備
● 放水型スプリンクラー設備
● 水噴霧消火設備
（矢印部分の名称）
　減圧用導管接続部

【問題25】　次の一斉開放弁のイラストについて加圧式，減圧式の別を答えよ。

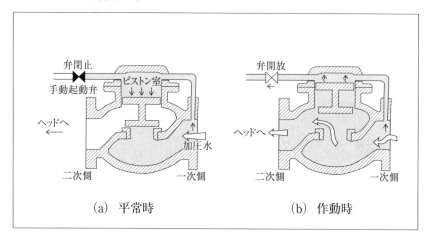

（a）平常時　　　　　　　　（b）作動時

解答

（名称）　減圧式一斉開放弁

【問題 26】　次の一斉開放弁のイラストについて加圧式，減圧式の別を答えよ。

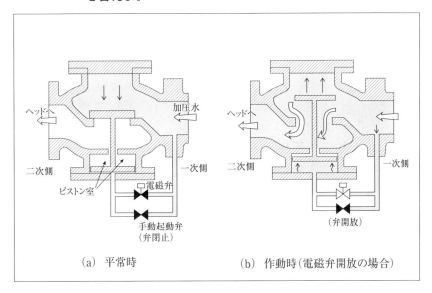

（a）平常時　　　　　　　　　（b）作動時（電磁弁開放の場合）

解答

（名称）　加圧式一斉開放弁

5. その他

【問題27】　次の名称と設問に答えよ。

（1）

設問1
　矢印A, Bの名称を答えよ。

設問2
　矢印Bは減圧, 加圧のどちらで作動させるか。

設問3
　このタンクの設置目的を答えよ。

（2）☆

設問1
　どのような設備に用いるか。

設問2
　設置目的を答えよ。

解答

（1）
（名称）圧力タンク（圧力チャンバー又は起動用圧力タンクともいう）

設問1
　A：圧力計　B：起動用水圧開閉器

設問2
　減圧（P163の8. 起動用水圧開閉装置参照。なお, P472の圧力スイッチは加圧により作動するので注意！）

設問3
　ヘッド等の開放による配管内の減圧を検知して圧力スイッチが作動し, ポンプを起動させる。

（2）
（名称）末端試験弁

設問1
　閉鎖型スプリンクラー設備

設問2
　放水圧が最も低くなると予想される配管の末端に設け, スプリンクラーヘッド1個分に相当する放水を行って, 流水検知装置や圧力検知装置などが正常に作動するかを確認する。

（補足：配管の系統ごとに1個ずつ設け, 二次側にオリフィスがあり, 流量を絞って放水します。）

<類題>
　【問題27】（2）の末端試験弁の下部に設けられる試験用放水口の名称と設置目的を答えよ。

（答）
　名称　　：オリフィス
　設置目的：スプリンクラーヘッドを開放することなく，流水検知装置や
　　　　　　圧力検知装置等の作動を試験するため，流量をしぼって放水
　　　　　　する。

【問題28】　次の矢印で示す部分の名称と設置目的を答えよ。

☆

解答

（名称）送水口

（設置目的）
　水源が不足した場合に消防ポンプ自動車のホースを接続して，スプリンクラーヘッドからの放水を継続させるため。

(5)　水噴霧消火設備に用いるもの

【問題 29 】　次の各機器の名称を答えよ。

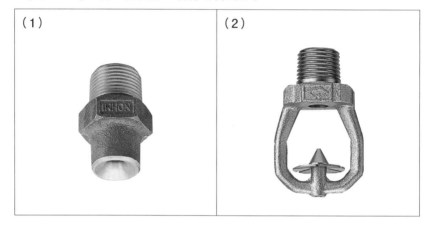

（1）

（2）

解答

（1）	（2）
（名称）	（名称）
水噴霧ヘッド	水噴霧ヘッド
（内部スパイラル型）	（外部デフレクター型）

(6)　計器類

1.　配管に取り付けるもの

【問題 30 】　次の各機器の名称と主な取り付け箇所を答えよ。
また，（1）と（2）の違いについて答えよ。

（1）　☆☆　　　　　　　　　　　　（2）　☆

解答

（57）	（58）
（名称）圧力計	（名称）連成計
（主な取付け箇所） ・ポンプの吐出側 ・流水検知装置の一次側 ・流水検知装置の二次側 ・末端試験弁の一次側　など	（主な取付け箇所） 　ポンプの吸込側 　（水源の水位がポンプの位置より 　高い場合は，水源との間に止水弁 　を設ける必要がある）

（1）と（2）の違いについて
　圧力計が正圧のみを表示するのに対し，連成計は正圧のほか負圧も表示することができる（負圧を測定するものを真空計という）。

【問題 31 】　次の機器の名称と取付け箇所を答えよ。

解答

（名称）
　流量計

（取付け箇所）
　ポンプの性能試験用配管

2. その他

【問題 32 】　次の各設問に答えよ。 出た!

設問 1 　次の各機器の名称と用途を答えよ。

設問 2 　（1）の測定場所および何の圧力を測定するかを答えよ。

設問 3 　（2）の取付け箇所を答えよ。

設問 4 　（1）の目盛の指示値が 0.9〔MPa〕を示した場合におけるノ
　ズルからの放水量を求めよ。ただし，1 号消火栓とし，ノズル口径は
　10 mm で，小数点以下は切り捨てること。また，求めた放水量が技
　術上の基準に適合しているかも答えよ。

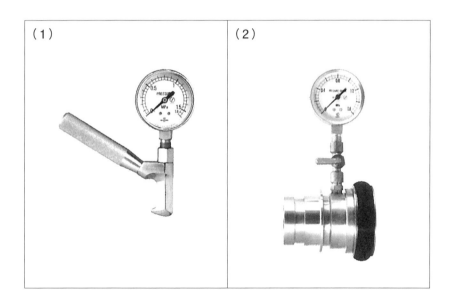

解答

（1）	（2）
設問 1	**設問 1**
（名称）ピトーゲージ	（名称）圧力計用管路媒介金具
（用途）	（用途）
ノズルからの棒状放水時における放水圧力を測定し，その値より放水量を算出する。	流水圧力（動水圧力）を測定し，その値より放水量を算出する。

設問 2

（測定場所）：ノズル先端からノズル口径の $\frac{1}{2}$ 離れた位置（P 187 参照）

（圧力の種類）：放水圧力

設問 3 （2）の取り付け箇所：

　ホースとノズルの間，またはホース相互間に取り付ける。

設問 4 　（1）の放水量：

（1）の放水量は，

P 187 の放水量の求め方より，

$$Q = K \times D^2 \times \sqrt{10P}$$
$$= 0.653 \times 100 \times \sqrt{10 \times 0.9}$$
$$= 65.3 \times 3$$
$$= 195.9 \quad （小数点以下を切り捨てて）$$
$$= 195 〔l／min〕 \qquad （答）195 〔l／min〕$$

> 凡例
> Q ：放水量〔l／min〕
> D ：ノズル口径〔mm〕
> P ：放水圧力〔MPa〕
> K ：定数（1 号消火栓の場合は，0.653）

　1 号消火栓の放水量は **130**〔l／**min**〕以上必要なので（⇒P 187 の表 3-6），適合している。

（2 号消火栓の場合は，60〔l／min〕以上必要です。）

【問題 33】　次の各機器の名称と用途を答えよ。

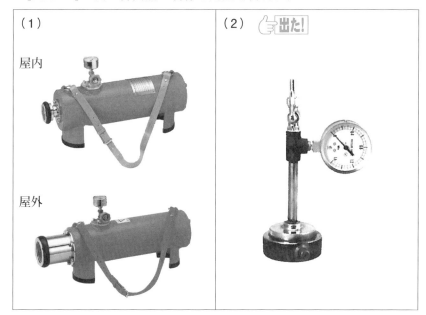

（1）

屋内

屋外

（2）　☞出た！

解答

（1）	（2）
（名称）放水テスター	（名称）水圧検査用スタンドゲージ
（用途） 　屋内または屋外消火栓の放水圧力を測定する。	（用途） 　消火栓開閉弁のホース接続口に取り付け，消火栓の締め切り圧力を測定する。

(7)　工具

【問題 34 】　次の機器の名称を答えよ。(3)〜(5)は用途も答えよ。

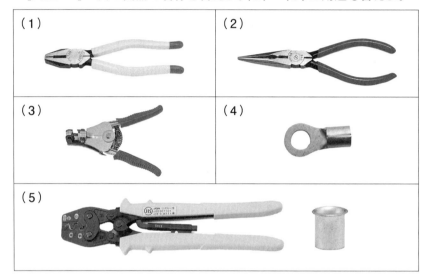

(1) (名称) ペンチ	(2) (名称) ラジオペンチ
(3) (名称) ワイヤーストリッパー (用途) 絶縁電線の被覆をはぎとる。	
(4) (名称) 圧着端子 (用途) 電線の端末に取り付け, 電線と電気設備端子盤等の端子を接続する端子。	
(5) (名称) 圧着ペンチとスリーブ (用途) スリーブ内に電線を入れ, 圧着して接続する。	

解答

【問題 35 】　次の機器の名称と用途を答えよ。

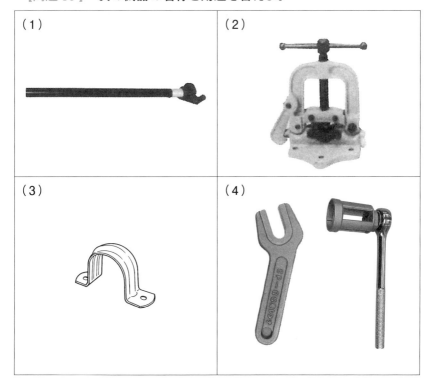

(1)	(2)
(3)	(4)

解答

(1)	(2)
(名称) パイプベンダー	(名称) パイプバイス
(用途)	(用途)
金属管を曲げる際に用いる。	金属管を固定する。
(3)	(4)
(名称) サドル	(名称) ヘッド用スパナ
(用途)	(用途)
金属管等を造営材に固定するのに用いる。	スプリンクラーヘッドの取り付けや取り外しに用いる。

(8)　その他のもの

【問題 36 】　次の各機器の名称を答えよ。

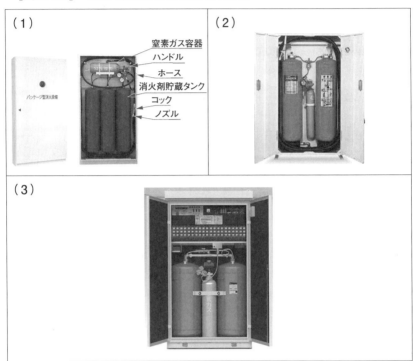

(1)

窒素ガス容器
ハンドル
ホース
消火剤貯蔵タンク
コック
ノズル

パッケージ型消火設備

(2)

(3)

解答

(1) (名称) 　パッケージ型消火設備（Ⅰ型）	(2) (名称) 　パッケージ型消火設備（Ⅱ型）
(3) (名称) 　パッケージ型自動消火設備	

2　イラスト等による問題

【問題1】

　　下図は加圧送水装置部分を表したものである。図の矢印①から⑨までの名称を答えなさい。

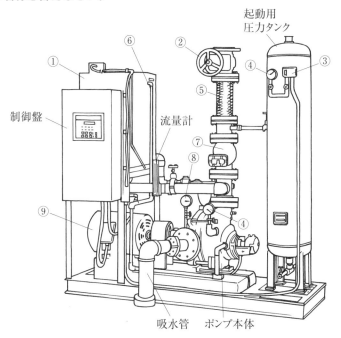

	名　称		名　称
①	呼水槽	⑥	水温上昇防止用逃し配管
②	止水弁	⑦	逆止弁
③	起動用水圧開閉器（圧力スイッチ）	⑧	連成計
④	圧力計	⑨	電動機
⑤	可とう管継手		

【問題 2】

下図の各水槽について，次の各設問に答えなさい。

設問1 A，B 各水槽の名称を答えなさい。

設問2 図の①～⑨に示す部分の名称を答えなさい。

設問3 図の a～d のバルブのうち，黒く塗りつぶす必要があるものはどれか。

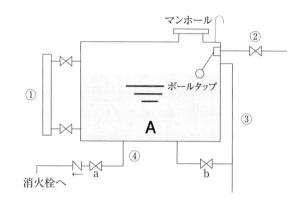

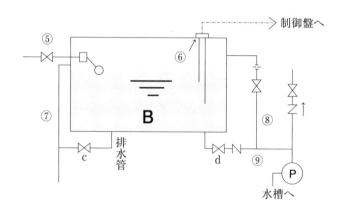

設問 1 　A：高架水槽　　B：呼水槽

設問 2

	名　称		名　称
①	水位計	⑤	補給水管
②	補給水管	⑥	減水警報装置
③	溢水用排水管	⑦	溢水用排水管
④	吐出管	⑧	逃し配管
		⑨	呼水管

設問 3 　b，c

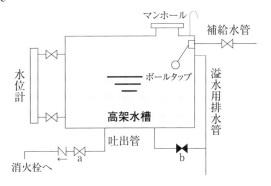

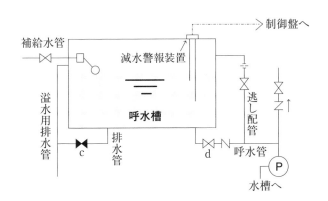

【問題 3】　 出た!

　下の図は，屋内消火栓設備の電気配線を模式的に示したものである。図中の（A）から（E）における配線の種別を下の語群から選び記号で答えなさい。

〈語群〉
　　　ア　一般配線　　イ　耐熱配線　　ウ　耐火配線

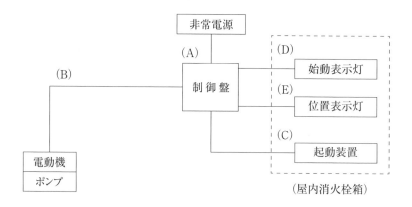

（屋内消火栓箱）

P 316，図 4-7 参照。

（A）：ウ
（B）：ウ
（C）：イ
（D）：イ
（E）：イ

【問題4】 👉出た!

　下の図は，屋内消火栓設備の水源を，消火設備専用と揚水ポンプなど
の他の設備と兼用としたものである。

　これら a〜d の有効水量の範囲を図に直接書き込みなさい。

　ただし，吸水管内径を D（m）とし，d 以外は床下水槽とする。

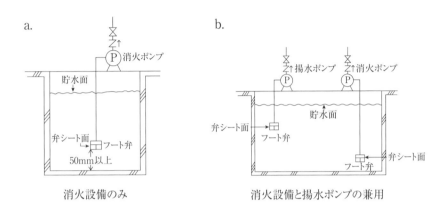

a.

消火設備のみ

b.

消火設備と揚水ポンプの兼用

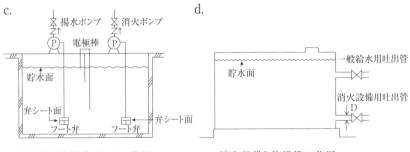

c.

消火設備と揚水ポンプの兼用
（電極棒により自動制御するもの）

d.

消火設備と他設備の兼用
（床上又は高架水槽の例）

aのように消火設備のみの有効水量の範囲は，ポンプ吸水管の先端に設けられた弁シート面より1.65D以上の部分から貯水面までです。

　一方，bやcのような消火設備と揚水ポンプが兼用の場合は，消火設備用のフート弁の上部に揚水ポンプ用のフート弁を設け，消火設備用のフート弁の弁シート面より1.65D以上の部分から揚水ポンプ用のフート弁の弁シート面までとします（P 153，⑵有効水量参照）。

　また，dのような消火設備と他の設備を兼用する場合は，他の設備の吐出管を上部に，消火設備の吐出管を下部に設け，図のような範囲になります。

a.

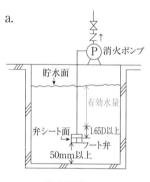

消火設備のみ

b.

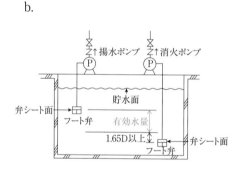

消火設備と揚水ポンプの兼用

c.

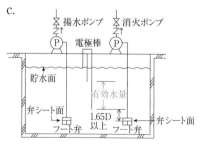

消火設備と揚水ポンプの兼用
（電極棒により自動制御するもの）

d.

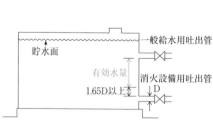

消火設備と他設備の兼用
（床上又は高架水槽の例）

【問題5】 👉出た！

　下の図は，スプリンクラー設備のある方式の一部を示したものである。次の各設問に答えなさい。

設問1

　流水検知装置の種別を湿式，乾式，予作動式に分ける場合，これらの流水検知装置はいずれの方式に該当するかを答えなさい。

設問2

　（B）および（C）の主な設置場所を答えなさい。

設問3

　（B）の警戒時において，配管内の充水している部分を斜線でもって示しなさい。

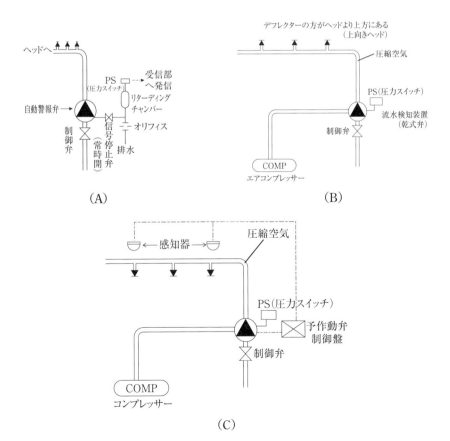

（P 220, P 226, P 228 参照）

|設問 1|　（B）および（C）は，図のエアコンプレッサーより乾式か予作動式に該当しますが，自動火災報知設備の感知器と接続されている（C）が**予作動式**，接続されていない（B）が**乾式**となります。

|設問 2|　（B）の乾式は，配管等の凍結による被害が生じるおそれのある寒冷地に適しており，（C）の予作動式は，誤って散水した場合に水損が著しく大きくなる高級呉服売場やコンピューター室等に用いられます。

|設問 3|　湿式は全て，乾式と予作動式は，流水検知装置までの一次側配管まで充水されています。

|設問 1|　（A）湿式流水検知装置　　　（B）乾式流水検知装置
　　　　　（C）予作動式流水検知装置

|設問 2|　（B）寒冷地
　　　　　（C）高級呉服売場やコンピューター室など

|設問 3|　下図参照（流水検知装置の 1 次側まで）

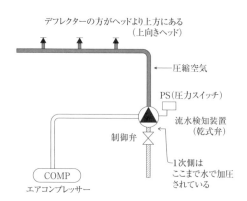

第8編

製図試験

序　製図試験の出題傾向と対策

(1)　出題の概要

1.　出題パターン

　第1類消防設備士における製図には，**系統図**と**平面図**がありますが，ほとんどが系統図による出題です。

　その系統図でも，すべてを作図するような出題はあまりなく，一部を描きこむか，または提示されたうちのいずれかの機器の記号を示すような出題か，あるいは，図面上の誤りを指摘するような出題がほとんどです。

　その出題パターンをまとめると，次のようになります。

◆　　**出題パターンの実例**　　◆

パターン1

　図に示された条件から，**水源水量**，**ポンプ吐出量**，**全揚程**などを求める問題（屋内消火栓設備に多い）。この場合，**摩擦損失水頭**などは，一般的に提示される場合が多いが，表などをもとに計算しなければならない出題もたまにある。

パターン2

　図中の空白になっている部分に適切な機器を入れる問題（凡例記号を用いて描き入れる問題や機器の写真を示してその記号を答える問題などがあるが，バルブ関係が多い）

パターン3

　図中の誤りを指摘する問題

パターン4

　電気配線を記入させる問題

パターン5

図（系統図）を示して，矢印で示した機器の名称や機能を答えさせる問題

パターン6

凡例記号を用いてスプリンクラーヘッドおよびスプリンクラーヘッドに至る配管（流水検知装置以降）を記入させる問題（逆に，スプリンクラーヘッドおよびスプリンクラーヘッドに至る配管を示して，主配管からそれらへ至る配管系統を描き入れる出題もある）

なお，屋外消火栓設備については，出題例が少ないですが，まったくないというわけではなく，平面図で出題されることもあるので，特に消火栓の位置関係については，把握しておく必要があるでしょう。

2. 製図試験における受験対策

前述の出題パターンをもとに，製図試験における受験対策をまとめると，次のようになります。

対策1

水源水量，**ポンプ吐出量**，**全揚程**および**摩擦損失水頭**などの計算式を確実に把握しておく。

対策2

系統図で示される**図記号**の**名称**を確実に把握しておく。

対策3

バルブの位置関係，**名称**などを確実に把握しておく
（特に共通部分である加圧送水装置や主配管付近。スプリンクラー設備における流水検知装置前後と一斉開放弁付近および配管の末端）。

対策4

電気配線を把握しておく。

最後に，実際に自分で何度も（見ながらでもよいので）系統図を作図するというのは，非常に有効な製図試験対策であり，上記 対策1 ～ 対策4 のポイントをマスターする確実な学習法といえるのではないかと思います。

(2)　図記号

　まず，第1類消防設備士試験で主に使用される図記号については，次のようなものがあります。

凡例

	名称	系統図	平面図
屋内消火栓 設備に使用	屋内消火栓（1号）	（※　試験では斜線が ない場合もある）	
	屋内消火栓（2号）		
スプリンク ラー設備に 使用	閉鎖型スプリンクラーヘッド	上向　下向	
	開放型スプリンクラーヘッド	上向　下向	
	放水型スプリンクラーヘッド		
	補助散水栓		
	手動起動弁		
	一斉開放弁	⊕　または	
	流水検知装置 （自動警報弁）	（乾式は　　　　）	
	リターディングチャンバー		
	圧力スイッチ	PS	
	圧力タンク		
水噴霧消火 設備に使用	水噴霧ヘッド		
	ストレーナ	（加圧用送水装置と一斉開放弁の間 のポンプ吐出側に設ける）	

共通に使用する記号	バルブ（仕切弁）	⟶▷◁— ⟶▷◁—常時開 ⟶▶◀—常時閉
	逆止弁	⟶▷—　または　—▷⊢
	フレキシブル継手	—ᴡᴡ—
	フランジ継手	—⊦⊦—
	圧力計	⊘
	連成計	⊘
	オリフィス	—⊦⊦—
	流量計	—FM—
	フート弁	⊟
	受信機 （自動火災報知設備用）	⊠
	消火ポンプ	Ⓟ
	電動機	Ⓜ
	ポンプ制御盤	⊠
	送水口（スタンド型）	♀ （単口）　　⅄ （双口）
	送水口（埋込型）	▽ （単口）　　⋈ （双口）
	電気配線	⋯⋯⋯⋯⋯ （または ⋯⋯⋯⋯ ）

　これらの図記号がわからないと先に進むことができないので，本書で取り上げた程度の図記号は，まず，覚えてください。

　なお，一部，系統図と平面図で異なる記号の場合は，主なものについてのみ平面図における記号を（　）内に示してあります。

1 屋内消火栓設備

<学習のポイント>

　屋内消火栓設備については，実際に製図を要求する出題よりは，配管系統図を示して，**全揚程，ポンプの吐出量，水源水量**などを求める問題がメインになっています。

　従って，特に**全揚程**などをすぐに導けるよう，問題を何回も繰り返して，計算のパターンを確実に覚える必要があります（配管などの摩擦損失水頭は，一般的には，提示されている）。

（例） まず，次の図を見て下さい。

　　　この図を系統図にしていく手順を説明します。

＊この図は，第3編「機械に関する部分」の**❸**加圧送水装置の(2)にある図3-4（本稿 P 156）と同じです。

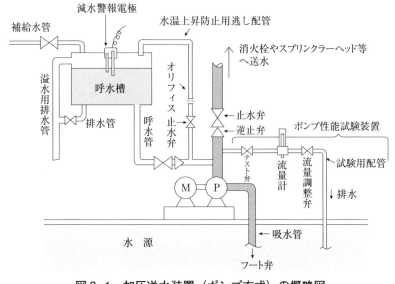

図8-1　加圧送水装置（ポンプ方式）の概略図

手順 1 加圧送水装置付近の作図

① ポンプと電動機を描く。 (P)—(M)

② フート弁から補助高架水槽に至る主配管の系統を作図する。

この場合，逆止弁に流れる方向を表す矢印を記し，また，逆止弁と止水弁の位置関係に注意する必要があります。

（逆止弁の下にフレキシブル継手が入る場合もある）

図 8-2

③ 呼水槽を描く。

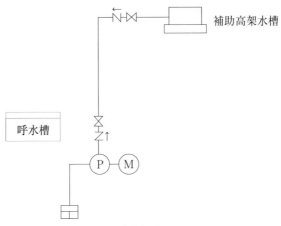

図 8-3

なお，常時開の止水弁については ，常時閉の止水弁については ▶◀ と表示し，また，逆止弁については，流れ方向に矢印を表示しておきます。

```
          常時開  ⇒  ⋈
 <止水弁>
          常時閉  ⇒  ▶◀

 <逆止弁>      ⤺
```

④ **呼水槽から主配管へ配管する。**

まず，呼水槽から主配管への配管 a を止水弁と逆止弁の位置を間違えないように描き，そして，b の水温上昇防止用逃し配管をオリフィス，止水弁とともに描きます。

次に，排水管 c と呼水槽からあふれないようにするための溢水用排水管 d を描きます。

最後に，補給水の配管（レベルスイッチ含）と減水警報装置を描いて終わりです。

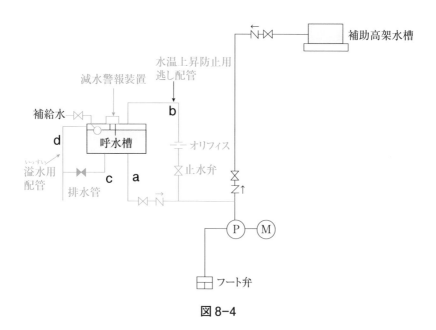

図8-4

⑤ **ポンプ性能試験装置を描く。**

　バルブ（止水弁），流量計，バルブ（流量調整弁）の順に描き，最後は排水に落とします。

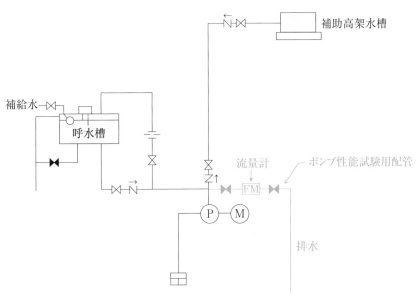

図 8-5

手順2　各フロアの屋内消火栓を描き，主配管から配管する。

◐：表示灯（位置表示灯）
Ⓟ：P型発信機（起動ボタンを兼用）
Ⓑ：地区音響装置

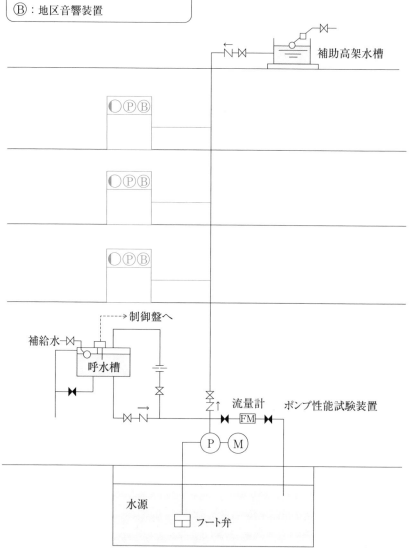

図 8-6

手順 3　電気配線をする。

　受信機と制御盤を描き，屋内消火栓箱のベルと屋内消火栓設備の起動スイッチを兼ねるP型発信機から受信機へ，また，位置表示灯から消火栓始動リレー，そして減水警報装置から制御盤へと配線して終了です。

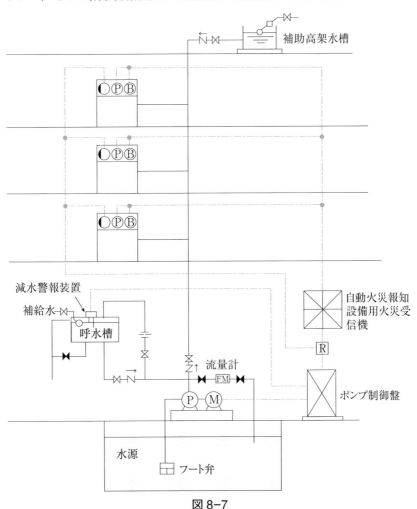

図 8-7

（注：屋内消火栓箱におけるベル，表示灯，発信機の並び順は，一般的には⑧◯Ⓟ
　　　と並んでいますが，本図では電気配線を見やすくするため，◯⑧Ⓟの並びにし
　　　てあります。）

問題にチャレンジ！
（第8編　製図試験）

1. 屋内消火栓設備

【問題1】

　下図は，加圧送水装置付近の構成図である。次の各設問に答えなさい。

設問1

　（　）内に適切な機器を記入し，図を完成しなさい。

設問2

　図のフート弁を表示している矢印部分の数値を記入しなさい。

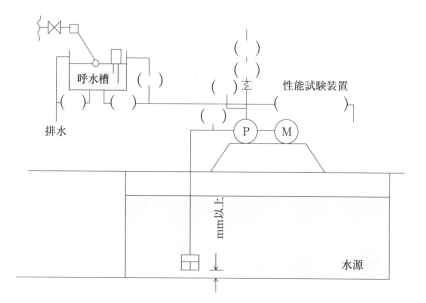

【問題１】の解説・解答

設問１

ポンプから消火栓等への配管ですが，ポンプからフレキシブル継手を経て**逆止弁**，**止水弁**となります（⇒P 501，②より，水圧を受ける方に止水弁を設けます）。

また，ポンプの吸込み側に**連成計**，吐出側に**圧力計**を設けます。性能試験装置には，テスト弁，流量計，流量調整弁を設けます。

逃し配管には，**止水弁**と**オリフィス**を設けて，止水弁を常時「**開**」とし，オリフィスにより放水量を揚水量の３％程度に調整して，締切運転をしなくても（ポンプ運転中は）常時放水されるようにしておきます。

また，排水管には止水弁を常時閉として設け，呼水管には**止水弁**，**逆止弁**を図のように設けます。

設問２

フート弁の下部から水槽底部までの距離は **50 mm** 以上必要です。

解答

解答図（設問１，２）

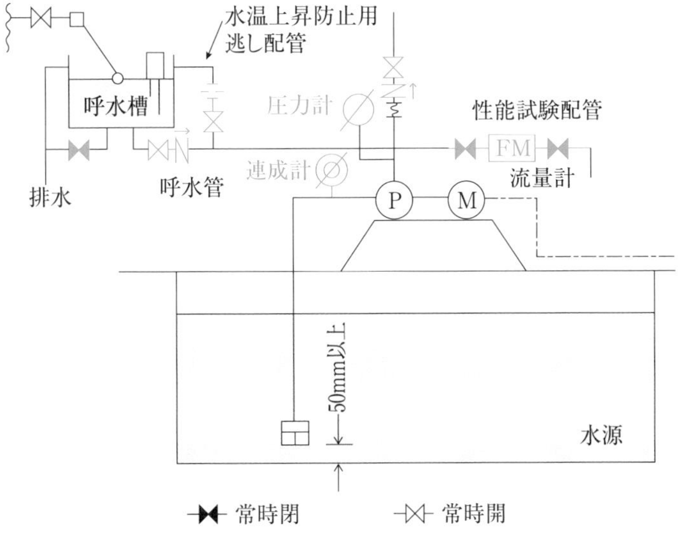

【問題2】

　　図は，屋内消火栓設備（1号）の配管系統の一部を示したものである。下記の条件に基づき，次の各設問に答えなさい。

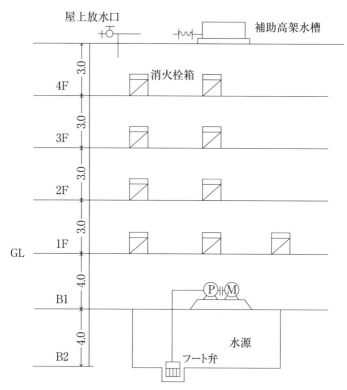

注）各種の弁および付属装置等は省略してある。

《条件》

(1)　この建物の用途は，消防法施行令別表第1⑿項イに該当する工場である。

(2)　屋内消火栓設備の開閉弁の位置は，床面から高さ1.5mである。

(3)　ホースの摩擦損失水頭（h_1）は，7.5mとする。

(4)　配管の摩擦損失水頭（h_2）は，継手，弁などを含み10mとする。

設問 1

図の配管の未記入部分を完成させなさい。

設問 2

この建物に最小限必要となる水源の水量及びポンプの吐出量を求めなさい。

【解答欄】

水源水量	m³
ポンプ吐出量	l／min

設問 3

このポンプに最小限必要となる全揚程の値を計算式で答えなさい。

ただし，全揚程を H，落差を h_3 とする。

【解答欄】

m

【問題２】の解説・解答

設問１

　配管の未記入部分を完成させた図は下図の通りです。

解答図

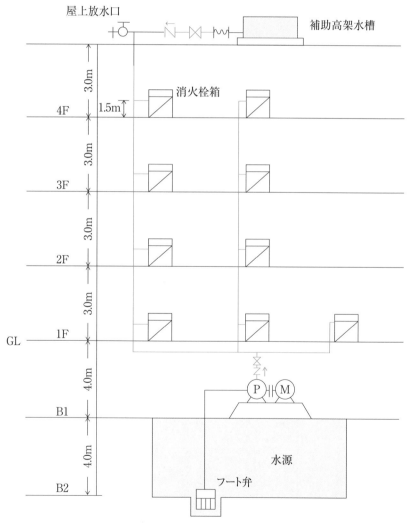

屋上放水口

補助高架水槽

消火栓箱

4F　1.5m

3.0m

3F

3.0m

2F

3.0m

1F　3.0m

GL

4.0m

B1

4.0m

B2

水源

フート弁

設問 2

① **水源水量**

P 188 の表 3-7 より，1 号消火栓の水源水量 Q（m³）を算出する式は，次のようになります。

$$Q = 2.6 \times n \text{（最大 2）}$$

n については，この建物では 1 階に 3 つあるのが最大となるので，$n = 2$ となり，$Q = 2.6 \times 2 = 5.2\,\mathbf{m^3}$ となります。

② **ポンプ吐出量**

放水圧力と放水量を含めたポンプ吐出量は次のようになっています（⇒ P 187 の表 3-6 より）。

	放水圧力	放水量	ポンプ吐出量
1 号消火栓	0.17 MPa ~ 0.7 MPa	130l／min 以上	150l／min × n 以上
2 号消火栓	0.25 MPa ~ 0.7 MPa	60l／min 以上	70l／min × n 以上

従って，1 号消火栓の場合は，消火栓 1 個につき **150** l／**min** で，最大が 2 となっているので，$150 \times 2 = \mathbf{300}l$／**min** となります。

水源水量	5.2 m^3
ポンプ吐出量	300l／min

設問3

全揚程

消防用ホースの**摩擦損失水頭**を h_1，**配管の摩擦損失水頭**を h_2，落差を h_3，**ノズル放水圧力等換算水頭**（＝ノズルの筒先における圧力）を h_n とすると，

$$H = h_1 + h_2 + h_3 + h_n$$ 　　　となります。

（h_n→1号と広範囲型2号は **17 m**，2号は25 m，屋外消火栓設備は25 m となる）

スプリンクラー設備の場合は，h_1 がなく，また，ノズル放水圧力等換算水頭の代わりに**ヘッド等放水圧力等換算水頭**（= 10 m）を用います。

問題の条件(3)(4)より，$h_1 = $**7.5 m**，$h_2 = $**10 m**
また，1号消火栓のノズル放水圧力等換算水頭は $h_n = $**17 m** となります。
落差については，ポンプから最も遠い屋内消火栓のホース接続口から水源水槽の有効水位下部（フート弁）までの実高（垂直距離）となるので，
1.5 + 3.0 + 3.0 + 3.0 + 4.0 + 4.0 = **18.5 m**
となります。
従って，$H = h_1 + h_2 + h_3 + h_n$
$$= 7.5 + 10 + 18.5 + 17$$
$$= 53\text{m}　　となります。$$

| 53m |

【問題3】

　次の図は，3階建の工場に設置した屋内消火栓設備の系統図である。下記の条件に基づいて，ポンプの全揚程を求めなさい。

　なお，数値は四捨五入して小数点第1位まで求めること。

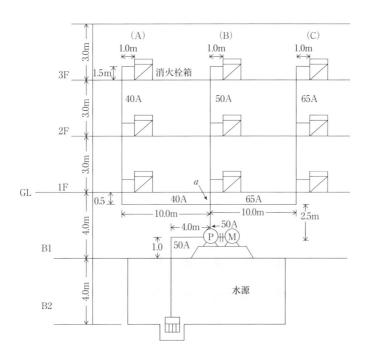

《条件》
(1)　屋内消火栓設備の開閉弁の位置は，床面から高さ1.5mである。
(2)　管継手および弁類の摩擦損失水頭の合計は，系統にかかわらず一律3mとする。
(3)　消防用ホースは，呼称40，長さ30mのものを使用するものとし，摩擦損失水頭は，表1の数値を使用すること。
(4)　配管の摩擦損失水頭（h_2）は，表2の数値を使用すること。
　　なお，流量＝ポンプ吐出量とする。
(5)　ホースの結合金具及びノズルの摩擦損失水頭は，無視すること。

表1　ホースの摩擦損失水頭（100 m 当り）単位（m）

流量 (ℓ／min) ＼ ホースの呼称		40	50
150		12	3

表2　配管の摩擦損失水頭（100 m 当り）単位（m）

流量 (ℓ／min) ＼ 管径	40 A	50 A	65 A
150	12.3	3.82	1.13
300	44.35	13.76	4.08

【解答欄】

	m

【問題3】の解説・解答

　まず，工場は1号消火栓しか設置できないので，図の消火栓は1号消火栓になります。1号消火栓の場合の全揚程 H は，次の式で求めます。

$$H = h_1 + h_2 + h_3 + 17 \ [\text{m}]$$

> h_1：消防用ホースの摩擦損失水頭〔m〕
> h_2：配管の摩擦損失水頭〔m〕
> h_3：落差〔m〕

　なお，前ページの表を使って摩擦損失水頭を計算する場合，ポンプ吐出量（流量）について，少し注意する必要があります。

　というのは，187ページ，表3-6のポンプ吐出量の欄を見てください。

　1号消火栓のポンプ吐出量は，150l／min にそのビルの消火栓設置個数のうち，最大個数の階の設置個数（n）を掛けて求める必要があります。

　その際，最大個数の階の設置個数が2個を超えていたら，2個とする必要があります。それを表しているのが，表の下にある「n：消火栓設置個数で最大2」ということになるわけです。

　従って，そのビルの最大個数の階の設置個数が1でない限り，一般的に必要なポンプ吐出量は，「消火栓1個当たりのポンプ吐出量（1号消火栓では150l／min）×2」として求めればよいわけです。

　また，上記下線部の「最大個数の階の設置個数」の解釈ですが，たとえば，190ページ，図3-25のような場合，「縦系統に4個あるから消火栓の最大設置個数は4ではないか？」と思われるかもしれませんが，「最大個数の階の設置個数」というのは，縦系統ではなく，（(A) (B) (C) の各系統における）最大個数設置してあるフロア（階）の設置個数のことをいいます。

　本問でいえば，フート弁からa点までは，(A)，(B)，(C) 系統の合計分の流量が必要なので，フート弁からa点までの「最大個数の階の設置個数」は，(A)〜(C) 系統全体で考える必要があります。

　よって，各階とも3個なので，最大個数の階の設置個数（n）＝2個，となり，必要なポンプ吐出量は，$150 \times 2 = 300 l$／min 以上となります。

　一方，a点から上の系統は，各系統ともそれぞれの階に1個ずつしか設置されていないので，必要なポンプ吐出量は，消火栓1個分の150l／min 以上として計算する必要があります。

このあたりを念頭において，全揚程を次のように計算していきます。

$\boxed{1}$　消防用ホースの摩擦損失水頭 h_1

表1の呼称40より，長さが30mなので次のように計算します。

$$h_1 = \frac{12}{100} \times 30 = 3.6\,\text{m}$$

$\boxed{2}$　配管の摩擦損失水頭 h_2

ポンプから最も遠い消火栓を使用した場合の摩擦損失水頭で計算します。

この場合，（A）系統と（C）系統が同じ距離になりますが，表2より，40Aの方が摩擦損失水頭が大きくなるので，（A）系統で計算します。

（A）系統

・40Aの配管部分の摩擦損失水頭（表2の40A参照）

$$\frac{12.3}{100} (\underset{\substack{\text{3Fの開閉弁}\\\text{部分}}}{1.0+1.5} + \underset{\substack{\text{2F}\\\text{部分}}}{3.0} + \underset{\substack{\text{1F}\\\text{部分}}}{3.0} + \underset{\substack{\text{B1}\\\text{天井から}\\\text{の垂直距離}}}{0.5} + \underset{\text{水平配管部分}}{10})$$

$= 2.337$（⇒消火栓箱からa点まで）

・50Aの配管部分の摩擦損失水頭（表2の50A参照）

a点からフート弁までの摩擦損失水頭は全系統同じですが，冒頭でも説明しましたように，流量は $300l\,/\text{min}$ となります。

$$\frac{13.76}{100} (\underset{\substack{\text{a点から}\\\text{ポンプまで}}}{2.5} + \underset{\text{ポンプからフート弁まで}}{4.0+1.0+4.0})$$

$= 1.5824$

以上の摩擦損失水頭に，条件(2)の管継手と弁類の摩擦損失水頭3mを足すと，（A）系統の配管摩擦損失水頭 h_2 になります。

$$\therefore h_2 = 2.337 + 1.5824 + 3 = 6.9194$$

$\boxed{3}$　落差 h_3（垂直方向のみ）

$$\underset{\text{開閉弁高}}{1.5} + \underset{\text{2F}}{3.0} + \underset{\text{1F}}{3.0} + \underset{\text{B1F}}{4.0} + \underset{\text{B2F}}{4.0} = 15.5\,\text{m}$$

従って，全揚程は次のようになります。

$$H = h_1 + h_2 + h_3 + 17$$
$$= 3.6 + 6.9194 + 15.5 + 17$$
$$= 43.0194$$
$$= 43.0 \ [\text{m}]$$

$$\boxed{43.0\text{m}}$$

参考までに，（C）系統の場程は次のようになります。

1. 配管の摩擦損失水頭 h_2
   ・65 A の配管部分の摩擦損失水頭（表 2 の 65 A 参照）

   $$\frac{1.13}{100} (1.0 + 1.5 + 3.0 + 3.0 + 0.5 + 10)$$
   $$= 0.2147 \quad (\Rightarrow 消火栓箱から a 点まで)$$

   これに a 点からフート弁までの摩擦損失水頭 1.5824 と管継手等の摩擦損失水頭 3.0 を足すと，

   $$h_2 = 0.2147 + 4.5824$$
   $$= 4.7971 \, \text{m}$$

2. h_1（ホース摩擦損失水頭），h_3（落差），h_n（ノズル放水圧力等換算水頭）
   （A）系統と同じ。
   従って，全揚程は次のようになります。

   $$H = h_1 + h_2 + h_3 + h_n$$
   $$= 3.6 + 4.7971 + 15.5 + 17$$
   $$= 40.8971$$
   $$\fallingdotseq 40.9 \text{m}$$

【問題4】

　図は，屋内消火栓設備の配線系統を表したブロック図である。下記の凡例記号を用いて耐火配線および耐熱配線を図に記入しなさい。

凡例

耐火配線：　[　　　]　　　　　耐熱配線：　[////]

始動表示灯

位置表示灯

起動装置

消火栓箱

非常電源

制御盤

電動機　ポンプ

【問題4】の解説・解答

　下図の通りになります（P 316，図4-7と表示の仕方は異なりますが，内容は同じです）。

　なお，本試験では，始動表示灯を起動表示灯，位置表示灯を赤色表示灯としている場合があるので，注意してください。

解答図

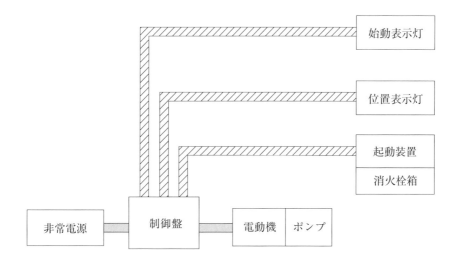

2 スプリンクラー設備

＜学習のポイント＞

　スプリンクラー設備については，未完成の図を示して，スプリンクラーヘッドの種類などを答えさせる問題や，あるいは，未記入の部分に適切な機器を凡例や例示された写真のうちから記号で選ぶ問題のほか，図中の間違いを指摘させるような問題が，よく出題されています。

　また，たまに配線まで記入させるような問題も出題されているので，スプリンクラー設備全体の構成を，確実に把握しておく必要があります（実際に幾度も手描きで描いてみるというような学習方法が好ましい）。

（例）作図のポイントについて

手順 1 加圧送水装置付近の作図

これは，**1**，屋内消火栓設備（P 500）とほとんど同じですが，スプリンクラー設備の場合，図のように，起動用圧力タンク（圧力チャンバー）と送水口（加圧送水装置と流水検知装置または一斉開放弁の間に配管する）が必要になります（緑色の部分）。

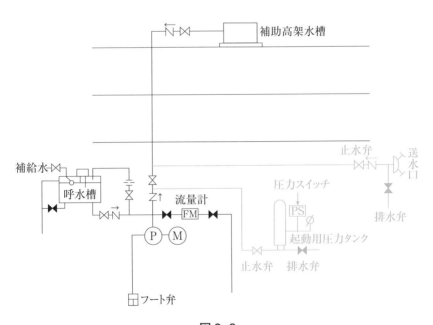

図 8-8

 バルブの常時開（─⋈─），常時閉（─▶◀─）も間違えないようにして下さい。

手順2　流水検知装置を設置する。

　今回は，1階に開放型，2階に閉鎖型を設置しているものとしますが，流水検知装置までは，両者とも同じ図になります。

　なお，図では流水検知装置の一次側圧力計，二次側圧力計も表示してあります。

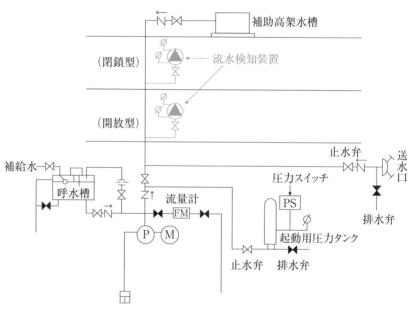

図8-9

手順3 流水検知装置からスプリンクラーヘッドなどを配管する。

① 閉鎖型スプリンクラーヘッドを配管する（緑色の部分）。

1. 流水検知装置から閉鎖型スプリンクラーヘッドを配管し，末端には末端試験弁を配管します。

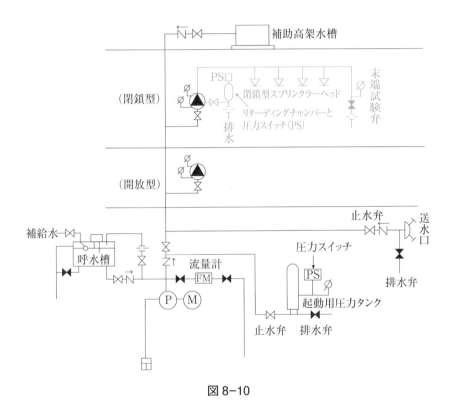

図8-10

2. 流水検知装置からリターディングチャンバー，圧力スイッチ（PS）までを配管する。

（注：流水検知装置からの排水管は省略してあります。）

② **開放型スプリンクラーヘッドを配管する。**

1. 制御弁，一斉開放弁，止水弁，開放型スプリンクラーヘッドを配管する。また，流水検知装置に圧力スイッチ（PS），一斉開放弁と止水弁の間に試験用配管も忘れずに配管する（緑色の部分）。

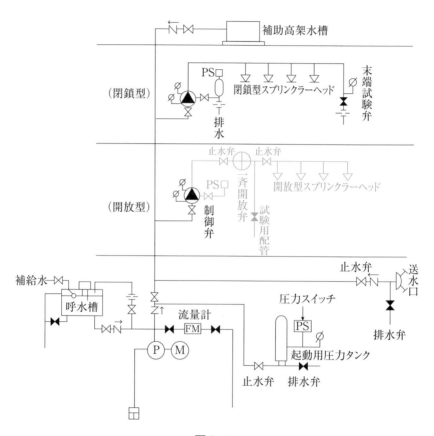

図8-11

2. 火災感知用ヘッドを一斉開放弁から配管し，末端に手動式開放弁を配
   管します（緑色の部分）。
   （自動火災報知設備の感知器による方式については省略します。）

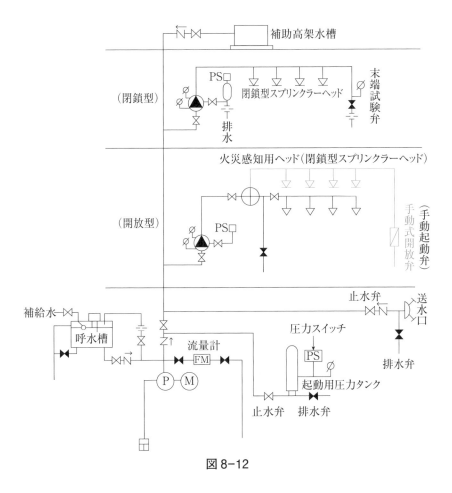

図 8-12

注）閉鎖型スプリンクラーヘッドは，上記の図のように，🔻ですが，本
試験では，凡例を示して，🔻と，横の棒を取って黒く塗りつぶした
記号で出題されることがあるので，注意してください。

手順4　電気配線をする。

　受信機と制御盤を描き，流水検知装置の圧力スイッチ（PS），起動用圧力タンクの圧力スイッチ（PS），呼水槽の減水警報装置，電動機Ⓜから制御盤へと配線します（図では，一部，自動火災報知設備の受信機を経由して配線しています）。

　なお，Ⓑは音響警報装置（ベル）です。

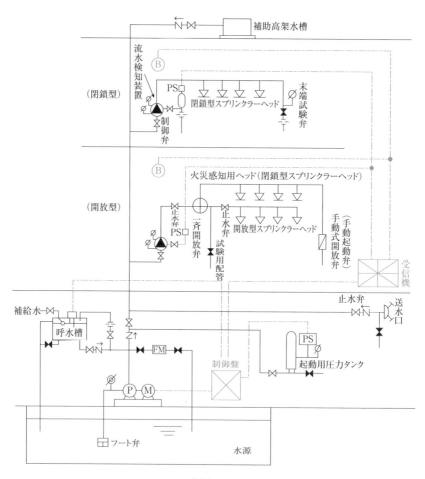

図8-13

手順5　平面図の場合

平面図の出題は少ないですが，基本的なポイントは次のようになります。

① **スプリンクラーヘッドを設置しなくてもよい部分を確認する。**

　P 435, 3. スプリンクラーヘッドが不要な部分 より，スプリンクラーヘッドを設置しなくてもよい部分を確認します（階段，便所，エレベーターの昇降路，パイプシャフトなどが該当する）。

② **正方形設置の場合（図8-14）**

　1つのヘッドまでの水平距離（有効散水半径）より，設置個数を求める。P 239 表3-14から，まず，1つのヘッドまでの水平距離を求め（一般的には，標準型ヘッドの耐火の数値，**2.3 m 以下**が用いられている），正方形設置の場合，下図より，未警戒部分ができないように円に内接する正方形の寸法 L^{*} $(=\sqrt{2}R)$ を求め，部屋の縦（Y）と横（X）の寸法をその L で割れば，必要となる個数が求まります（壁までは半分の $\frac{1}{2}L$ が原則）。

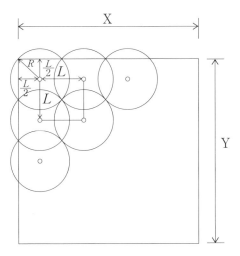

図8-14

＊P 531 の図より，$L\cos 45 = R$ ➡ $L = R/\cos 45$

　$L = \sqrt{2}R$ となります。

③　矩形（長方形）設置の場合（図8-15）

　　図のxとyの関係を示した数値が表示された表より，正方形により近い適切なxとyの値を求めて，個数を計算します。

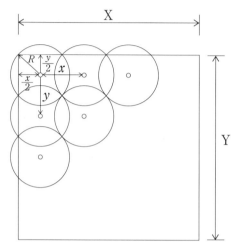

図8-15

計算が苦手だというある読者の方から，前ページの正方形配置について，次のようなアドバイスをいただいたので，ここに紹介しておこう。
　　標準型の**2.3m以下**の場合，縦，横を$2.3 \times \sqrt{2} \fallingdotseq 3.25$で割るのじゃが，これが煩わしいので，次のような設置個数の早見表を作ったそうじゃ。

1~3 m	1個	14~16 m	5個
4~6 m	2個	17~19 m	6個
7~9 m	3個	20~22 m	7個
10~13 m	4個	22~26 m	8個

　ここで，数値の右側を見てほしい（太字の部分）。10~13mの部分以外は3mずつ増えているので覚えやすいそうなのじゃ（13mはピッタリ4となる（$13 \div 3.25 = 4$）ので，倍の26mもピッタリ8となる）。たとえば，この方法だと縦あるいは横の寸法が仮に8mだとした場合，表より，3個設置すればよいことがわかる（12mなら4個。21mなら7個，という具合）。なお，耐火建築物以外なら，**2.1m以下**であるが，この場合は出題頻度も少ないので，$2.1 \times \sqrt{2} \fallingdotseq 2.96 \Rightarrow$**約3m**とだけ覚えておいたそうじゃ。というわけで，みんなも"これは便利だ"と思ったら，利用してみてはどうじゃろうか？

> 2.1m以下 ⇒ 1辺を3mとして計算する

問題にチャレンジ！

（第8編　製図試験）

2　スプリンクラー設備

【問題1】

　下図は，消防法施行令別表第1(16)項イに該当する複合用途防火対象物（耐火構造）の12階部分の平面図である。

　次の各設問に答えなさい。なお，設置するスプリンクラーヘッドは，高感度型以外のものとする。

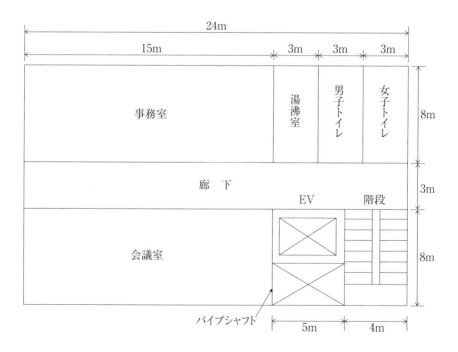

設問 1

　下記の凡例記号を用いて，スプリンクラーヘッドを正方形配置により設置しなさい。

凡例

スプリンクラーヘッド	○

設問 2

設問 1 におけるポンプ吐出量および水源水量を求めなさい。

【解答欄】

水源水量	m³
ポンプ吐出量	l／min

【問題1】の解説・解答

設問1

　まず，スプリンクラーヘッドを設置しなくてもよい部分を確認します。

　P435，3.のスプリンクラーヘッドが不要な部分より，本問では，階段，便所，エレベーターの昇降路，パイプシャフトが該当するので，省略します。

　次に，室内の各部分から1つのヘッドまでの水平距離(防護半径)については，P239表3-14より，**2.3 m以下**となるよう設置する必要があります。

　正方形配置の場合は，下図のように，未警戒部分ができないようにするには，少なくともこの円に内接する正方形の一辺の長さ以内の位置に隣のヘッドを設置する必要があります。

　従って，この円に内接する正方形の寸法を求め，部屋の縦と横の寸法でそれぞれ割れば，必要となる個数が求まります。

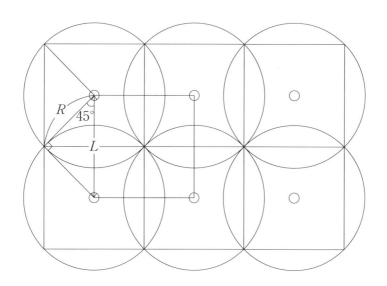

よって，円に内接する図より，正方形の一辺の長さ L は，

$L\cos 45 = R$ より，$L = R / \cos 45$ で求められます。

$\cos 45 = 1 / \sqrt{2}$ なので，

$$L = 2.3 / \cos 45$$
$$= 2.3 / (1/\sqrt{2})$$
$$= 2.3 \times \sqrt{2} \fallingdotseq \mathbf{3.25}\cdots \text{ となります。}$$

これを，それぞれの部屋の縦と横の寸法で割っていきます。

① **事務室，会議室**

　　縦　$8 \div 3.25 = 2.46\cdots\cdots$ より，繰り上げて **3 個**。

　　横　$15 \div 3.25 = 4.61\cdots\cdots$ より，繰り上げて **5 個**。

　　（繰り上げるのは，1 つのヘッドまでの水平距離が **2.3 m 以下** となるよう設置する必要があるため）

② **湯沸室**

　　縦　$8 \div 3.25 = 2.46\cdots\cdots$ より，繰り上げて **3 個**。

　　横　3 m は，正方形の 1 辺 3.25 m でカバーできるので，**1 個**。

③ **廊下**

　　縦　湯沸室の横方向と同じなので，**1 個**。

　　横　$24 \div 3.25 = 7.38\cdots\cdots$ より，繰り上げて **8 個**。

以上，図に書き込むと，次のようになります。

なお，左右方向については，ヘッド間を 3 m にすると，左右両端が 1.5 m に収まるので，そのように調整しました。

また，上下方向も 3 m にすると，上下両端が 1.0 m にそれぞれなるので，そのように調整しました。

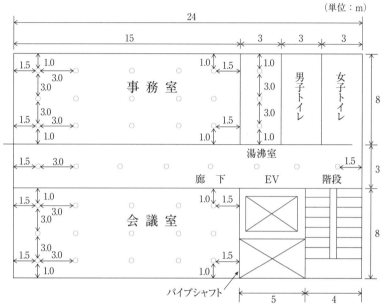

（単位：m）

事 務 室

男子トイレ

女子トイレ

湯沸室

廊 下　　EV　　階段

会 議 室

パイプシャフト

設問2

① 水源水量

水源水量については，まず，ヘッドの設置個数を求めます。

P 217 の表 3-13 の①より，地階を除く階数が 11 以上のものは **15** とな
ります。設問1 の図を見ると，ヘッドの個数はこの 15 を超えるため，
15 とします。

P 216，3. 水源水量 の①より，閉鎖型の標準型ヘッドの場合，1 個に
つき 1.6 m³ 以上必要なので，水源水量は，次式で求まります。

$$1.6 \times 15 = \textbf{24 m}^3$$

② ポンプ吐出量

ポンプ吐出量は，P 216，2. ポンプの吐出量 より，水源水量の算出個
数（ヘッドの個数）×90l／min となるので，次式で求まります。

$$15 \times 90 = \textbf{1350}l／\text{min}$$

水源水量	24 m³
ポンプ吐出量	1350l／min

【問題2】

　図は，消防法施行令別表第1(4)項に定める，地下2階地上6階建ての百貨店に設置した湿式スプリンクラー設備（標準型ヘッド）の3階部分を示したものである。次の各設問に答えなさい。

3階部分

設問1

　配管の摩擦損失水頭を2m，落差を34mとしたとき，ポンプの全揚程を求めなさい。

【解答欄】

m

設問2

　この設備に必要な水源水量を求めなさい。

　ただし，ヘッドの設置個数は，地下1階から6階までは3階部分と同じものとし，地下2階のみ20個とする。

【解答欄】

m³ 以上

設問3

　この設備に必要なポンプの吐出量を求めなさい。

【解答欄】

l／min

【問題2】 の解説・解答

設問1

　配管の摩擦損失水頭をh_1，落差をh_2とすると，ヘッド等放水圧力等換算水頭は10mなので，スプリンクラー設備の全揚程（H）は，次のようになります。

$$H = h_1 + h_2 + 10\,\mathrm{m} \quad （\Rightarrow\mathrm{P}\,218\,の \boxed{4.\ \textbf{全揚程}} 参照）$$

　よって，$H = 2 + 34 + 10 = 46\,\mathrm{m}$ となります。

| 46m |

設問2

　百貨店の場合，P 217の表3-13の表より，ヘッドが15個以上あれば，15個として計算します（15未満なら，そのうちの最大の数値を，また，15未満と15以上が混在している場合は，15で計算します。⇒水源水量が足りるよう，大きい数値で計算する）

　従って，P 216, $\boxed{3.\ \textbf{水源水量}}$より，ヘッド1個あたりが1.6 m³以上必要なので，

$15 \times 1.6 = \textbf{24}\,\textbf{m}^3$ となります。

| 24m³ 以上 |

設問3

　ポンプ吐出量は，P 216, $\boxed{2.\ \textbf{ポンプ吐出量}}$より，

　　ヘッド個数 ×90l ／min となるので，

$15 \times 90 = \textbf{1350}\textit{l}$ ／min となります。

| 1350l ／min |

【問題3】

図は，スプリンクラー設備（閉鎖型，開放型）の系統図を示したものである。次の各設問に答えなさい。

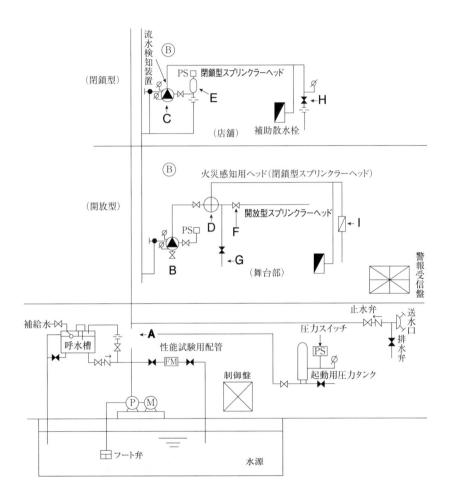

設問1

ポンプ⑫の吸込側と吐出側に必要な計器を凡例にしたがって図に記入しなさい。

設問 2

閉鎖型スプリンクラーヘッド，開放型スプリンクラーヘッドと表示してある部分に，凡例にしたがって各ヘッドを記入しなさい。

ただし，個数は 4 個とする。

設問 3

A，B，C で示した配管等の未記入部分について，凡例にしたがって必要な配管等を記入しなさい。

設問 4

矢印 D，E，F，G，H，I で示す機器の名称を答えなさい。

D	
E	
F	
G	
H	
I	

設問 5

電気配線を記入しなさい。

凡例

名称	記号
閉鎖型ヘッド	△ ▽ 上向 下向
開放型ヘッド	△ ▽ 上向 下向
仕切弁（止水弁または開放弁）	─▷◁─ 常時開 ─▶◀─ 常時閉
逆止弁	─▷|→
圧力計	⌀
連成計	⌀

【問題3】の解説・解答

（※設問 1〜3, 5 について：解答の記入された図は次ページにあります。）

設問 1

　ポンプの吸込側には**連成計**，吐出側には**圧力計**を設置します。

　連成計というのは，正圧と負圧の両方を測定するもので（負圧を測定するものは真空計という），真空目盛と圧力目盛がついており，吸込時には真空計として働いて水の吸込み状況を確認することができます。

設問 2

　凡例記号にしたがって，図のように閉鎖型スプリンクラーヘッド，開放型スプリンクラーヘッドを記入します。

設問 3

　AのポンプⓅから主配管へは，逆止弁，止水弁の順に設けます。また，B，Cの主配管から流水検知装置へは，制御弁を介して接続します。

設問 4

D	一斉開放弁（開放型スプリンクラーヘッドに接続していることから判断する）
E	リターディングチャンバー
F	止水弁（常時開で試験時には閉となる）
G	試験用配管
H	末端試験弁
I	手動式開放弁

（注：一斉開放弁は，本試験では ──◇── の記号で出題される場合もあります。）

設問 5

　次の図のように配線します（警報受信盤から制御盤へは，図のわたり線で信号が送られます）。

問題3の解答図

（※この図には**設問1～3，5**の解答が記入されております）

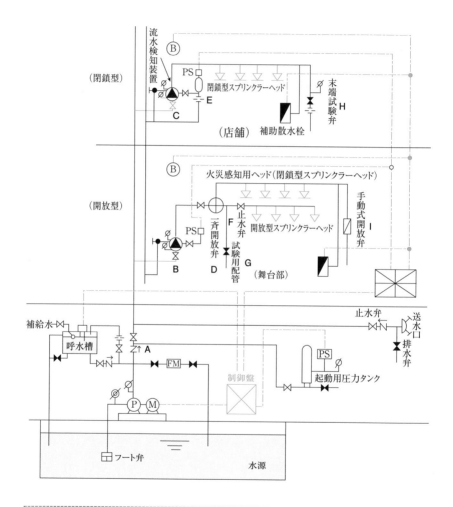

┌───┐
│ ＊製図では，一部について作図も要求される場合があるので，この解答 │
│ 　図については，実際に何度も手描きで描かれることをおすすめいたし │
│ 　ます。 │
└───┘

【問題4】
　　図は，スプリンクラー設備（閉鎖型，開放型）の系統図を示したものである。次の各設問に答えなさい。

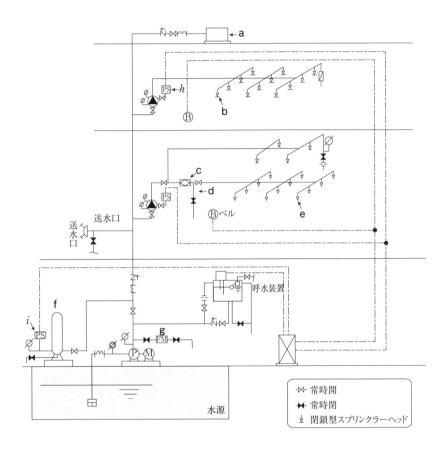

設問1
　図中，誤っている箇所を指摘しなさい。

設問2
　矢印a～gで示した機器の名称を答えなさい。

設問3
　矢印 *h* と *i* で示した PS の機能の違いを答えなさい。

【問題4】の解説・解答

設問1

① 末端試験弁と手動式開放弁が逆になっている。

② 火災感知用ヘッドが一斉開放弁から配管されていない。

③ 送水口の配管に逆止弁と止水弁が設置されていない。

④ ポンプから主配管に至る逆止弁と止水弁が逆になっている。

⑤ ポンプ起動用電動機への配線が欠落している。

これらの誤りを訂正すると，下記のような図になります。

問題4の正しい図

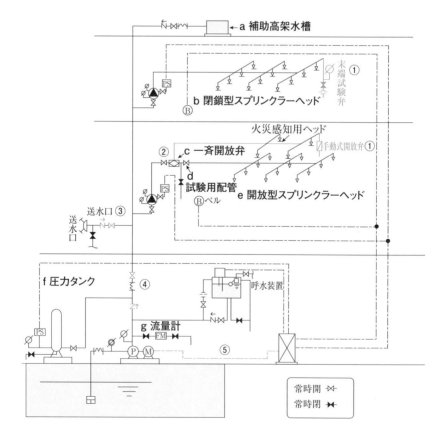

設問2

a	補助高架水槽
b	閉鎖型スプリンクラーヘッド
c	一斉開放弁
d	試験用配管
e	開放型スプリンクラーヘッド
f	起動用圧力タンク
g	流量計

設問3

　矢印 h と i で示した PS は圧力スイッチであり，h の圧力スイッチは，配管内が加圧されることにより ON となり，信号を受信盤に発信して，警報ベルや表示を行うためのものであり，i の方は，スプリンクラーヘッド等の開放により，配管内の圧力が低下した場合に ON となり，ポンプを起動させるためのスイッチである。

【問題5】

　図は，スプリンクラー設備の配線系統を表したブロック図である。下記の凡例記号を用いて耐火配線および耐熱配線を図に記入しなさい。

凡例

　耐火配線：[＿＿＿]

　耐熱配線：[／／／]

手動起動装置	受信部	警報装置

非常電源	制御盤	電動機｜ポンプ	流水検知装置	ヘッド

【問題 5】の解説・解答

　下図の通りになります（P 316 の図 4-7 とは表示の仕方は異なりますが，内容は同じです）。

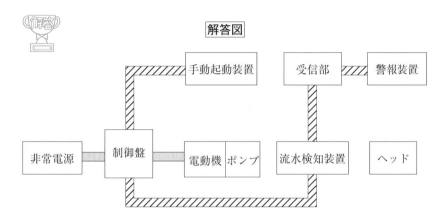

解答図

（注：ポンプ〜流水検知装置，ヘッド〜流水検知装置間は配管になります。）

コーヒーブレイク

受験に際しての注意
「近隣の都道府県の試験時期について」

　都道府県によっては，試験の実施が年に１回の所と年に数回の所があります。

　消防設備士の試験は全国どこで受けてもいいわけですから，居住地の都道府県で受験して失敗してもすぐに隣の都道府県で受験ということもできるわけです（つまり，また来年の試験まで１年間待つ，ということをしなくて済むのです）。

　従って，近隣の都道府県の試験時期についての情報も，できるだけ把握しておくことをお勧めしておきます（注：合格後の講習案内は当然受験をした都道府県の支部から来ますので，講習地を現在の住所地に変更したい場合はその手続きが必要になります）。

3 水噴霧消火設備

＜学習のポイント＞

　水噴霧消火設備については，出題例は極めて少ないですが，開放型スプリンクラー設備の構成が頭に入っていれば，あとはヘッドなどが異なる程度であり，開放型スプリンクラー設備の問題に準じて対応していけばよいでしょう。

　従って，作図のポイントについては，省略いたします。

問題にチャレンジ！

（第8編　製図試験）

3　水噴霧消火設備

【問題1】

　次の図は，地下駐車場（床面積 500 m²）に設置した水噴霧消火設備の系統図を示したものである。次の各設問に答えなさい。

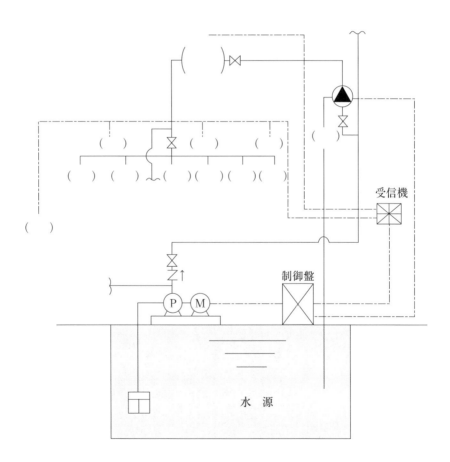

設問1

この設備に最小限必要な水源水量を求めなさい。

【解答欄】

$$(m^3/min)$$

設問2

図の（　）内に，凡例に示す記号を用いて系統図を完成させなさい。

なお，この設備は遠隔起動方式とし，自動火災報知設備の発信器を手動起動装置として兼用するものとする。

凡例

名　　　　称	図記号
水噴霧ヘッド	↓
一斉開放弁	◇
感知器（自動火災報知設備）	▽
流水検知装置（自動警報弁）	▶
手動起動装置（発信機）	Ⓟ
電磁弁	Ⓜ
仕切弁	⋈
逆止弁	⊲
テスト弁	▶◀
圧力計	∅
連成計	⊘
オリフィス	⊣⊢
流量計	FM

【問題1】の解説・解答

設問1

　駐車場における水噴霧消火設備の水源水量は，「床面積1m² につき 20l／min の割合で計算した量で，20分間放射することができる量以上の量」が必要ですが，例外として「床面積が 50m² を超える場合は，50m² として計算する」という規定があるので，$50 \times 20 \times 20 = 20{,}000$ （l）= 20 m³ の水源水量が必要ということになります。

> 20 m³

設問2

　この水噴霧消火設備は，自動火災報知設備の感知器による起動方式であり，解答は下図のようになります。

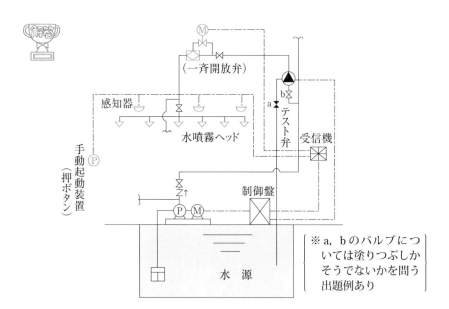

　水噴霧消火設備の構成は，ほとんど開放型スプリンクラー設備に同じ。本問の水噴霧消火設備の場合，発信機や感知器からの信号を受けて，遠隔で一斉開放弁を開放させるため，図の電磁弁が必要となります。

資料1　屋内消火栓設備が必要な防火対象物

（単位：m² 以上）

防火対象物の別（令別表一）		一般（延べ面積）	地階,無窓階4階以上の階（床面積）	指定可燃物施設
(1)	イ 劇場, 映画館, 演芸場, 観覧場	500	100	指定数量（危政令別表第4）の750倍以上
	ロ 公会堂, 集会場			
(2)	イ キャバレー, カフェ, ナイトクラブ等	700	150	
	ロ 遊技場, ダンスホール			
	ハ 性風俗営業店舗等			
	ニ カラオケボックス等			
(3)	イ 待合, 料理店の類			
	ロ 飲食店			
(4)	百貨店, マーケットその他の物品販売業を営む店舗または展示場			
(5)	イ 旅館, ホテル, 宿泊所等			
	ロ 寄宿舎, 下宿, 共同住宅			
(6)	イ 病院, 診療所, 助産所			
	ロ 老人短期入所施設, 養護老人ホーム, 有料老人ホーム（要介護）等			
	ハ 老人デイサービスセンター, 老人福祉センター, 有料老人ホーム（要介護除く）等			
	ニ 幼稚園または特別支援学校			
(7)	小, 中, 高等学校, 高等専門学校, 大学, 専修学校等			
(8)	図書館, 博物館, 美術館等			
(9)	イ 蒸気浴場, 熱気浴場等			
	ロ イ以外の公衆浴場			
(10)	車両の停車場, 船舶または航空機の発着場等			
(11)	神社, 寺院, 教会等	1000	200	
(12)	イ 工場または作業場	700	150	
	ロ 映画スタジオ, テレビスタジオ等			
(13)	イ 自動車車庫または駐車場	－	－	
	ロ 飛行機または回転翼航空機の格納庫			
(14)	倉庫	700	150	
(15)	前各項に該当しない事業場（事務所等）	1000	200	
(16)	イ 複合用途防火対象物のうちその一部が特定防火対象物の用途に供されているもの	用途部分ごとに基準を適用		
	ロ イ以外の複合用途防火対象物			
(16-2)	地下街	150		
(16-3)	準地下街	－	－	
(17)	重要文化財等			

（注：18項のアーケードは省略）

資料2　スプリンクラー設備が必要な防火対象物

面積は床面積です。ただし、延べ床面積の場合は、延べ面積と表示してあります。(単位：m² 以上)

防火対象物の列（令別表一）(17項・重要文化財等、18項・アーケードは省略)		一般（*は平屋建を除く）	地階，無窓階	4階以上10階以下	11階以上
(1)	イ 劇場，映画館等	・6000　*　・舞台部分が500m² 以上	・1000　・舞台部分が300m² 以上	・1500　・舞台部分が300m² 以上	全階に設置
	ロ 公会堂，集会場				
(2)	イ キャバレー，ナイトクラブ等	*			
	ロ 遊技場，ダンスホール	6000	1000	1000	全階に設置
	ハ 性風俗営業店舗等				
	ニ カラオケボックス等				
(3)	イ 待合，料理店の類			1500	（スプリンクラー代替区画を除く）
	ロ 飲食店				
(4)	百貨店，マーケット，店舗等	3000　*		1000	
(5)	イ 旅館，ホテル，宿泊所等	6000　*		1500　←	
	ロ 寄宿舎，下宿，共同住宅	——	——	——	11階以上
(6)	イ ①避難介助必要病院，有床診療所	全部（※1）	全部（※1）	全部（※1）	全階に設置
	イ ②病院，有床診療所（①除く）	3000　*	1000	1500	
	イ ③無床診療所，助産所	6000　*			
	ロ 老人短期入所施設，有料老人ホーム（要介護）等	全部（※1）	全部（※1）	全部（※1）	
	ハ 老人デイサービスセンター，有料老人ホーム（要介護除く）等	6000　*	1000	1500	
	ニ 幼稚園または特別支援学校				
(7)	小，中，高等学校，高等専門学校，大学，専修学校等	——			11階以上
(8)	図書館，博物館，美術館等				
(9)	イ 蒸気浴場，熱気浴場等	6000　*	1000	1500	全階に設置
	ロ イ以外の公衆浴場				
(10)	車両の停車場，船舶，航空機の発着場等	——	——	——	11階以上
(11)	神社，寺院，教会等				
(12)	イ 工場または作業場				
	ロ 映画スタジオ，テレビスタジオ				
(13)	イ 自動車車庫または駐車場				
	ロ 飛行機または回転翼航空機の格納庫				
(14)	倉庫	天井高 10 m 超で延べ面積 700 以上のラック倉庫			
(15)	前頁以外の事業場（事務所等）				
(16)	イ 特定用途が存在する複合用途防火対象物	特定用途が 3000	1000	特定用途が 1500（2項4項は 1000）	全階に設置
	ロ イ以外の複合用途防火対象物				11階以上
(16-2)	地下街	延べ面積 1000（※2）		——	——
(16-3)	準地下街	延べ面積 1000 かつ特定用途が 500			

（※1）火災時に延焼を抑制する構造を有するものは除く（一部例外有り）⇒設置義務なし
　また、一部のものは、避難時に介助が必要なら 275 m² 以上で設置義務生じる。
（※2）6項ロの用途部分があれば全て（法で定める構造のものは除く）

資料3　屋内消火栓設備, 屋外消火栓設備, スプリンクラー設備の基準比較表

		屋内消火栓（1号）	広範囲型2号消火栓	屋内消火栓（2号）	屋外消火栓	スプリンクラー設備（放水型, ラック式倉庫は除く）
加圧送水装置	放水圧力	0.17MPa ～ 0.7MPa	0.17MPa ～ 0.7MPa	0.25MPa ～ 0.7MPa	0.25MPa ～ 0.6MPa	0.1MPa 以上
	放水量	130l／min 以上	80l／min 以上	60l／min 以上	350l／min 以上	80l／min 以上（小区画ヘッドは 50l／min 以上）
	ポンプ吐出量	150l／min ×n 以上	90l／min ×n 以上	70l／min ×n 以上	400l／min ×n 以上	90l／min×N＊以 上（下線部：小区画ヘッドは 60l／min）
	水源水量	2.6m^3×n 以上	1.6m^3×n 以上	1.2m^3×n 以上	7m^3×n 以上	1.6m^3×N＊以上（下線部：小区画ヘッドは 1.0m^3）
	ポンプの全揚程	$H = h_1 + h_2 + h_3 + 17m$		$H = h_1 + h_2 + h_3 + 25m$	$H = h_1 + h_2 + h_3 + 25m$	$H = h_1 + h_2 + 10m$
開閉弁の高さ（スプリンクラーは各弁の高さ, 送水口の高さ）		1.5m 以下			1.5m 以下（地下式は深さ0.6m 以内）	一斉開放弁, 手動起動弁の高さ 0.8m 以上 1.5m 以下 ／ 送水口の高さ 0.5m 以上 1m 以下

＊n は各階中の消火栓最大設置個数で最大2。

＊N はヘッド個数で, P 217, 図 3-13 から求めた個数。

注1) h_1：消防用ホースの摩擦損失水頭　h_2：配管摩擦損失水頭　h_3：落差
　　　ただし, スプリンクラー設備の場合は,
　　　h_1：配管摩擦損失水頭　h_2：落差
　　　（規則第12条で定められている）

注2) 1号消火栓には易操作性1号消火栓も含まれます。

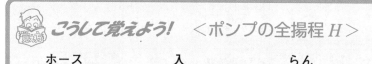

こうして覚えよう！　＜ポンプの全揚程 H＞

ホース　　　　　　　　入　　　　　　　　　らん
h_1⇒ホース摩擦損失水頭　　h_2⇒配管摩擦損失水頭　　h_3⇒落差
（スプリンクラー設備はホース摩擦損失水頭がない）

索 引

写真提供等協力（社名 50 音順）

旭計器工業(株)
積水化学工業(株)
千住スプリンクラー(株)
ゼンシン(株)
総合バルブコンサルタント(株)
タスコジャパン(株)
デンヨー(株)
東洋バルヴ(株)
外山電気(株)
能美防災(株)
日立金属(株)
ホーチキ(株)
右下精機製造(株)
宮田工業(株)
ヤマトプロテック(株)
(株)立売堀製作所
(株)エンジニア
(株)北川鉄工所
(株)キッツ
(株)三栄水栓製作所
(株)ツツイ
(株)大和バルブ
(株)横井製作所

ご協力ありがとうございました。

著者紹介

資格研究会 *KAZUNO*

「わかりやすい！第４類消防設備士試験」などの通称 "工藤本" の著者が平成24年に新しく立ち上げた資格研究グループ

読者の皆様方へ御協力のお願い

この本をご利用頂きまして，ありがとうございます。

今後も，小社では，この本をより良きものとするために頑張って参る所存でございます。つきましては，誠に恐縮ではございますが，「受験された試験問題」の内容（１問単位でも結構です）を編集部までご送付頂けますと幸いでございます。今後受験される受験生のためにも，何卒ご協力お願い申し上げます。

メール：henshu1@kobunsha.org

FAX　06-6702-4732

ご注意

（1）　本書の内容に関する問合せについては，明らかに内容に誤りがある，と思われる部分のみに限らせていただいておりますので，よろしくお願いいたします。

　　　その際は，FAXまたは郵送，Eメールで「書名」「該当するページ」「返信先」を必ず明記の上，次の宛先までお送りください。

> 〒 546-0012
> 大阪市東住吉区中野2丁目1番27号
> 　（株）弘文社編集部
> Eメール：henshu1@kobunsha.org
> FAX：06-6702-4732
>
> ※お電話での問合せにはお答えできませんので，あらかじめご了承ください。

（2）　試験内容・受験内容・ノウハウ・問題の解き方・その他の質問指導は行っておりません。

（3）　本書の内容に関して適用した結果の影響については，上項にかかわらず責任を負いかねる場合があります。

（4）　落丁・乱丁本はお取り替えいたします。

―わかりやすい！―

第 1 類　消防設備士試験

| 編　　　著 | 資格研究会 *KAZUNO* |
| 印刷・製本 | 亜細亜印刷株式会社 |

発 行 所	株式 会社 弘 文 社	〒546-0012 大阪市東住吉区 中野 2 丁目 1 番27号
		☎　　(06)6797—7 4 4 1
		FAX　(06)6702—4 7 3 2
		振替口座　00940—2—43630
代 表 者	岡 崎　　靖	東住吉郵便局私書箱 1 号

消防設備士　関連書籍のご紹介

◆　問題中心型学習書の大定番！　本試験によく出る！シリーズ

本試験によく出る！第1類消防設備士問題集

資格研究会 KAZUNO　編著

本体 3,000 円＋税　A5判　400 頁

本試験での出題傾向と対策を徹底分析！
本書では，特に実技試験の充実をはかり，鑑別に加え製図もできる限り多くの問題を掲載しております。

本試験によく出る！第4類消防設備士問題集

工藤　政孝　編著

本体 2,800 円＋税　A5判　384 頁

多くの受験生に圧倒的支持を受け続ける人気の問題集！
本試験での出題傾向に沿った問題を厳選し，丁寧な解説を加えております。巻末には模擬テストも掲載！

本試験によく出る！第6類消防設備士問題集

工藤　政孝　編著

本体 2,200 円＋税　A5判　232 頁

本試験に沿ったより実践的な問題集！
多くの受験生が苦手とする実技（鑑別等試験）問題も充実させました。巻末には模擬テストも掲載！

本試験によく出る！第7類消防設備士問題集

工藤　政孝　編著

本体 2,400 円＋税　A5判　256 頁

本試験対策の常道は，できるだけ多くの問題にあたること。本書は，本試験頻出の問題を多数掲載し，より実践的な内容の問題集です。巻末に模擬テスト付き！

◆ テキスト中心型学習書の大定番！　わかりやすい！シリーズ

わかりやすい！第 1 類消防設備士試験

資格研究会 KAZUNO　編著

本体 3,300 円＋税　Ａ5 判　576 頁

> 広範囲にわたる 1 類の試験範囲をできる限りわかりやすく・図版も豊富に解説！
> 試験に沿った演習問題も多数掲載。

わかりやすい！第 4 類消防設備士試験

工藤　政孝　編著

本体 3,200 円＋税　Ａ5 判　448 頁

> 4 類消防試験対策の大定番テキスト！テーマごとに試験頻出事項をわかりやすく解説。演習問題も豊富で，効率的に合格ラインを突破することが可能に！

わかりやすい！第 6 類消防設備士試験

工藤　政孝　編著

本体 2,800 円＋税　Ａ5 判　376 頁

> 豊富な図表とわかりやすい解説で，不動の実績を誇る第 6 類消防設備士試験の対策テキスト決定版。
> 試験傾向に沿った演習問題で知識の定着を図ります。

わかりやすい！第 7 類消防設備士試験

工藤　政孝　編著

本体 2,200 円＋税　Ａ5 判　224 頁

> 試験に頻出の分野を徹底的に分析し，わかりやすく解説！知識の定着を図る演習問題も 100 問以上掲載！
> 必要かつ十分な内容をそなえた 1 冊です。

消防設備士　関連書籍のご紹介

◆　その他の４類消防設備士対策本！

やさしい 第４類消防設備士

工藤　政孝　編著

本体 2,100 円＋税　Ａ５判　328 頁

基礎からじっくり学べる入門書！
知識ゼロから学習しようという初心者や独習者に
ぴったりの１冊！

これだけはマスター！第４類消防設備士試験
筆記＋鑑別編

工藤　政孝　編著

本体 2,900 円＋税　Ａ５判　456 頁

第４類の筆記・鑑別等試験に絞って解説したテキスト！
よく出る問題を豊富に収録！

これだけはマスター！第４類消防設備士試験
製図編

工藤　政孝　編著

本体 2,500 円＋税　Ａ５判　288 頁

製図のコツがよくわかる！
製図試験対策はこの１冊で万全です。

対話でわかる ４類消防設備士テキスト＆問題集

リニカ研究所　著

本体 2,300 円＋税　Ａ５判　320 頁

対話形式だから，やさしくシッカリ学べる！
実戦問題を多数収録。

◆　試験直前の総仕上げに！直前対策シリーズ＆５類対策本

直前マスター！第１類消防設備士

資格研究会 KAZUNO　編著

本体 2,400 円＋税　Ａ５判　328 頁

> 試験頻出ポイントを厳選！
> 演習問題は制限時間付きだから模擬テストとしても
> 使える１冊。

直前対策！第４類消防設備士試験　模擬テスト

工藤　政孝　編著

本体 2,500 円＋税　Ａ５判　296 頁

> ４回分の予想問題（筆記・実技）！
> 巻末の「合格大作戦」で総まとめ！
> 試験合格に強力な１冊。

直前対策！第６類消防設備士試験　模擬テスト

工藤　政孝　編著

本体 2,300 円＋税　Ａ５判　256 頁

> ５回分の予想問題（筆記・鑑別）！
> 巻末の「合格大作戦」で総まとめ！
> 実戦的問題集！

よくわかる！第５類消防設備士試験

近藤　重昭　編著

本体 2,700 円＋税　Ａ５判　240 頁

> 筆記試験・実技試験に対応！
> 図解と写真でよくわかる！
> テーマごとに試験頻出事項をわかりやすく解説。

ポケット版　シリーズのご紹介

◆　いつでもどこでも勉強できるポケット版！

消防設備士試験　問題集

徹底丸暗記！第 4 類
消防設備士試験　問題集

資格研究会 KAZUNO　編著

本体 1,500 円＋税　Ａ 6 判　416 頁

徹底丸暗記！第 6 類
消防設備士試験　問題集

資格研究会 KAZUNO　編著

本体 1,200 円＋税　Ａ 6 判　288 頁

【ポケット版シリーズの特徴】
　試験に出るところだけ精選収録！
　見開き構成で問題と解説が見やすい！
　ちょっとしたすきま時間の学習に便利

◆　いつでもどこでも勉強できるポケット版！

危険物取扱者試験　問題集

徹底丸暗記！乙種第４類
危険物取扱者試験　問題集

資格研究会 KAZUNO　編著

本体 1,000 円＋税　Ａ６判　288 頁

試験に出る超特急マスター
甲種危険物取扱者　問題集

リニカ研究所　著

本体 1,300 円＋税　Ａ６判　296 頁

試験に出る超特急マスター
乙種１・２・３・５・６類
危険物取扱者　問題集

福井　清輔　編著

本体 1,300 円＋税　Ａ６判　360 頁

危険物取扱者　関連書籍のご紹介

◆　テキスト中心型学習書！　わかりやすい！シリーズ

わかりやすい！甲種危険物取扱者試験

工藤　政孝　編著

本体 2,800 円＋税　Ａ５判　512 頁

試験対策の決定版！この 1 冊で合格者多数！
問題演習も豊富（収録問題数 400 問以上）

わかりやすい！乙種第 4 類危険物取扱者試験

工藤　政孝　編著

本体 1,600 円＋税　Ａ５判　296 頁

ゴロ合わせでラクラク暗記！豊富な問題と詳しい解説！
効率的に学べる工夫が満載。

わかりやすい！乙種 1・2・3・5・6 類
危険物取扱者試験

工藤　政孝　編著

本体 1,500 円＋税　Ａ５判　232 頁

この 1 冊で合格できる！
合格への作戦に基づいた編集！

わかりやすい！丙種危険物取扱者試験

工藤　政孝　編著

本体 1,200 円＋税　Ａ５判　160 頁

本試験に必要かつ十分な内容をコンパクトにまとめました。巻末には模擬テスト付き！

◆　本番前の腕だめしに　本試験形式！シリーズ

本試験形式！甲種危険物取扱者
模擬テスト

工藤　政孝　編著

本体 2,000 円＋税　Ａ５判　304 頁

本試験形式！乙種第 4 類危険物取扱者
模擬テスト

工藤　政孝　編著

本体 1,400 円＋税　Ａ５判　240 頁

本試験形式！乙種 1・2・3・5・6 類
模擬テスト（科目免除者用）

工藤　政孝　編著

本体 1,400 円＋税　Ａ５判　224 頁

本試験形式！丙種危険物取扱者
模擬テスト

工藤　政孝　編著

本体 1,300 円＋税　Ａ５判　136 頁

MEMO

MEMO